U0295152

生命科学实验系列教材

生物化学实验
Biochemistry Experiment

（第三版）

主　编　丛峰松

副主编　郑有丽

上海交通大学出版社
SHANGHAI JIAO TONG UNIVERSITY PRESS

内容提要

本书在第二版的基础上,结合近年来教学实践经验和学科发展修订而成。全书分为生物化学实验基本知识、现代生物化学实验技术基本原理、生物化学基础实验、生物化学综合实验和附录五个部分。本书共选编了 39 个实验,除了覆盖当今生物化学研究中常用的方法和技术外,还结合上海交通大学生命科学技术学院的科研特色增加了一些特色实验项目。此外,为了使学生有一个完整的实验训练过程,以培养学生科研思维和独立开展研究工作的能力,本书在最新科研成果基础上,将相互关联的单元操作实验整合成综合性大实验。通过实践训练,使学生可以接触到更多现代生物化学前沿技术,进而为培养现代生命科学领域优秀拔尖人才奠定基础。

本书适用于高等院校生物化学专业的实验教学,可供生物、农业、医学、药学等专业根据各自特点选择使用。

图书在版编目(CIP)数据

生物化学实验/ 丛峰松主编. -- 3 版. -- 上海:
上海交通大学出版社,2024.8
ISBN 978 - 7 - 313 - 30588 - 6

Ⅰ.①生… Ⅱ.①丛… Ⅲ.①生物化学-实验-高等
学校-教材 Ⅳ.①Q5 - 33

中国国家版本馆 CIP 数据核字(2024)第 074899 号

生物化学实验(第三版)
SHENGWU HUAXUE SHIYAN (DI - SAN BAN)

主　　编:丛峰松
出版发行:上海交通大学出版社　　　　　地　　址:上海市番禺路 951 号
邮政编码:200030　　　　　　　　　　　电　　话:021 - 64071208
印　　制:常熟市文化印刷有限公司　　　　经　　销:全国新华书店
开　　本:787 mm×1092 mm　1/16　　　印　　张:14.5
字　　数:320 千字
版　　次:2005 年 6 月第 1 版　2024 年 8 月第 3 版　　印　　次:2024 年 8 月第 9 次印刷
书　　号:ISBN 978 - 7 - 313 - 30588 - 6
定　　价:49.00 元

编写人员名单

· 主　编 ·

丛峰松

· 副主编 ·

郑有丽

· 编　者 ·

刘喜朋　梁如冰　杨立桃　肖　华

· 绘　图 ·

张圣海　王　琦

前　言

生物化学是当代最活跃和最具生命力的学科之一，它在生命科学中既是一门前沿学科，又是一门重要的基础学科，还是一门实验性学科，其实验的原理、技术和方法的发展日新月异。

尽管《生物化学实验》第一版从 2005 年 6 月出版以来，受到很多读者的赞同和认可，国内有些高校也选其作为教材或参考书。但是，随着现代生物科技的发展，生物化学作为一门基础的实验性学科，其研究方法和实验技术也在不断地进步。为此，2012 年 11 月在第一版的基础上，修订出版了第二版。在第二版里，编者本着继承和创新相结合的精神，对第一版中的实验方法、技术原理及图表进行了认真核查与补正，并在教学实践的基础上，总结经验，重新整理，力求出版一本内容设计更为合理，并且更能满足时代发展需要的教科书。

然而，时光荏苒，转眼又过去了十多年。随着生物化学实验课程内容改革的不断深入，学生反映第二版教材已不适合用于课堂教学了。因此，编者决定对本教材进行第三次编写。为了适应生物化学技术的迅猛发展，同时为国家培养高端拔尖人才，编者紧密地与科研团队合作，增加了反映新技术、新方法的实验，力求通过该课程的学习，能使学生接触到更多生物技术的前沿和热点，为其今后独立开展科研工作打下坚实的基础。

与国内外同类教材相比，本教材凸显了科研与教学相结合的特色。例如，蛋白滴定电泳实验、自由流电泳实验、转基因食品检测、T5 核酸酶的基因克隆、蛋白表达纯化和活性鉴定等特色实验均来自我校优秀科研团队的科研成果转化项目。

全书由丛峰松和郑有丽同志统编和定稿。梁如冰教授参与了现代生化实验技术基本原理部分的修订工作。刘喜朋副研究员参与了蛋白免疫印迹、基因克隆和蛋白质表达实验的修订工作。杨立桃教授参与了转基因实验的修订工作。肖华教授参与了电泳实验的修订工作。在本书编写过程中,张雪洪和林志新教授给予了大力支持和悉心指导。编者在此对他们一并表示衷心感谢。

由于编者水平及经验有限,书中难免存在疏漏和不足之处,敬请读者批评指正。

编　者

2024 年 6 月于上海

目　录

第一章

生物化学实验基本知识

本章主要讲述了生物化学实验的基本知识,内容包括生物化学实验室规则、实验室安全和防护、化学药品的使用和储藏、实验数据处理、实验记录与报告,以及常用仪器的使用方法等。

第一节 生物化学实验室规则

生物化学实验室有如下规则:

(1) 每位学生都应该自觉遵守课堂纪律,维护课堂秩序,进入实验室必须穿好实验服,不迟到,不早退,不大声喧哗。

(2) 实验室里严禁饮食,严禁穿拖鞋进实验室。

(3) 实验前认真预习实验内容,熟悉本次实验的目的、基本原理、操作步骤和实验技能,了解该实验与当前课堂知识的相关性,必要时认真复习或预习课堂相关内容。

(4) 实验时要听从老师的指导,记下重点,严格认真地按操作规程进行实验,并注意与同组同学的配合。

(5) 应随时将实验数据和现象记录在专用的实验记录本上。实验结束时,实验记录必须送指导老师审阅后方可离开实验室;实验报告应该在下次实验开始前交给指导老师。

(6) 精心爱护各种仪器。要随时保持仪器的清洁。如仪器发生故障,应立即停止使用并报告指导老师。

(7) 公用仪器、药品用后需放回原处。不得用个人的吸管量取公用药品,多取的药品不得重新倒入原试剂瓶内。公用试剂瓶的瓶塞要随开随盖,不得混淆。

(8) 实验完成后应将仪器洗净,置于实验柜中并排列整齐。如仪器有损坏须说明原因,经指导老师同意后方可补领。

(9) 实验过程中要保持桌面整洁。实验教材放在工作区附近,但不要放在工作区以内。清洁的和使用过的器具要分开放置。

(10) 保持台面、地面、水槽内及室内整洁,含强酸、强碱及有毒废液的物质应倒入指定废液缸。个人携带的非实验物品放在规定处。

（11）交指导老师保存的样品、药品及其他物品都应加盖，并标注姓名、班级、日期及内容物等信息。

（12）尽快完成实验报告并按时上交，切勿丢失报告。

（13）尽快补做漏做实验，最好在下次实验之前完成补上。

（14）离开实验室前应该检查水、电、煤气是否关严，严防发生安全事故。

第二节　生物化学实验室安全与防护常识

一、实验室安全

在生物化学实验中，经常要与具有腐蚀性、易燃性、易爆性、强毒性的化学药品和具有潜在危害性的生物材料直接接触，并且经常要用到煤气、水、电，因此，安全操作是一个至关重要的前提。

 有害的或刺激性的

 易燃的

 腐蚀性的

 易氧化的

 剧毒或有毒的

图1-1　危险化学药品分类及所用标志

（1）熟悉实验室煤气总阀、水阀门及电闸门所在处。离开实验室时，一定要对室内做全面检查，应将水、电、煤气的开关关好。

（2）熟悉如何处理着火事故。当可燃液体着火时，应立刻转移着火区内的一切可燃物质。当酒精及其他可溶于水的液体着火时，可用水灭火；当乙醚、甲苯等有机溶剂着火时，应用石棉布或砂土扑灭。

（3）了解化学药品的警告标志（图1-1）。

（4）如果在实验操作过程中会产生烟雾、有毒性或腐蚀性气体，则实验应在通风橱中进行并保持教室内空气流通。

（5）使用毒性物质和致癌物质必须根据试剂瓶上标签说明严格操作，安全称量、转移和保管。操作时应戴手套，必要时戴口罩或防毒面罩，并在通风橱中进行；应单独清洗、处理沾过毒性、致癌物的容器。

（6）对于废液，特别是强酸和强碱不能直接倒入水槽中，应先稀释，然后再倒入水槽，最后用大量自来水冲洗水槽及下水道。

（7）生物材料如微生物、动物组织和血液都可能存在细菌和病毒感染的潜伏性危险。因此，处理各种生物材料必须谨慎、小心，做完实验后必须用肥皂、洗涤剂或消毒液洗净双手。

（8）进行遗传重组的实验室应根据有关规定加强生物安全的防范措施。

（9）使用电器设备（如烘箱、恒温水浴锅、离心机、电炉等）时，严防触电；绝不可用湿手或在眼睛旁视时开关电闸和电器开关；应用试电笔检查电器设备是否漏电，凡是漏电的仪器，一律不能使用。

(10) 毒物应按实验室的规定办理审批手续后领取,使用时严格操作,用后妥善处理。

二、实验室应急处理

在生物化学实验中,如不慎发生受伤事故,应立即采取适当的急救措施。

(1) 如不慎被玻璃割伤或产生其他机械损伤,应先检查伤口内有无玻璃或金属等物碎片,然后用硼酸水洗净,再涂擦碘酒或其他消炎抗感染药,必要时用纱布包扎。若伤口较大或过深,应迅速在伤口上部和下部扎紧血管止血,并立即去医院诊治。

(2) 轻度烫伤时一般可涂上苦味酸软膏。若伤处红痛(一级灼伤),可擦医用橄榄油;若皮肤起泡(二级灼伤),勿弄破水泡,防止感染;若烫伤皮肤呈棕色或黑色(三级灼伤),应用干燥无菌的消毒纱布轻轻包扎好,急送医院治疗。

(3) 皮肤不慎被强酸、溴、氯气等物质灼伤时,应用大量自来水冲洗,然后再用5%的碳酸氢钠溶液冲洗。

(4) 如酚触及皮肤引起灼伤,应该先用大量的水清洗,再用酒精洗涤。

(5) 酸、碱等化学试剂溅入眼内,先用自来水或蒸馏水冲洗眼部;如溅入酸类物质,可再用5%碳酸氢钠溶液仔细冲洗;如溅入碱类物质,可以用2%硼酸溶液冲洗,然后滴入1～2滴油性护眼液起滋润保护作用。

(6) 若水银温度计不慎破损,必须立即采取措施回收,防止汞蒸发。若不慎发生汞蒸气中毒时,应立即送医院救治。

(7) 发生煤气中毒时,应到室外呼吸新鲜空气,若严重时应立即到医院救治。

(8) 生化实验室内电器设备较多,如有人不慎触电,应先立即切断电源,在没有断开电源的情况下,千万不可徒手去拉触电者,应用木棍等绝缘物质使导电物和触电者分开,然后再对触电者施行抢救。

三、实验室灭火法

实验中一旦发生了火灾切不可惊慌失措,应保持镇静。首先立即切断室内一切火源和电源,然后根据具体情况正确地进行抢救和灭火。常用的方法有如下几种:

(1) 在可燃液体燃着时,应立即移走着火区域内的一切可燃物质,关闭通风器,防止燃烧扩大。若着火面积较小,可用抹布、湿布、铁片或沙土覆盖,隔绝空气使之熄灭。但覆盖时动作要轻,避免碰坏或打翻盛有易燃溶剂的玻璃器皿而导致更多的溶剂流出并使火势扩大。

(2) 酒精及其他可溶于水的液体着火时,可用水灭火。

(3) 汽油、乙醚、甲苯等有机溶剂着火时,应用石棉布或砂土扑灭,绝对不能用水,否则反而会扩大燃烧。

(4) 金属钠着火时,可用砂子掩埋扑灭。

(5) 导线着火时不能用水或二氧化碳灭火器,应切断电源并用四氯化碳灭火器。

(6) 衣服烧着时切忌奔走,可用衣服、大衣等包裹身体或躺在地上滚动,以灭火。

(7) 发生火灾时应注意保护现场。若遇较严重的着火事故应立即报警。

第三节　化学药品的使用和储藏

一、化学试剂的分级和选择

化学药品有不同的纯度级别，一般在包装盒上会标明。不同供应商对纯度等级的命名不同，目前没有统一的标准，通常根据实验要求选择不同规格的化学试剂（表1-1）。

表1-1　化学试剂纯度和规格的中、英文及其缩写对照表

中　　文	英　　文	缩写或简称
优级纯试剂	guaranteed reagent	GR
分析纯试剂	analytial reagent	AR
化学纯试剂	chemical pure	CP
实验试剂	laboratory reagent	LR
分光纯	ultra violet pure	UV
光谱纯	spectrum pure	SP
生化试剂	biochemical	BC
生物试剂	biological reagent	BR
生物染色剂	biological stain	BS
气相色谱	gas chromatography	GC
液相色谱	liquid chromatography	LC
高效液相色谱	high performance liquid chromatography	HPLC
气液色谱	gas liquid chromatography	GLC
气固色谱	gas solid chromatography	GSC
薄层色谱	thin layer chromatography	TLC
凝胶渗透色谱	gel permeation chromatography	GPC
层析用	for chromatography purpose	FCP

二、安全方面

在生物化学实验课上，指导教师有责任告诉学生使用化学药品时可能存在的危险及有

4

关防护措施,如表1-2所示。

表 1-2　几种有代表性的危险化学药品的防护措施

化 学 药 品	潜 在 危 险	防 护 措 施
十二烷基磺酸钠(SDS)	刺激性、有毒	戴手套
氢氧化钠	高腐蚀性、强刺激性	戴手套
苯酚	剧毒、灼伤、可致癌	使用通风橱、戴手套
氯仿	挥发性、有毒、刺激性、腐蚀性、可致癌	使用通风橱、戴手套
巯基乙醇	挥发性、有毒、强刺激性、腐蚀性	使用通风橱、戴手套
甲醇	慢性中毒损害神经系统	使用时保持良好通风
丙烯酰胺	神经毒性	戴手套

三、配制溶液

溶液常以摩尔浓度(如 mol/L 或 mmol/L)或质量浓度(g/L 或 mg/L)配制。

配制溶液的一般步骤如下:

(1) 确定配制药品需要的浓度和要求的纯度。

(2) 确定配置溶液的体积。

(3) 查出所用药品的相对分子质量(即各组成元素的相对原子质量之和),可在瓶子的标签上查到。如果所用药品含有结晶水,在计算所需药品时,也应把结晶水相对分子质量计算在内。

(4) 算出要配置的溶液中所需要的药品的质量。

(5) 准确称取所需的药品。如果所称的量太少而不够精确,可采用加大溶液的体积、配制母液用时稀释等方法。

(6) 把药品放在烧瓶中或容量瓶中,加水到所需刻度线以下。如果药品附在称量纸或托盘上,要用水冲洗掉。

(7) 必要时可通过加热、搅拌的方式,使药品彻底溶解。

(8) 必要时在冷却后测量并调节 pH 值。

(9) 定容至所需体积。如果浓度要求精确,用容量瓶定容,否则用量筒。加水定容时,使凹液面达到刻度线。为了精确,定容时用水冲洗原烧杯,并将冲洗液加在容量瓶中。

(10) 将溶液转移到试剂瓶或锥形瓶中,贴好标签。

配置溶液的注意事项如下:

(1) 配制试剂所用的玻璃仪器必须是清洁干净的。接触干净玻璃仪器时,勿用手指接触仪器内部。

（2）用蒸馏水或去离子水配制水溶液，然后搅拌确保化学药品充分溶解。对难溶的药品可能要加热促溶，但要保证加热时温度不会破坏药品。在加热时可用搅拌加热器使溶质溶解。待溶液冷却后才能测量体积或 pH 值。

（3）配制溶液时，应根据实验要求选择不同规格的试剂。

（4）试剂瓶上应贴标签。标明试剂名称、浓度、配制日期及配制人等。

（5）试剂使用后要用原瓶塞盖紧，瓶塞不得随便放置，以防沾染其他污物或沾污桌面。

（6）有些化学试剂极易变质，需要特殊保存。避光保存的试剂需用棕色试剂瓶，必要时裹上遮光纸。变质后的试剂不能继续使用。

四、搅拌和振荡

配制溶液时，必须充分搅拌或振荡混匀。常用的溶液混匀方法包括搅拌式、旋转式、弹打式 3 种。

1. 搅拌式

搅拌式适用于烧杯内溶液的混匀，有如下注意事项：

（1）搅拌使用的玻璃棒必须两头都烧圆。

（2）搅棒的粗细长短必须与容器的大小和所配制的溶液的多少呈适当比例关系。

（3）搅拌时，尽量使搅棒沿着器壁运动，不搅入空气，不使溶液飞溅。

（4）倾倒液体时，必须沿器壁缓慢倾入，以免有大量空气混入；倾倒表面张力低的液体（如蛋白质溶液）时，需更缓慢仔细。

（5）研磨配制胶体溶液时，要保证杵棒沿着研钵的一个方向研磨，不要来回研磨。

2. 旋转式

旋转式适用于锥形瓶、大试管内溶液的混匀。振荡溶液时，手握住容器后以手腕、肘或肩为轴旋转容器，不应上下振荡。

3. 弹打式

弹打式适用于离心管、小试管内溶液的混匀。在容量瓶中混合液体时，应倒持容量瓶摇动，用食指或手心顶住瓶塞，并不时翻转容量瓶；在分液漏斗中振荡液体时，应用一只手在适当斜度下倒持漏斗，用食指或手心顶住瓶塞，并用另一只手控制漏斗的活塞，一边振荡，一边开动活塞，使气体可以随时由漏斗泄出。

五、配制母液

当要配置不同浓度系列的溶液或同一溶液长期使用时，配制母液是非常有用的。母液浓度通常比最终所需溶液的浓度高数倍，经过适当稀释可配成最终溶液。

六、配制一定浓度的稀释溶液

在生物化学实验中，经常要把母液稀释到一定质量浓度或摩尔浓度。可按下列步骤进行：

（1）精确量取一定体积的母液到容量瓶中。

（2）用适当的溶剂定容至标准刻度。

（3）双手握容量瓶反复颠倒3～5次，充分混匀。

七、配置系列浓度的稀释液

在生物化学实验中绘制标准曲线时，系列浓度的稀释应用非常广泛。常用的方法有线性稀释、对数稀释和调和浓度稀释。

1. 线性稀释

系列浓度可在利用分光光度法测定蛋白质或酶的浓度时用来绘制标准曲线。此时，稀释液的浓度梯度是相同的，如蛋白质含量为0、0.2 $\mu g/mL$、0.4 $\mu g/mL$、0.6 $\mu g/mL$、0.8 $\mu g/mL$、1.0 $\mu g/mL$的系列稀释液。可用 $c_1V_1 = c_2V_2$ 来计算配置该系列中每种浓度稀释液所需母液的量。

2. 对数稀释

这种稀释法适用于需要配置浓度范围较大的系列溶液的情形。

常见的有2倍稀释和10倍稀释。

以2倍稀释为例（即每种稀释液的浓度是它前一种溶液浓度的一半）：首先配制2倍于所需体积的最大浓度的溶液，然后取一半倒入另外一个装有同样体积稀释液的容器中，充分混匀，如此重复下去，便得到2倍稀释的一系列溶液，它们的浓度分别为原浓度的1/2、1/4、1/8、1/16等。

3. 调和浓度稀释

系列溶液的浓度为连续排列整数的倒数，如1、1/2、1/3、1/4、1/5等。如在依次排列的一组试管中分别加0、1、2、3、4和5倍体积的稀释液，然后分别在每支试管中加入1倍体积的母液，就得到每种浓度的稀释液。这种方法配制的稀释液没有产生稀释转移带来的误差，但最大的缺点是这样的系列溶液的浓度梯度是非线性的，并且随着溶液系列的增多，浓度梯度会越来越小。

八、生物化学药品和溶液的储藏

化学危险品应当按照药品的不同种类实行分类存放，相互之间保持安全距离。化学性质防护和灭火方法相互抵触的化学危险品不得在同一存储柜存放。腐蚀性液体放在下部，以免不慎掉落、洒出而发生灼伤事故。剧毒和致癌药品应当锁上。不稳定的化学药品必须保存在冰箱或冰柜中。容易吸潮的药品必须保存在干燥器中。见光易变色、分解或氧化的药品应避光保存。一般试剂分类存放于阴凉通风、温度低于30 ℃的柜内即可。

对存放的危险化学药品要定期检查，并做好检查记录。炎夏、寒冬等特殊季节要增加检查次数，以防燃烧、爆炸、挥发和泄漏等事故发生。

所有储藏的溶液都要至少标明以下信息：试剂名称、浓度、配制日期和配制人及有关危险的警告信息。

第四节　实验误差与数据处理

一、实验误差

在进行定量分析实验的测定过程中,由于受分析方法、测量仪器、所用试剂和其他人为因素的影响,不可能使测出的数据与客观存在的真实值完全相同。真实值(客观存在的准确值)与测量值(包括直接和间接测量值)之间的差别称为误差。通常用准确度和精确度来评价测量误差的大小。

实验误差的特点如下:

(1) 实验误差永远不等于零。不论人们主观愿望如何,以及人们在测量过程中怎样精心细致地控制,误差总会产生,不会被消除。误差的存在是绝对的。

(2) 实验误差具有随机性。在相同的实验条件下,对同一个研究对象反复进行实验、测试或观察,所得到的不是一个确定的结果,即实验结果具有不确定性。

(3) 实验误差是未知的。在通常情况下,由于真实值是未知的,所以研究误差时,一般都从偏差入手。

准确度是实验分析结果与真实值相接近的程度,通常以误差 ΔN 的大小来表示。ΔN 越小,准确度越高。误差又分为绝对误差和相对误差,其表示式分别如下:

$$\Delta N = N - N'$$

$$\delta = \frac{\Delta N}{N'} \times 100\%$$

式中：ΔN 为绝对误差,N 为测定值,N' 为真实值,δ 为相对误差。

用相对误差来表示分析结果的准确度是比较合理的,因为它反映了误差在真实值中所占的比例。

然而,在实际工作中,真实值是不可能知道的,因此无法求出分析的准确度,只能用精确度来评价分析的结果。精确度是指在相同条件下,进行多次测定后所得数据相近的程度。精确度一般用偏差来表示,偏差分为绝对偏差和相对偏差:

$$绝对偏差 = 个别测定值 - 算数平均值(不计正负)$$

$$相对偏差 = \frac{绝对偏差}{算术平均值} \times 100\%$$

与误差的表示方法一样,用相对偏差来表示实验的精确度比用绝对偏差更有意义。

在实验中,对某一样品常进行多次平行测定,求得其算术平均值作为该样品的分析结果,而该结果的精确度则用平均绝对偏差和平均相对偏差来表示。

$$平均绝对偏差 = \frac{个别测定值的绝对偏差之和}{测定次数}$$

$$平均相对偏差 = \frac{平均绝对偏差}{算术平均值}$$

在分析实验中,有时只进行 2 次平行测定,此时结果的精确度表示方法如下:

$$相对偏差 = \frac{二次分析结果的差值}{二次分析结果的平均值} \times 100\%$$

需要注意的是,误差与偏差具有不同的含义,前者以真实值为标准,后者以平均值为标准。由于不能知道真实值,在实际工作中得到的结果只能是多次分析后得到的相对准确的平均值,而其精确度则只能以偏差来表示。分析结果的表示方式为

$$算术平均值 \pm 平均绝对偏差$$

还需注意,用精确度来评价分析的结果具有一定的局限性。分析结果的精确度很高(即平均相对偏差很小),并不一定说明实验的准确度也很高。如果分析过程中存在系统误差,可能并不影响每次测得数值之间的重合程度,即不影响精确度;但此分析结果却必然偏离真实值,导致分析的准确度不高。

二、产生误差的原因及其校正

产生误差的原因很多。一般根据误差的性质和来源,可将误差分为系统误差与偶然误差(随机误差)两类。

系统误差与分析结果的准确度有关,由分析过程中某些经常发生的原因造成,对分析的结果影响比较稳定。在重复测定时常常重复出现。这种误差的大小与正负往往可以估计出来,因而可以设法减少或校正。系统误差的来源主要有以下几类。

(1) 方法误差:由分析方法本身所造成,如在重量分析中沉淀物少量溶解或吸附杂质;在滴定分析中等摩尔反应终点与滴定终点不完全符合等。

(2) 仪器误差:因仪器本身不够精密所造成,如天平、量器、比色杯的精度不符合要求。

(3) 试剂误差:来源于试剂或蒸馏水的不纯。

(4) 操作误差:每个人掌握的操作规程与控制条件常有出入,如不同的操作者对滴定终点颜色变化的判断常会有差别等。

为了减少系统误差常采取下列措施。

(1) 空白实验:为了消除由试剂等原因引起的误差,可在不加样品的情况下,按与样品测定完全相同的操作手续,在完全相同的条件下进行分析,所得的结果为空白值。将样品分析的结果扣除空白值,可以得到比较准确的结果。

(2) 回收率测定:取一标准物质(其中组分含量都是已知的且精确的)与待测的未知样品同时做平行测定。测得的标准物质量与所取之量之比的百分数就为回收率,可以用来表达某些分析过程的系统误差(系统误差越大,回收率就越低)。通过下式可对样品测量值进

行校正：

$$被测样品的实际含量 = \frac{样品的分析结果}{回收率}$$

（3）仪器校正：对测量仪器校正以减少误差。

偶然误差与分析结果的精确度有关，来源于难以预料的因素，如取样不均匀，或是受到测定过程中某些不易控制的外界因素的影响。

为了减少偶然误差，一般采取以下措施。

（1）平均取样：动植物新鲜组织制成匀浆；细菌制成悬液并打散摇匀后量取一定体积菌液；极不均匀的固体样品，则在取样前先粉碎、再混匀。

（2）多次测定：根据偶然误差的规律，多次取样平行测定，然后取其算数平均值，就可以减少偶然误差。

除以上两大类误差外，还有因操作事故引起的"过失误差"，如读错刻度、溶液溅出、加错试剂等。这时可能出现一个很大的"误差值"，在计算算数平均值时，应弃去此数值。

三、有效数字

在生化定量分析中应在记录数据和进行计算时注意有效数字的取舍。

有效数字应是实际可能测量到的数字。应该取几位有效数字，取决于实验方法与所用仪器的精确度。所谓有效数字，即在一个数值中，除最后一位是可疑数外，其他各数都是确定的。

数字1～9都可作为有效数字，而"0"较特殊，它在数值中间或后面是一般有效数字，但在数字前面时，它只是定位数字，用以表示小数点的位置。

例如：1.260 14——六位有效数字；12.001——五位有效数字；21.00——四位有效数字；0.021 2——三位有效数字；0.001 0——二位有效数字；200——有效数字不明确。

最后一个例子"200"，后面的0可能是有效数字，也可能是定位数字。遇到这种情况，为避免混乱，一般写成标准式，如 $65\,000 \pm 1\,000$ 可写成 $(6.5 \pm 0.1) \times 10^4$（二位有效数字），或 $(6.50 \pm 0.10) \times 10^4$（三位有效数字），或 $(6.500 \pm 0.100) \times 10^4$（四位有效数字）。

在加减乘除等运算中，要特别注意有效数字的取舍，否则会使计算结果不准确。运算规则大致可归结为如下几类。

（1）加减法：几个数值相加之和或者相减之差，只保留一位可疑数。在弃去过多的可疑数时，按四舍五入的规则取舍。因此，几个数相加或相减时，有效数字的保留应以小数点后位数最少的数字为准。

（2）乘除法：几个数值相乘除时，其积或商的相对误差接近于这几个数之中相对误差最大值。因此，积或商保留有效数位数与各运算数字中有效数位数最少的相同。还应指出，有效数字最后一位是可疑数，若一个数值没有可疑数，则可视为无限有效。例如，将 7.12 g 样品二等分，则有 7.12 g/2＝3.56 g。这里的除数 2 不是测量所得，故可视为无限多位有效数字,切不可把它当作一位有效数字,得出 3 g 的结果。另外,一些常数(如 π、e、$\sqrt{2}$ 等)也都是无限多位有效数字。

四、数据处理

对实验中所取得的一系列数值,采取适当的处理方法进行整理分析,才能准确地反映出被研究对象的数量关系。在生物化学实验中通常采用列表法或者绘图法表示实验结果,不仅使结果表达得清晰明了,而且可以减少和弥补某些测定的误差。根据对标准样品的一系列测定,也可以列出表格或绘制标准曲线,然后由测定数值直接查出结果。

(1) 列表法:将实验所得的各数据用适当的表格列出,并表示出它们之间的关系。通常数据的名称与单位写在标题栏中,表内只填写数字。数据应正确反映测定的有效数字,必要时应计算出误差。

(2) 绘图法:实验所得的一系列数据之间关系及其变化情况,可用图线直观地表现出来。绘图时通常先在坐标纸上确定坐标轴,标明轴的名称和单位,然后将各数值点用"+"或"×"等标记标注在图纸上,再用直线或曲线把各点连接起来。图形必须平滑,可不通过所有的点,但要求线两旁偏离的点分布较均匀。画线时,应当舍去个别偏离较大的点,或重复试验校正。采用绘图法时至少要有五个以上的点,否则就没有意义。

第五节 实验记录与报告

一、实验记录

实验课前应认真预习,将实验名称、目的和要求、原理、实验内容、操作方法与步骤等简明扼要地做好记录。

实验记录本应标上页数,不要撕去任何一页。实验记录不能用铅笔,须用钢笔或圆珠笔。记录不要擦抹及涂改,写错时可划去重写。

实验中观察到的现象、结果和数据,应及时直接记录在记录本上,绝对不可用单片纸做记录。原始记录必须准确、简练、详尽、清楚。

记录时,应做到正确记录实验结果,切忌夹杂主观因素。在实验条件下观察到的现象,应如实仔细地记录下来。在定量实验中观测的数据,应设计一定的表格(简易形式)准确记录下正确的数据,并根据仪器的精确度准确记录有效数字。每一结果至少重复观察两次,当符合实验要求并确定仪器正常工作后再写在记录本上。因为实验记录上的每一个数字,都反映每一次的测量结果,所以重复观测时即使数据完全与前一次相同也应如实记录下来。数据的计算也应写在记录本上,一般在正式记录的左边一页。总之,实验的每个结果都应正确无遗漏地做好记录。

实验中使用仪器的类型、编号,以及试剂的规格、化学式、相对分子质量、准确的浓度等,都应该记录清楚,以便总结实验时进行核对并作为查找实验成败原因的参考依据。

如发现实验记录的结果有疑点、遗漏和丢失等,都必须重做实验。若将不可靠的结果当作正确的记录,在实际工作中可能造成难以估计的损失。

二、实验报告

实验结束时,应及时整理和总结实验结果,写出实验报告。按照实验内容可将实验分为定性实验、定量实验、设计型实验三类,下面分别列举这三类实验报告的参考格式。

1. 定性实验报告

定性实验报告结构组成如下:

实验(编号) (实验名称)

班级 姓名 实验日期

一、目的要求

二、内容

三、原理

四、试剂和器材

五、操作方法

六、结果和讨论

七、参考文献

一般一次实验课要做数个相关的定性实验,报告中的实验名称及目的要求应是针对整个实验课的全部内容的。实验原理、操作方法与步骤、结果和讨论则按实验各自的内容而不同。原理部分应简述基本原理;操作方法与步骤可采用工艺流程图方式或自行设计的表格来表示。某些实验的操作部分可以与结果和讨论部分合并成自行设计的综合表格。结果和讨论包括实验结果及观察现象的小结,对实验课遇到的问题和思考题的探讨,以及对实验的改进意见等。

2. 定量实验报告

定量实验报告结构组成如下:

实验(编号) (实验名称)

班级 姓名 实验日期

一、目的要求

二、原理

三、试剂和器材

四、操作方法

五、结果和讨论

六、参考文献

通常定量实验每次只能做一个。在实验报告中,目的和要求、原理及操作部分应简明扼要地叙述，但是对于实验条件即试剂配制及仪器部分或操作的关键环节必须表达清楚。实验结果部分应将在一定实验条件下获得的实验结果和数据进行整理、归纳、分析和对比，并尽量总结成各种图表，如原始数据及其处理的表格，标准曲线图及比较实验组与对照组实验结果的图表等。另外，应针对实验结果进行必要的说明和分析，讨论部分则包括关于实验方法、操作技术及其他有关实验的一些问题，如实验的正常结果和异常结果，以及思考题等；同时，包括对于实验体会和建议，以及对实验课的改进意见等。

3. 设计型实验报告

设计型实验报告结构组成如下：

实验（编号）　　　　　　　　（实验名称）

班级　　　　　　姓名

一、中文摘要

二、英文摘要

三、前言

四、材料和方法

五、结果和讨论

六、参考文献

设计型实验的实验内容、操作方法与步骤都是由学生自行设计开展的。在实验报告中，材料和方法部分要详细，对于实验条件即试剂配制及仪器部分或操作的关键环节必须表达清楚。结果与讨论部分应将在一定实验条件下获得的实验结果和数据进行整理归纳、分析和对比，并尽量总结成各种图表，如实验组与对照组实验结果的图表等。另外，应针对实验结果进行必要的说明和分析，讨论部分则包括通过查文献阐述关于实验方法、操作技术，以及其他有关实验结果的一些问题分析，还包括对于实验设计的认识、体会和建议等。

第六节　实验室常用仪器的使用

一、恒温箱

恒温箱是实验室常用加热设备之一。按特殊用途恒温箱又可分为真空干燥箱、隔水式恒温箱、鼓风干燥箱和防爆干燥箱等。

恒温箱一般由箱体、发热体（镍铬电热丝）、测温仪或温度计、控温机构和信号系统等组成，特殊用途的恒温箱还有水箱、鼓风马达和防爆装置等。进气孔一般在箱底部，排气孔在顶部。

1. 使用方法

（1）使用前做好内、外检查，箱内如有他人存物，取出放好。打开风顶（排气孔），插好温度计。注意电源与铭牌上标称电压是否相符。箱壳要接好地线，以防漏电。

（2）通电后指示灯亮起，如指示红灯不亮应将调温旋钮顺时针方向转动至指示红灯亮。恒温箱如有鼓风马达，应将开关打开。

（3）当箱内温度即将达到所需的温度，红绿灯自动交替明灭时，表示箱内温度已处在恒温状态。由温度计读数判断是否为所需温度，如有偏差可稍调节调温旋钮。

（4）当箱内温度稳定在所需要温度后放入待干燥或待培养（保温）样品。因为温度计指示的是最上层网架中心 2/3 面积的近似温度，所以样品尽量放在这个部位，其他层次和部位的实际温度要偏高一些。

（5）使用完毕，关掉各个开关，并把调温旋钮反时针退回零位。

（6）调温旋钮所指刻度并非箱内温度。每次恒温后可记录恒温温度及旋钮所指刻度，作为以后使用的参考，进而节省时间。

2. 注意事项

（1）在正式使用前，应进行测试以确保恒温箱的运行稳定。可以通过每隔一段时间监测水温或使用温度计来检测恒温箱的稳定性。

（2）在使用恒温箱前，应设置好温度值，并确保不超过仪器设定的范围。同时，设置合理的温度缓冲区，以避免温度快速波动。

（3）恒温箱应放置在远离热源、避免阳光直射、通风良好且干燥的地方。使用时，应调整底角螺钉或衬垫，使恒温箱保持水平，以减少噪声并保证良好的换热效果。

（4）恒温箱应使用单独的单相带接地的插座，插线必须接地。在使用中，如果恒温箱的金属部件有麻电感觉，应立即停止使用。

（5）恒温箱应定期清洁，避免积尘和脏污物。清洁时，应使用清洁剂和干燥的布来擦拭设备，注意不要弄湿设备内部。

（6）储存物品时应保持间隙、均匀放置，以利于通风和保持温度均匀度。物品与物品之间、物品与箱体内壁应留有 10 mm 以上的空隙。

（7）不同类型的样品应放置在不同的位置，以免样品相互影响或产生交叉污染。

（8）为了达到设定的温度值，需要设定合适的恒温时间。时间过长会影响样品质量，时间过短则无法达到温度设定值。

（9）恒温箱在使用过程中需要进行定期的清洁和消毒，以及更换过滤器等操作。同时，也需要注意箱体内部的湿度和通风，帮助保持恒温箱的稳态性。

（10）搬运与放置。搬运恒温箱时，倾斜角不应超过 45 度。静置 24 小时后，再重新启动。

二、电热恒温水浴锅

电热恒温水浴锅用于恒温、加热、消毒及蒸发等，常用的有 2 孔、4 孔、6 孔和 8 孔，工作温度从室温至 100 ℃。

1. 使用方法

（1）关闭水浴锅底部外侧的放水阀门，向水浴锅中注入蒸馏水至适当的深度。加蒸馏水是为了防止水浴锅体(铝板或铜板)被侵蚀。

(2) 将电源插头接在插座上,合上电闸。插座的粗孔必须安装接地线。

(3) 打开电源开关,接通电源,红灯亮,表示电炉丝通电开始加热。

(4) 按"set"键 3~5 s 不动,温度指示屏闪烁,可以通过"△▽"键调节至需要的温度读数。

(5) 在恒温过程中,当温度升到所需的温度后,红绿灯会不断地熄、亮,表示恒温控制发生作用。

(6) 显示屏上的数字并不能完全准确表示恒温水浴锅内的温度。对温度要求非常严格的实验,需要另拿一根温度计,随时对照恒温水浴锅内温度与指示的温度关系,在多次使用的基础上,可以比较迅速地调节,得到需要控制的温度。

(7) 使用完毕,关闭电源开关,拉下电闸,拔下插头。

2. 注意事项

(1) 水浴锅内的水位绝对不能低于电热管,否则电热管将被烧坏。

(2) 控制箱内部切勿受潮,以防漏电损坏。

(3) 初次使用时,应加入与所需温度相近的水后再通电,并防止水箱内无水时接通电源。

(4) 使用过程中应注意随时盖上水浴锅盖,防止水箱内水被蒸干。

(5) 显示屏上的温度读数并不表示水温,实际水温应以温度计读数为准。

三、分光光度计

(一) 722 型光栅分光光度计

722 型光栅分光光度计能在近紫外光、可见光光谱区对样品做定性、定量分析。

1. 使用方法

(1) 将灵敏度旋钮调至"1"挡(放大倍率最小)。

(2) 打开样品室盖(光门自动关闭)。开启电源,指示灯亮,仪器预热 20 min。

(3) 旋动波长手轮,把所需波长对准刻线。

(4) 将装有溶液的比色皿放置于比色架中,令参比溶液置于光路。

(5) 盖上样品室盖,调节透光率"100％T"旋钮,使数字显示为"100.0"。如显示不到100％T,则可适当增加灵敏度的挡次,重复第 2 步调零操作。

(6) 吸光度 A 的测量:仪器调为 100％ T 后将选择开关转换至 A,旋动 A 调零旋钮使数字显示为".000",然后移入被测溶液,数字显示值即为试样的吸光度 A 值。

(7) 浓度 C 的测定:将选择开关由 A 旋至 C,再将标定浓度的溶液移入光路,调节浓度旋钮,使数字显示为标定值,最后将被测溶液移入光路,即可读出相应的浓度。

2. 注意事项

(1) 实验中如果大幅度改变测试波长,在 2 种波长下测定的时间应间隔数分钟,使光电管有足够的平衡时间。

（2）比色一般在稀溶液条件下进行,在吸光度>1、透光度<10％时,需把选择开关拨到"×0.1"挡,使读得的吸光度结果加1.0,透光率则除以10。

（3）同套比色杯吸光度肯定有差异,如果4个比色杯内装上蒸馏水,在相同的波长下吸收度有较大的差别,应选用空白吸收值最小的杯子装参比溶液,其他杯子在读数后应减去空白读数值作为校正值。

（4）比色杯必须成套使用,注意保护。清洗时用0.1 mol/L氯化氢和乙醇溶液或稍加稀释的洗涤液浸泡去污,用蒸馏水充分清洗干净,晒干备用。

（5）仪器每使用1年或每搬动1次,应请有经验的专业人士对波长做一次校正。

（二）WFJ2000型和WFJ UV－2000型分光光度计

WFJ2000型和WFJ UV－2000型分光光度计有透射比、吸光度、已知标准样品的浓度或斜率测量样品浓度等测量方式,可根据需要选择合适的测量方式。该光度计设有自检功能,自检后波长自动停在546 nm,测量方式自动设定在透射比方式(T),并自动调100％T和0％T。

在开机前,须确认仪器样品室内是否有物品挡在光路上,光路上有阻挡物将影响仪器自检甚至造成仪器故障。

1. 使用方法

（1）连接仪器电源线,确保仪器供电电源有良好的接地性能。

（2）接通电源,至仪器自检完毕,显示器显示"546 nm 100.0"即可进行测试。

（3）用"MODE"键设置测试方式:透射比(T),吸光度(A),已知标准样品浓度(C)方式和已知标准样品斜率(F)方式。

（4）用波长设置键,设置所需的分析波长。如果没有进行上步操作,仪器将不会变换到想要的分析波长。根据分析规则,每当分析波长改变时,必须重新调整100％T。2000型和UV－2000型光度计特别设计了防误操作功能:当波长被改变时,第一排显示器会显示"BLA"字样,提示下一步必须调100％T,当设置完波长时,如没有调100％T,仪器将不会继续工作。

（5）根据设置的分析波长,选择正确的光源。光源的切换位置在335 nm处。在正常情况下,仪器开机后,钨灯和氘灯同时点亮。为延长光源灯的使用寿命,仪器特别设置了光源灯光控制功能,当分析波长在335～1 000 nm时,应选用钨灯。

（6）将参比样品溶液和被测样品溶液分别倒入比色皿中,打开样品室盖,将盛有溶液的比色皿分别插入比色皿槽中,盖上样品室盖。在一般情况下,参比样品放在第一个槽位中。仪器所附的比色皿的透射比是经过配对测试的,未经配对处理的比色皿将影响样品的测试精度。比色皿透光部分表面不能有指印、溶液痕迹,被测溶液中不能有气泡、悬浮物,否则也将影响样品测试的精度。

（7）将参比样品推(拉)入光路中,按"100％T"键调100％T,直至显示器显示的"BLA——"显示"100.0"为止。

（8）当仪器显示器显示出"100.0"后,将被测样品推(拉)入光路中,这时便可从显示器上得到被测样品的透射比或吸光度值。

2. 样品浓度的测量方法

（1）用"MODE"键将测试方式设置 A（吸光度）状态。

（2）用 WAVELENGTH "△▽"设置键，设置样品的分析波长，根据分析规程，当分析波长改变时，必须重新调整 $100\%T$。

（3）将参比样品溶液、标准样品溶液和被测样品溶液分别倒入比色皿中，打开样品室盖，将盛有溶液的比色皿分别插入比色皿槽中，盖上样品室盖。一般情况下，参比样品放在第一个槽位中。仪器所附的比色皿，其透射比是经过配对测定的，未经配对处理的比色皿将影响样品的测试精度，比色皿透光部分表面不能有指印、溶液痕迹，被测溶液中不能有气泡、悬浮物，否则也将影响样品测试的精度。

（4）将参比样品推（拉）入光路中，按"$100\%T$"键调 $100\%T$，直至显示器显示的"BLA——"显示"100.0"为止。

（5）用"MODE"键将测试方式设至 C 状态。

（6）将标准样品推（或拉）入光路中。

（7）按"INC"或"DEC"键将已知的标准样品浓度输入仪器，当显示器显示样品浓度值时，按"ENT"键。浓度值只能输入整数值，设定范围为 $0\sim1\,999$。

（8）将被测样品依次推（或拉）入光路中，便可以从显示器上分别得到被测样品的浓度值。

四、离心机

在实验过程中，欲使沉淀与母液分开，有过滤和离心 2 种方法。在下述情况下，使用离心方法较为合适：

（1）沉淀有黏性。

（2）沉淀颗粒小，容易透过滤纸。

（3）沉淀量多而疏散。

（4）沉淀量少，需要定量测定。

（5）母液量很少，分离时应减少损失。

（6）沉淀和母液必须迅速分离开。

（7）母液黏稠。

（8）一般胶体溶液。

离心机是利用离心力对混合物溶液进行分离和沉淀的一种专用仪器。离心机通常分为大型、中型和小型 3 种类型或按速度分为低速离心机、高速离心机。

1. 使用方法

（1）使用前应先检查变速旋钮是否在"O"处。

（2）离心时先将待离心的物质转移到大小合适的离心管内，盛量占管的 2/3 体积，以免溢出。将此离心管放入塑料外套管内。

（3）将 2 个外套管（连同离心管）放在台秤上平衡，如不平衡，可用胶头滴管调整离心管内容物的量或向离心管与外套间加入平衡用水。每次离心操作，都必须严格遵守平衡要求，否则将会损坏离心机部件，甚至造成严重事故，应十分警惕。

（4）将以上 2 个平衡好的套管，按对称位置放到离心机中，盖严离心机盖，并把不用的离心套管取出。

（5）开动时，应再检查变速旋钮是否在"O"处，接通电源，然后慢慢拨动变速旋钮，使速度逐渐加快至需要的转速。停止时，先将旋钮拨到"O"，不继续使用时，关闭电源拔下插头。待离心机自动停止后，才能打开离心机盖并取出样品，绝对不能用手阻止离心机转动。

（6）用完后，将套管中的橡皮垫洗净，保管好。冲洗外套管，倒立放置使其干燥。

2. 注意事项

实验室常用的电动离心机转动速度快，要注意安全，特别要防止在离心机运转期间，因不平衡或试管垫老化，导致离心机在工作时移动，进而从实验台上掉下来，或因盖子未盖，离心管因振动而破裂后，玻璃碎片旋转飞出，造成事故。因此，使用离心机时，必须注意以下事项。

（1）离心机套管底部要垫棉花或试管垫。

（2）电动离心机如有噪声或机身振动时，应立即切断电源，及时排除故障。

（3）有机溶剂和苯酚等会腐蚀金属套管，若有渗漏现象，必须及时擦干净漏出的溶液，并更换套管。

（4）离心管必须对称放入套管中，为防止机身振动，若只有一支样品管，另外一支要用等质量的水代替并放入离心机中。

（5）启动离心机时，应盖上离心机顶盖后，方可慢慢启动。

（6）分离结束后，先关闭离心机，在离心机停止转动后，方可打开离心机盖，取出样品，不可用外力强制其停止运动。

（7）离心时间一般 5～10 min，在此期间，实验者不得离开实验室。如果离心时间较长，应该在离心机完全正常工作 5 min 后方可离开，并在使用记录本上备注。

（8）避免连续使用时间过长。一般大型离心机使用 40 min 停用 20/30 min，小型离心机使用 40 min 停用 10 min。

（9）应不定期检查离心机内电动机的电刷与整流子磨损情况，严重时要更换电刷或轴承。

五、电子分析天平

电子分析天平结构紧凑，性能优良，根据电磁力平衡原理，直接称量，全量程不需砝码。放上称量物后，在数秒内即达到平衡，显示读数，称量速度快、精度高。电子天平的支承点用弹簧片取代机械天平的玛瑙刀口，用差动变压器取代升降枢装置，用数字显示代替指针刻度式。因而，电子天平具有使用寿命长、性能稳定、操作简便和灵敏度高的特点。电子天平按结构可分为上皿式和下皿式 2 种。称盘在支架上面为上皿式，称盘吊挂在支架下面为下皿式。目前,广泛使用的是上皿式电子天平,其最大载荷为 200 g,感量为 0.1 mg,自动计量,数字显示,操作简便,清除键可方便去皮,适于累计连续称量。

常用的称量方法有直接称量法、固定质量称量法和递减称量法。直接称量法是指将称量物直接放在天平盘上直接称量物体的质量。固定质量称量法(又称增量法)用于称量某一固定质量的试剂(如基准物质)或试样。这种称量操作的速度很慢,适于称量不易吸潮、在空气中能稳定存在的粉末状或小颗粒(最小颗粒质量应小于 0.1 mg,以便容易调节其质量)样品。注意:若不慎加入试剂超过指定质量,应用角匙取出多余试剂,直至试剂质量符合指定要求为止。严格要求时,取出的多余试剂应弃去,不要放回原试剂瓶中,称好的试剂必须定量地由表面皿等容器直接转入接收容器,此即所谓"定量转移"。递减称量法(又称减量法)用于称量一定质量范围的样品或试剂。在称量过程中样品若易吸水、易氧化或易与二氧化碳等反应,可选此法。由于称取试样的质量由 2 次称量之差求得,故也称为差减法。

1. 使用方法

(1) 使用天平(图 1-2)前,首先清洁称量盘,检查、调整天平的水平。观察水平仪,如水平仪水泡偏移,需调整水平调节脚,使水泡位于水平仪中心。

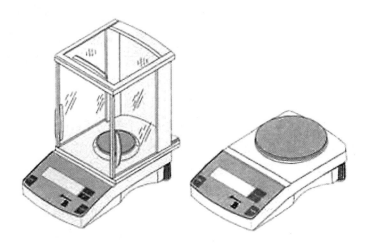

图 1-2 电子分析天平

(2) 接通电源。当天平出现"OFF"时,自检结束。

(3) 单击"On"键,天平显示自检。当天平回零时,显示屏上出现"0.0000"。如果空载时有读数,按一下清除键"O/T"回零。

(4) 称量:打开天平右侧门,将干燥的称量瓶或小烧杯轻轻放在称量盘中心,关上天平门,至显示平衡后按消除键扣除皮重并显示零点。然后,打开天平门向容器中缓慢加入待称量物并观察显示屏,显示平衡后即可记录所称取试样的净重。

(5) 称量完毕,取下被称物。

(6) 如果称量后较长时间内不再使用天平,应拔下电源插头,盖好防尘罩。

2. 注意事项

(1) 被称量物的温度应与室温相同,不得称量过热或有挥发性的试剂,尽量消除引起天平示值变动的因素,如空气流动、温度波动、容器潮湿和振动及操作过猛等。

(2)开、关天平,开、关侧门,放、取被称物等操作,其动作都要轻、缓,不可用力过猛,操作时不能将试剂散落于天平盘等容器以外的地方。

(3)调零点和读数时必须关闭两个侧门,并完全开启天平。

(4)使用中如发现天平异常,应及时报告指导教师或实验工作人员,不得自行拆卸修理。

(5)称量完毕,应随手关闭天平,并做好天平内外的清洁工作。

六、酸度计

酸度计(Delta 320-S pH 计)是测量 pH 值的较精密仪器,也可用来测电动势。

1. 使用方法

1)温度的输入

每次测定溶液的 pH 值前先看一下温度,如果温度设定值与样品温度不同,务必输入新的溶液的温度。

2)温度的读数和输入

按一次"模式"键进入温度方式,显示屏即有"℃"图样显示,同时显示屏将显示最近一次输入的温度值,小数点闪烁。如果要输入新的温度值,则按一下"标准"键,此时首先是温度值的十位数从 0 开始闪烁,每隔一段时间加"1"。当十位数到达所要的数值时,按一下"读数"键,这时十位数固定不变,个位数开始闪烁,并且累加。当个位数到达所要的数值时,按一下"读数"键,十位数和个位数均保持不变,小数点后十分位开始在"0"和"5"之间变化。当到达所需数值时按"读数"键,温度值将固定,且小数点停止闪烁,此时温度值已被读入 pH 计。完成温度输入后,按"模式"回到 pH 或 mV 模式。

注意:在温度输入后,但在未退出温度方式前想改变温度设定值,只需按一下"读数"键使小数点闪烁,然后按"校准"键,照上述步骤重新输入温度值。在温度输入过程中,若想重新输入温度,按"校准"键,然后按上述步骤重新输入温度值。

3)测定 pH 值

在样品测定前进行常规校准,并检查当前温度值,确定是否需要输入新的温度值。

测定 pH 值:

将电极放入样品中并按"读数"键,启动测定过程,小数点会闪烁。

显示屏同时显示数字式及模拟式 pH 值。模拟式尺度从 1~7 或 7~14,超出或不足显示范围的数值由箭头表示。

将显示静止在终点数值上,按"读数"键,小数点停闪。

启动一个新的测定过程,再按"读数"键。

4)设置校准溶液组

要获得最精确的 pH 值,必须周期性地校准电极。有 3 组校准缓冲液供选择(每组有 3 种不同 pH 值的校准液):

组 1($b=1$)，pH 值分别为 4.00、7.00、10.00；

组 2($b=2$)，pH 值分别为 4.01、7.00、9.21；

组 3($b=3$)，pH 值分别为 4.01、6.86、9.18。

按下列步骤选择缓冲液：

(1) 按"开/关"键关闭显示器。

(2) 按"模式"键并保持，再按"开/关"键。松开"模式"键，显示屏显示 $b=3$（或当前的设定值）。

(3) 按"校准"键显示 $b=1$ 或 $b=2$。

(4) 按"读数"键选择合适的组别，即使遇上断电，320－S pH 计也保留此设置。

注意：

(1) 所选择组别必须与所使用的缓冲液一致；

(2) 当进入设置校准溶液组菜单后，以前的电极校正数据及所选择的校正溶液组已改为出厂设置。因此，在进行样品测量前，须重新进行校准溶液组的设置及电极校正。

5）校准 pH 电极

首先，测出缓冲液的温度，并进入温度方式输入当前缓冲液的温度。

一点校准：

将电极放入第一个缓冲液并按"校准"键；

320－S pH 计在校准时自动判定终点，当到达终点时相应的缓冲液指示器显示，要人工定义终点，按"读数"键；

要回到样品测定方式，按"读数"键。

两点校准：

继续第二点校准操作，按"校准"键；

将电极放入第二种缓冲液并按上述步骤操作，当显示静止后电极斜率值出现简要显示。

要回到样品测定方式，按"读数"键。

2. 注意事项

(1) pH 玻璃电极的储存：短期，储存在 pH 值为 4 的缓冲溶液中；长期，储存在 pH 值为 7 的缓冲溶液中。

(2) 防止仪器与潮湿气体接触。潮气的浸入会降低仪器的绝缘性，使其灵敏度、精确度和稳定性都降低。

(3) 玻璃电极小球的玻璃膜极薄，容易破损，切忌与硬物接触。

(4) 玻璃电极的玻璃膜不要沾上油污，玻璃电极球泡受污染可能使电极响应时间加长。可用四氯化碳或皂液揩去污物，然后浸入蒸馏水一昼夜后继续使用。污染严重时，可用 5% HF 溶液浸 10～20 min，取出后立即用水冲洗干净，然后浸入 0.1N①HCl 溶液一昼夜后继续使用。

---

① N 代表当量浓度。

(5) 甘汞电极的氯化钾溶液中不允许有气泡存在,其中有极少结晶,以保持饱和状态。如结晶过多,毛细孔堵塞,最好重新灌入新的饱和氯化钾溶液。

(6) 如酸度计指针抖动严重,应更换玻璃电极。

目前,实验室使用的电极都是复合电极,其优点是使用方便,不受氧化性或还原性物质的影响,并且平衡速度较快。使用时,将电极加液口上所套的橡胶套和下端的橡皮套全取下,以保持电极内氯化钾溶液的液压差。下面简要介绍电极的使用与维护。

(1) 复合电极不用时,可充分浸泡在 3 mol/L 的氯化钾溶液中。切忌用洗涤液或其他吸水性试剂浸洗。

(2) 使用前,检查玻璃电极前端的球泡。在正常情况下,电极应该透明而无裂纹;球泡内要充满溶液,不能有气泡存在。

(3) 测量浓度较大的溶液时,尽量缩短测量时间,用后仔细清洗,防止被测液黏附在电极上而污染电极。

(4) 清洗电极后,不要用滤纸擦拭玻璃膜,而应用滤纸吸干,避免损坏玻璃薄膜,防止交叉污染,影响测量精度。

(5) 测量中注意电极的银-氯化银内参比电极应浸入球泡内氯化物缓冲溶液中,避免电计显示部分出现数字乱跳现象。使用时,注意将电极轻轻甩几下。

(6) 电极不能用于强酸、强碱或其他腐蚀性的溶液中。

(7) 严禁在脱水性介质(如无水乙醇、重铬酸钾等)中使用。

七、自动部分收集器

自动部分收集器是柱层析的重要配套仪器,通过时间或滴数的预置,可以定量地收集部分洗脱液,进而将柱层析分离的各种组分收集到不同试管中。

1. 使用方法

1) 准备工作

(1) 先将电源线、试管、竖杆、安全阀和收集盘等按实物安装图接好,电源线接后面板的电源插座(220 V 交流电源),安全阀引出线接后面板安全阀插座。向上拨动电源开关后,绿灯亮。

(2) 后面板的计数器插座、记录仪插座、恒流泵插座分别与相应配套的计滴器、记录仪、恒流泵相接;不使用这些配件时,这些插座留空。

(3) 定位。在面板上旋松时间选择固定螺钉(注意不要过分放松,以防螺钉脱落),使时间选择指在"0"刻度,换向开关拨向"逆"或"顺"时,收集盘就会做逆时针或顺时针方向连续转动,换管臂也相应地向内或外移动,等到收集盘停止转动,报警指示灯亮,同时发出报警信号"嘟嘟"声,表示已到内或外终端。然后,使时间选择旋钮离开"0"位,换向开关拨向"顺"或"逆",收集盘即向顺时针或逆时针方向转换一管,此位置即是收集的最后或第一管,检查滴管头是否对准内、外终端管中心,如未对准,可松开换管臂固定螺丝,调节换管臂使其滴管对准试管中心。完成定位以后,千万不要再改变换管臂的位置,以保证收集盘和换管臂同步旋转,平时不要把时间旋钮置于"0"位。

（4）将自动开关拨在关位置，按手动开关，按一下放开一次，指示灯亮一次，收集器应相应转换一支试管，检查滴管头是否对准管中心，如未对准可将管壁略做调整。

（5）将报警板插头插入警控插座内，滴几滴溶液在报警板上，随即发出"嘟嘟"声（报警红灯亮），说明报警器正常。此时，安全阀关闭，恒流泵停止工作。收集盘连续换管至终端管不动时，报警指示灯亮。

2）操作步骤

首先按上述方法使收集盘回到外终端管第一管，换向开关拨向"逆"。

手动收集：按手动开关，人工控制收集时间和换管，按下一次放开一次，指示灯亮一次，收集盘机转换一支试管。

自动定时收集：将时间选择旋钮选定在所需要的刻度上，旋紧固定螺钉；开启自动开关，这时自动指示灯亮，即自动定时收集开始，进而保证每管的收集时间基本相同。注意自动收集期间不要旋动时间选择按钮，否则会损坏仪器。

2. 注意事项

（1）使用前应参照准备工作一项，检查各个旋钮，观察仪器是否运转正常。尤其是换管，定位是否正常、准确，每次是否转换一支试管。如每次转换多支试管，在一般情况下，可通过重新定位加以纠正，如无效时应检查仪器本身是否出故障。

（2）要保持收集盘的干燥，防止报警板滴上液体引起不必要的报警。

（3）事先要仔细检查收集用的试管大小、高度是否合适，底部有无破损。

八、计量仪器

1. 液体的量取和分配

计量仪器的选择应根据量取液体的体积大小而定，同时要考虑量取的准确度（表1-3）。

表1-3 计量仪器的选择标准

计 量 仪 器	最 佳 量 程	准 确 度
滴管	$30\,\mu L \sim 2\,mL$	低
量筒	$5 \sim 2\,000\,mL$	中等
容量瓶	$5 \sim 2\,000\,mL$	高
滴定管	$1 \sim 25\,mL$	高
移液管/移液枪	$5\,\mu L \sim 10\,mL$	高
微量注射器	$0.5 \sim 50\,\mu L$	高
称量	任何量度（取决于天平的准确度）	极高
锥形瓶/烧杯	$25 \sim 5\,000\,mL$	极低

1) 滴管

正确使用滴管——保持滴管垂直,用中指和无名指夹住管柱,同时用拇指和食指轻轻挤压胶头使液体逐滴滴下。

使用滴管吸取有毒溶液时要小心,松开胶头之前一定要将管尖移离溶液,吸入的空气可防止液体溢散。为了避免交叉污染,不要将溶液吸入胶头或将滴管横放,使用一次性塑料滴管安全性好,可避免污染。

2) 量筒

在准确度要求不高的情况下,量筒用来量取相对大量的液体。实验中应根据所取溶液的体积,尽量选用能一次量取的最小规格的量筒,分次量取也会引起误差。把量筒放置在水平台面上,保持刻度水平。先将溶液加到所需的刻度以下,再用胶头滴管慢慢滴加,直至液体的凹液面最低处与刻度相平。读数前要静止 $1 \sim 2$ min,使附着在内壁上的液体流下来,再读出刻度值。否则,读出的数值偏小。读数时视线与量筒内液体的凹液面的最低处保持水平。

量筒使用注意事项:不能在量筒内稀释或配制溶液,绝不能对量筒加热;不能在量筒里进行化学反应;在量液体时,要根据所量的体积来选择大小恰当的量筒(否则会造成较大的误差),读数时应将量筒垂直平稳放在桌面上,并使量筒的刻度与量筒内的液体凹液面的最低点保持在同一水平面。

3) 容量瓶

容量瓶主要用于准确地配制一定摩尔浓度的溶液。它是一种细长颈、梨形的平底玻璃瓶,配有磨口塞。瓶颈上刻有标线,当瓶内液体在所指定温度下达到标线处时,其体积即为瓶上所注明的容积数值。一种规格的容量瓶只能量取一个量。常用的容量瓶有 50 mL、100 mL、250 mL、500 mL 等多种规格。容量瓶是在一定温度(通常为 20 ℃)下含有准确体积的容器。所称量的任何固体物质必须先在小烧杯中溶解或加热溶解,冷却至室温后才能转移到容量瓶中,绝不能加热或烘干容量瓶。

使用容量瓶时应注意以下几点:

(1) 因为容量瓶的容积是特定的,其刻度不连续,所以一种型号的容量瓶只能配制同一体积的溶液。在配制溶液前,先要弄清楚需要配制的溶液的体积,然后选用相同规格的容量瓶。

(2) 易溶解且不发热的物质可直接用漏斗倒入容量瓶中溶解,其他物质基本不能在容量瓶里进行溶质的溶解,应将溶质在烧杯中溶解后转移到容量瓶里。

(3) 用于洗涤烧杯的溶剂总量不能超过容量瓶的标线。

(4) 容量瓶不能进行加热。如果溶质在溶解过程中放热,要待溶液冷却后再进行转移,因为一般的容量瓶是在 20 ℃的温度下标定的,若将温度较高或较低的溶液注入容量瓶,容量瓶则会热胀冷缩,所量体积就会不准确,导致所配制的溶液浓度不准确。

(5) 容量瓶只能用于配制溶液,不能储存溶液,因为溶液可能会腐蚀瓶体,从而影响容量瓶的精度。

（6）容量瓶用毕应及时洗涤干净，塞上瓶塞，并在塞子与瓶口之间夹一张纸条，防止瓶塞与瓶口粘连。

4）滴定管

在生物化学实验中常用来量取不固定量的溶液或用于容量分析。把滴定管垂直固定在铁架台上，不要夹得过紧。首先关闭活塞，用漏斗向管腔中加入溶液。打开活塞，让溶液充满活塞下方的空间后关闭活塞，读取凹液面最低处的刻度，记在记录本上。打开活塞，收集适量溶液，然后读取凹液面最低处的刻度，两次读数之差即为分配的溶液体积。滴定时通常使用磁力搅拌器充分混合溶液。

5）移液管

移液管有多种试样，包括有分度的和无分度的。使用前要看清移液管的刻度，有些移液管卸出液体时从整刻度到零，有些则从零到整刻度。有的刻度终止于管尖的肩部，有的则需将管尖的液体吹出或靠重力移出。

注意：为了安全，严禁用嘴吹吸移液管，可使用其他工具（如洗耳球）。

6）移液枪

移液枪是生化与分子生物学实验室常用的小件精密设备，能否正确使用移液枪，直接关系到实验的准确性与重复性，同时关系到移液枪的使用寿命。下面以连续可调的移液枪为例说明移液枪的使用方法。

移液枪由连续可调的机械装置和可替换的吸头组成，不同型号的移液枪吸头有所不同，实验室常用的移液枪根据最大吸用量有 $2\ \mu L$、$10\ \mu L$、$20\ \mu L$、$200\ \mu L$、$1\ mL$ 等规格。

移液枪的正确使用包括以下几个方面：

（1）根据实验精度选用正确量程的移液枪。一定不要试图移取超过最大量程的液体，否则会损坏移液枪。

（2）移液枪的吸量体积调节：移液枪调整时，切勿超过最大或最小量程。

（3）吸量：将一次性枪头套在移液枪的吸杆上，有必要时可用手辅助套紧，但要防止由此可能带来的污染；然后将吸量按钮按至第一挡（first stop），将吸嘴垂直插入待取液体中，深度以刚浸没吸头尖端为宜，然后慢慢松开吸量按钮以吸取液体；释放所吸液体时，先将枪头垂直接触在受液容器壁上，慢慢按压吸量按钮至第一挡，停留 $1\sim2\ s$ 后，按至第二挡（second stop）以排出所有液体。

（4）吸头的更换：性能优良的移液器具有卸载吸头的机械装置，轻轻按卸载按钮，吸头就会自动脱落。

注意事项：

（1）连续可调移液枪的取用体积调节要轻缓，严禁超过最大或最小量程。

（2）在移液枪吸头中含有液体时禁止将移液枪水平放置，平时不用时将移液枪置于架上。

（3）吸取液体时，移液枪应该垂直吸液，慢吸慢放，动作应轻缓，防止液体随气流进入移液枪的上部。

（4）在吸取不同的液体时，要更换吸头；移液枪使用完毕后，把移液器量程调至最大值，并且将移液枪放置在移液枪架上。

（5）移液枪要进行定期校准，一般由专业人员来进行。

7）注射器

使用注射器时应把针头插入溶液，缓慢拉动活塞至所需刻度处。检查注射器有无吸入气泡。排出液体时要缓慢，最后将针尖靠在器壁上，移去末端黏附的液体。微量注射器在使用前和使用后应在乙醇溶剂中反复推拉活塞，以进行清洗。

8）天平

用于准确称量液体，然后将质量换算为体积（质量除以密度）。

常用溶剂的密度可查阅相关资料。由于密度随温度变化，要注意液体相应的温度。

2. 液体的盛放和储存

1）试管

试管一般盛液体，常用于颜色试验、小量反应和装培养基等。试管可经加热灭菌，用试管帽或棉花塞密封。

2）烧杯

烧杯因其口径上下一致，取用液体非常方便，是做简单化学反应最常用的反应容器。烧杯用作常温或加热情况下配制溶液、溶解物质和较大量物质的反应容器。烧杯壁上常有体积刻度，但不准确，只能用于粗略估计。使用烧杯时应注意：给烧杯加热时不能用火焰直接加热烧杯，要垫上石棉网，以均匀供热；用于溶解时，液体的量以不超过烧杯容积的 1/3 为宜，并用玻璃棒不断轻轻搅拌，玻璃棒不要触及杯底或杯壁；装有液体加热时，不要超过烧杯容积的 2/3，一般以烧杯容积的 1/2 为宜；加热腐蚀性药品时，可将一表面皿盖在烧杯口上，以免液体溅出；不可用烧杯长期盛放化学药品，以免落入尘土或使溶液中的水分蒸发。

3）锥形瓶

锥形瓶（三角烧瓶/三角瓶）为平底窄口的锥形容器，一般用于滴定实验中。用于储存溶液时，其底部较宽，稳定性好不会倾倒，并且瓶口较小，减少蒸发，易于密封。有的锥形瓶侧壁上也有体积刻度，但不准确。

4）试剂瓶

用于盛放化学试剂的瓶子，按材质分为玻璃和塑料，按颜色分为无色、棕色，按品种分为广口、细口、磨口、无磨口等多种。广口瓶用于盛固体试剂，细口瓶盛液体试剂，棕色瓶用于盛避光的试剂，磨口塞瓶能防止试剂吸潮和浓度变化。试剂瓶不耐热。瓶口带有磨口滴管的为滴瓶。

世界上绝大多数实验室使用的是德国公司生产的试剂瓶，因为其盖子为蓝色塑料材质，也称为蓝盖试剂瓶。

所有储存液都要有清楚的标记，包括相应的危险性信息（最好用橙色危险警告标签标记）。容器的密封方法要合适，如用塞子或封口胶密封。为了防止试剂降解，溶液应存放在冰箱中，但使用前要恢复到室温。含有有机成分的溶液容易滋生微生物（除非溶液有毒或已灭菌），因此用放置很久的溶液试剂做出来的实验结果不可靠。

3. 玻璃器皿的洗涤

实验中使用的器皿应洗净,其内壁被水均匀润湿而无条纹、不挂水珠。使用过的玻璃仪器先用自来水冲洗,然后将所有待洗的玻璃仪器放在含有洗衣粉的温水中仔细涮洗。待用自来水充分冲洗后用少量蒸馏水涮洗数次。

比较脏的器皿或不便刷洗的仪器(吸管),先用软纸擦去可能存在的凡士林或其他油污,用自来水冲洗后控干,再放入铬酸洗液中浸泡过夜。取出后用自来水反复冲洗直至除去痕量的洗液。最后,用蒸馏水涮洗数次。

普通玻璃仪器可在烘箱内烘干,但定量的玻璃仪器不能加热,在无尘处倒置晾干水分,然后自然干燥,或依次用少量酒精、乙醚涮洗后用温热的气流吹干。

被病毒、传染病患者的血清等沾染过的容器,应先进行消毒后再清洗。

第二章

现代生物化学实验技术基本原理

本章主要讲述现代生物化学实验中所涉及的主要实验技术原理,内容包括离心技术、光谱技术、层析技术、电泳技术、免疫化学技术、基因工程技术和生物大分子制备技术等,可以作为后续实验内容的参考。

第一节　生物化学实验技术发展简史

生命科学是 20 世纪自然科学中发展最迅速的学科,其中生物化学与分子生物学的进展尤为迅速,出现了许多新观念、新思想、新成果和新技术,这主要有赖于生物化学与分子生物学实验技术的不断发展和完善,下面简单回顾一下生物化学实验技术的发展历史。

20 世纪 20 年代:微量分析技术促进了维生素、激素和辅酶等的发现。瑞典著名化学家 T. Svedberg 奠基了“超离心技术”,于 1924 年制成了第一台 $5\,000g$(g 为重力加速度)离心力的超速离心机($5\,000 \sim 8\,000$ r/min),开创了生化物质离心分离的先河,并准确测定了血红蛋白等复杂蛋白质的相对分子质量,从而获得了 1926 年的诺贝尔化学奖。

20 世纪 30 年代:电子显微镜技术打开了微观世界,使我们能够看到细胞内的结构和生物大分子的内部结构。

20 世纪 40 年代:层析技术快速发展,两位英国科学家 Martin 和 Synge 发明了分配色谱(层析),他们获得了 1952 年的诺贝尔化学奖。由此,层析技术成为分离生化物质的关键技术。“电泳技术”是由瑞典著名科学家 Tisellius 所奠基的,他开创了电泳技术的新时代,因此获得了 1948 年的诺贝尔化学奖。

20 世纪 50 年代:自 1935 年 Schoenheimer 和 Rittenberg 首次将放射性同位素示踪技术用于碳水化合物及类脂物质的中间代谢的研究以后,“放射性同位素示踪技术”在 20 世纪 50 年代有了大发展,为各种生物化学代谢过程的阐明起了决定性的作用。

20 世纪 60 年代:各种仪器分析方法用于生物化学研究,取得了很大的发展,如高效液相色谱(HPLC)技术、红外、紫外、圆二色等光谱技术和核磁共振技术等。自 1958 年 Stem、Moore 和 Spackman 设计了氨基酸自动分析仪,大大加快了蛋白质的分析工作。1967 年 Edman 和 Begg 制成了多肽氨基酸序列分析仪,到 1973 年 Moore 和 Stein 设计出氨基酸序列自动测定仪,加速了多肽一级结构的测定速度。十多年间,氨基酸的自动测定工作得到了很大的发展和完善。

1962年,因在1953年提出的DNA分子反向平行双螺旋模型,美国科学家Watson、英国科学家Crick与英国科学家Wilkins共同获得了当年的诺贝尔生理学或医学奖,Wilkins通过对DNA分子的X射线衍射研究,证实了Watson和Crick的DNA模型。他们的研究成果开创了生物科学的历史新纪元。在X射线衍射技术方面,英国物理学家Perutz对血红蛋白结构进行了X射线结构分析,Kendrew则测定了肌红蛋白的结构,成为研究生物大分子空间立体结构的先驱,两人共同获得1962年诺贝尔化学奖。

此外,在20世纪60年代末至70年代初,层析和电泳技术又有了重大的进展。在1968—1972年,Anfinsen创建了亲和层析技术,开辟了层析技术的新领域。1969年,Weber应用SDS-聚丙烯酰胺凝胶电泳技术测定了蛋白质的相对分子质量,取得了电泳技术的重大进展。

20世纪70年代:基因工程技术取得了突破性的进展,Arber、Smith和Nathans分别带领三个小组发现并纯化了限制性内切酶,1972年,美国斯坦福大学的Berg等人首次用限制性内切酶切割了DNA分子,并实现了DNA分子的重组。1973年,美国斯坦福大学的Cohen等第一次完成了DNA重组体的转化技术,这一年被定为基因工程的诞生年,Cohen成为基因工程的创始人。从此,生物化学进入了一个全新的大发展时期。与此同时,各种仪器分析手段得到进一步发展,制成了DNA序列测定仪、DNA合成仪等。

20世纪80—90年代:基因工程技术进入辉煌发展的时期,1980年,英国剑桥大学的生物化学家Sanger和美国哈佛大学的Gilbert分别设计出2种测定DNA分子内核苷酸序列的方法,并与Berg共同获得诺贝尔化学奖。从此,DNA序列分析法成为生物化学与分子生物学最重要的研究手段之一。他们三人在DNA重组和RNA结构研究方面都做出了杰出的贡献。

1981年,由Jorgenson和Lukacs首先提出了高效毛细管电泳(HPCE)技术,因其具有高效、快速和经济的特点,尤其适用于生物大分子的分析,受到生命科学、医学和化学等学科的科学工作者的极大重视,发展极为迅速,其作为生化实验技术和仪器分析领域的重大突破,意义深远。如今,由于HPCE技术的异军突起,HPLC技术的发展重点已转到制备和下游技术。

1984年,德国科学家Kohler、美国科学家Milstein和丹麦科学家Jerne因发展了单克隆抗体技术与完善了极微量蛋白质的检测技术,共同获得了诺贝尔生理学或医学奖。

1985年,美国加利福尼亚州Cetus公司的Mullis等发明了聚合酶链反应(polymerase chain reaction, PCR)技术,即聚合酶链式反应的DNA扩增技术,这对于生物化学和分子生物学的研究工作具有划时代的意义。他与发现第一个设计基因定点突变的Smith共同获得了1993年的诺贝尔化学奖。

生物化学的发展离不开生化实验技术的发展,结合近百年来生物化学及其实验技术的发展可以看出,实验技术每一次新的发明都大大推动了生物化学研究的进展。因此,对于每一位从事现代生物化学研究的科学工作者而言,学习和掌握各种生物化学实验技术极为重要。

第二节　离　心　技　术

离心技术是利用旋转运动产生的离心力,以及物质的沉降系数或浮力密度的差异进行分离、浓缩和提纯的一种方法。颗粒的沉降速度取决于离心机的转速及其自身与中心轴的距离。不同大小、形状和密度的颗粒会以不同的速度沉降。

悬浮在液体中的固相颗粒的运动速度取决于以下因素。

(1) 重力。液体中的颗粒处在重力场内时,如在一支平稳的试管内,将会受到地球的重力作用而运动。

(2) 固液相对密度的差别。相对密度小于液相的颗粒悬浮,相对密度大于液相的颗粒则沉淀。

(3) 颗粒的大小与形状。

(4) 沉降介质的黏滞力。

一、离心力的计算

离心机的加速度通常以重力加速度($g = 9.80 \text{ m/s}^2$)的倍数来表示,称为相对离心力(R_{CF}或"g 值")。R_{CF}取决于转子的转速和旋转半径,可用公式表示如下:

$$R_{CF} = 1.119 \times 10^{-5} n^2 r$$

式中:R_{CF}为相对离心力;n 为转子转速,r/min;r 为旋转半径,cm。

将公式变形后,在已知旋转半径和R_{CF}时可以用来计算转速:

$$n = 298.9\sqrt{R_{CF}/r}$$

在一般情况下,低速离心时常以转速来表示,高速离心时则以"g 值"表示。计算颗粒的相对离心力时,应注意离心管与旋转轴中心的距离"r"的不同,即沉降颗粒在离心管中所处位置不同,所受离心力也不同。因此,在说明超离心条件时,通常总是用相对于地心引力的倍数代替转速进行表示,因为它可真实反映颗粒在离心管内不同位置的离心力及其动态变化。应用中,习惯上所说的R_{CF}都是基于旋转的平均半径(r_{av})得到的。

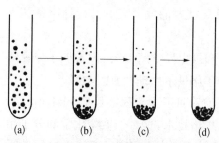

图 2-1　差速沉降法

(a) 离心前离心管内含有大、中、小三种颗粒的悬浮液;(b) 低速离心后,沉淀主要由最大的颗粒组成;(c) 进一步利用高速离心清液,得到主要由中等大小颗粒组成的第二种沉淀;(d) 最后一步利用离心把余下的小颗粒沉淀下来

二、离心分离的方法

(一) 差速沉降(沉淀)法

将一混合悬浮液以一定的R_{CF}离心一定的时间后,混合物将会被分为沉淀(下部)和清液(上部)两个部分(图 2-1)。

差速沉降法主要用于分离细胞器和病毒,在各类分子生物学实验中还被应用于基因组DNA、质粒DNA及RNA等遗传物质的初级分离。其优点如下:操作简单,离心后用倾倒法即可将清液与沉淀分开,并可使用容量较大的角式转子。缺点如下:① 分离效果差,不能一次得到纯颗粒;② 壁效应严重,特别是当颗粒很大或浓度很高时,在离心管一侧会出现沉淀;③ 颗粒被挤压,离心力过大、离心时间过长会使颗粒变形、聚集而失活。这些效应在实验中往往会导致细胞器的破裂、基因组DNA的断裂等不利影响。因此,在应用差速沉降离心法时,必须严格控制离心的速度与时间,以期在最大程度上防止负效应的产生。

进行差速离心首先要选择好颗粒沉降所需的离心力和离心时间。当以一定的离心力在一定的离心时间内进行离心时,在离心管底部就会得到最大和最重颗粒的沉淀,分出的清液在加大转速下再次进行离心,又得到第二部分较大较重颗粒的沉淀,以及含较小和较轻颗粒的清液。如此进行多次离心处理,即能把液体中的不同颗粒较好地分离开。此法所得的沉淀是不均一的,仍夹杂有其他成分,需经过 2~3 次的再悬浮和再离心,才能得到较纯的颗粒。

(二)密度梯度离心法

密度梯度离心法(简称区带离心法)是使样品在一定惰性梯度介质中进行离心沉淀或沉降平衡,进而在一定离心力下把颗粒分配到梯度中某些特定位置上,形成不同区带的分离方法(图 2-2)。其原理是利用离心力使样品混合物中具有不同密度的组分沿着介质的梯度移动,最终停留在与其密度相等的介质区域。

该法的优点如下:① 分离效果好,可一次获得较纯颗粒;② 适应范围广,既能分离具有沉淀系数差的颗粒,又能分离有一定浮力密度的颗粒;③ 颗粒不会积压变形,能保持颗粒活性,并防止已形成的区带由于对流而引起混合。

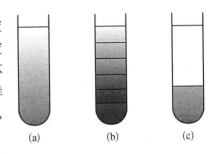

图 2-2 密度梯度

(a) 连续密度梯度;(b) 非连续密度梯度(以递减浓度的梯度平铺叠加而形成);(c) 单梯度密度屏障(设计用于选择性的沉降一种类型的颗粒)

该法的缺点如下:① 离心时间较长;② 需要制备梯度;③ 操作严格,不宜掌握,且在离心完成后,样品往往需要用穿刺法吸出,操作较为复杂。在生物化学实验中,区带离心法主要用于分离那些由于密度或沉降系数相似且用差速离心法难以分离的物质,如同一组分中DNA 与 RNA 的分离,同一组分中线性 DNA 与超螺旋 DNA 的分离。

下列技术使用了密度梯度原理,即离心管中的溶液从管顶到管底密度逐渐增加。

1. 差速区带离心法

将样品置于平缓的预先制好密度梯度介质上进行离心,较大的颗粒将比较小的颗粒更快地通过梯度介质进而沉降,形成几个明显的区带(条带)。这种方法有时间限制,在任一区带到达管底之前必须停止离心。差速区带离心法仅用于分离有一定沉降系数差的颗粒,与密度无关。大小相同、密度不同的颗粒(如溶酶体、线粒体和过氧化物酶体)不能用本法分离。颗粒离开原样品层,按不同沉降速率沿管底沉降。离心一定时间后,沉降的颗粒逐渐分开,最后形成一系列界面清楚的不连续区带。沉降系数越大,颗粒往下沉降得越快,所呈现的区带也越低。沉降系数较小的颗粒在较上部分依次出现。从颗粒的沉降情况看,离心必须在沉降最快的颗粒(大颗粒)到达管底前或刚到达管底时结束,使颗粒处于不完全的沉降状态,从而出现在某一些特定的区带内。

在离心过程中,区带的位置和形状(或带宽)随时间而改变。因此,区带的宽度不仅取决于样品组分的数量、梯度的斜率、颗粒的扩散作用和均一性,也与离心时间有关。时间越长,区带越宽。适当增加离心力可缩短离心时间,并可减少扩散导致的区带加宽现象,增加区带界面的稳定性。

2. 等密度离心法

当不同颗粒存在浮力密度差时,在离心力场下,颗粒或向下沉降,或向上浮起,一直沿梯度移动到它们密度恰好相等的位置(即等密度点)上形成区带,基于以上原理的方法称为等密度离心法。等密度离心的有效分离取决于颗粒的浮力密度差,密度差越大,分离效果越好,而与颗粒的大小和形状无关。但后两者决定了达到平衡的速率、时间和区带的宽度。颗粒的浮力密度不是恒定不变的,还与其原来密度、水化程度及梯度溶质的同透性或溶质与颗粒的结合等因素有关,如某些颗粒容易发生水化使密度降低。

这种技术根据浮力密度的不同分离物质,其分辨率受颗粒性质(密度、均一性和含量)、梯度性质(形状、黏度和斜率)、转子类型、离心速率和时间的影响。颗粒区带宽度与梯度斜率、离心力和颗粒相对分子质量成正比。几种物质(如氯化铯、葡萄糖和多聚蔗糖等)可通过离心法形成密度梯度。将样品与适当的介质混合后离心——各种颗粒在与其等密度的介质带处形成沉淀区带。这种方法要求介质梯度应有一定的陡度,要有足够的离心时间形成梯度颗粒的再分配,而且进一步离心对其不会有影响。

可以使用一根细的巴氏滴管或带有细长针头的注射器来收集某个密度梯度内的条带。另一种方法是可将试管刺穿,将内容物分段逐滴收集到几支试管中。

(三)分析型超速离心

与制备型超速离心不同的是,分析型超速离心主要是为了研究生物大分子的沉降特性和结构,而不是专门收集某一特定组分。因此,它使用了特殊的转子和检测手段,以便连续监视物质在一个离心场中的沉降过程。

1. 分析型超速离心的工作原理

分析型超速离心机主要由一个椭圆形的转子、一套真空系统和一套光学系统组成。该转子通过一个柔性的轴连接成一个高速的驱动装置,此轴可使转子在旋转时形成自己的轴。转子在一个冷冻的真空腔中旋转,其容纳2个小室:分析室和配衡室。配衡室是一个精密加工的金属块,作为分析室的平衡用。分析室容量一般为1 mL,呈扇形排列在转子中,其工作原理与一个普遍水平转子相同。分析室有上下2个平面的石英窗,离心机中装有的光学系统可保证在整个离心期间都能观察小室中正在沉降的物质,可以通过对紫外光的吸收情况(如对蛋白质和DNA)或折射率的不同对沉降物进行监视。利用折射率方法的原理如下:当光线通过一个具有不同密度区的透明液时,在这些区带的界面上产生光的折射。在分析室中物质沉降时重粒子和轻粒子之间形成的界面就像一个折射的透镜,导致在检测系统的照相底板上生成一个"峰"。由于沉降不断进行,界面向前推进,故"峰"也在移动,从峰移动的速度可以得到物质沉降速度的指标。图2-3是分析型超速离心系统的示意图。

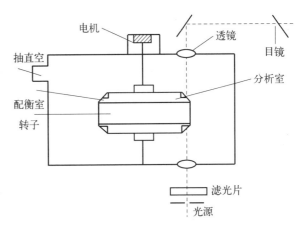

图2-3　分析型超速离心系统图示

2.分析型超速离心的应用

(1)测定生物大分子的相对分子质量。测定相对分子质量主要有3种方法:沉降速度法、沉降平衡法和接近沉降平衡法。其中,应用最广的是沉降速度法。超速离心在高速中进行,这个速度使得任意分布的粒子通过溶剂从旋转的中心呈辐射状向外移动,在清除了粒子的那部分溶剂和尚含有沉降物的那部分溶剂之间形成一个明显的界面,该界面随时间的移动而移动,就是粒子沉降速度的一个指标。通过照相记录,即可求出粒子的沉降系数。

(2)生物大分子的纯度估计。分析型超速离心已广泛应用于研究 DNA 制剂、病毒和蛋白质的纯度。用沉降技术来分析沉降界面是测定制剂均质性的最常用方法之一,如出现单一清晰的界面,一般认为制剂是均质的,如有杂质则在主峰的一侧或两侧出现小峰。

(3)分析生物大分子中的构象变化。分析型超速离心已成功用于检测大分子构象的变化,如 DNA 可能以单链或双链出现,其中每一链在本质上可能是线性的,也可能是环状的;如果遇到某种因素(温度或有机溶剂),DNA 分子可能发生一些构象上的变化,这些变化也许可逆,也许不可逆。这些构象上的变化可以通过检查样品在沉降速度上的差异来证实。

三、离心机的类型

常用离心机的类型及特性与应用列于表2-1。

表2-1　离心机的类型及特性与应用

类型	最大转速	最大相对离心力	分离形式	转子	仪器结构性能和特点	应用
普通离心机	6 000 r/min	6 000	固液沉淀	角式和外摆式转子	不能严格控制速率,多数在室温下操作	收集易沉降的大颗粒(如细胞、较大的细胞器等)

（续表）

类型	最大转速	最大相对离心力	分离形式	转子	仪器结构性能和特点	应用
高速离心机	25 000 r/min	89 000	固液沉淀分离	角式、外摆式转子等	有消除空气和转子间摩擦热的制冷装置,速率和温度控制得较准确、严格	收集微生物、细胞碎片、大细胞器、硫酸铵沉淀物和免疫沉淀物等,但不能有效沉淀病毒、小细胞器(如核糖体)、蛋白质等大分子
超速离心机	可达 75 000 r/min 以上	可达 510 000 以上	密度梯度区带分离或差速沉降分离	角式、外摆式、区带转子等	备有消除转子与空气摩擦热的真空和冷却系统,有更加精确的温度和速度控制、监测系统,有保证转子正常运转的传动和制动装置等	主要分离细胞器、病毒、核酸、蛋白质、多糖等,甚至能分开分子大小相近的同位素标记物[15]N - DNA 和未标记的 DNA

四、转子

许多离心机可以配备不同大小的离心管,只需要改变转子或使用一个与不同的吊桶/适配器相配的转子。不同类型转子如图 2-4 所示。

1. 水平转子

盛样品的离心管放在吊桶内,以水平转子的加速度运转[图 2-4(a)]。水平转子用于低速离心机,其主要缺陷是延长了沉淀的路径。同时,减速过程中产生的对流会造成沉淀物的重新悬浮。

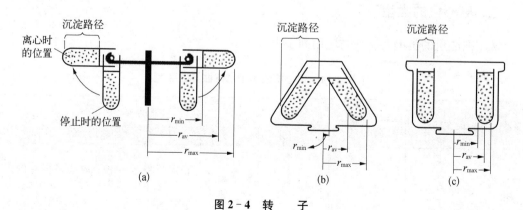

图 2-4 转 子

(a) 水平转子;(b) 固定角式转子;(c) 垂直管转子

2. 角式转子

许多高速离心机及微量离心机安装角式转子[图 2-4(b)]。由于沉降路径短,沉淀颗粒时角式转子比水平转子的效率更高。

3. 垂直管转子

垂直管转子用于高速及超高速离心机进行等密度梯度离心[图 2-4(c)]。这种转子在沉淀没有形成之前,不能用来收集悬浮液中的颗粒。

五、离心管

离心管有各种大小(1.5～1 000 mL),所用材料也不同。选择离心管时应考虑以下的一些性能。

(1) 大小。由样品的体积决定。注意在有些应用(如高速离心)中,离心管必须装满。

(2) 形状。收集沉淀时,用圆锥性管底的离心管较好,而进行密度梯度离心时常用圆底试管。

(3) 最大离心力。详细信息由厂家提供。在进行分子生物学实验中尤其要注意离心管的最大离心力,以免在高速离心时离心管破裂造成实验失败。

(4) 耐腐蚀性。玻璃管是惰性物质,聚碳酸酯管对有机溶剂(如乙醇、丙酮)敏感,而聚丙烯具有更好的耐腐蚀性。详细信息可参考厂家的说明书。

(5) 灭菌。一次性塑料离心管出厂时通常是消过毒的。玻璃管与聚丙烯管可重复灭菌使用。多次高压灭菌可能会导致聚碳酸酯变形或崩裂。

(6) 透明度。玻璃管和聚碳酸酯是透明的,而聚丙烯管是半透明的。

(7) 能否刺穿。若用刺穿管壁方法收集样品,通常聚丙烯管易于被注射管针头刺穿。

(8) 密封性。离心管一般利用管帽保持系统的密封。大多数角式及垂直管式转子要求离心管有管帽,以防止使用过程中样品漏出,并在离心过程中支撑离心管防止其变形。对于放射性样品,即使是低速离心也一定要盖管帽,并且要使用与所用离心管配套的管帽。

六、平衡转子

为确保离心机的安全运转,使用时必须平衡转子,否则转轴及转子组件可能会损坏;严重时转子可能会停转,造成事故。使用前平衡离心管至关重要,通常的原则是用托盘天平平衡所有样品管,差值控制在 1% 以内或更小。把平衡好的试管成对放在相对的位置上,绝不可以用目测来平衡离心管。

在差速离心实验中向离心管中添加样品时,样品的容量不得超过离心管容量的三分之二。这是为了防止离心管内的液体在高速的离心过程中产生外溢,导致离心系统失去平衡并产生污染。

七、安全措施

高速与超速离心机是生物化学实验教学和生物化学科研的重要精密设备,因其转速高,产生的离心力大,使用不当或缺乏定期的检修和保养,都可能导致严重事故,因此使用离心机时必须严格遵守操作规程。

(1) 使用各种离心机时,必须事先在天平上精密地平衡离心管和其内容物,平衡时质量之差不得超过各个离心机说明书上所规定的范围。每个离心机不同的转头有各自的允许差值,转头中绝对不能装载单数的管子;当转头只是部分装载时,管子必须互相对称地放在转头中,以便使负载均匀地分布在转头的周围。

(2) 装载溶液时,要根据各种离心机的具体操作说明进行,根据待离心液体的性质及体积选用适合的离心管。有的离心管无盖,液体不得装得过多,以防离心时甩出,造成转头不平衡、生锈或被腐蚀。而制备型超速离心机的离心管常常要求必须将液体装满,以免离心时塑料离心管的上部凹陷变形。每次使用后,必须仔细检查转头,及时清洗、擦干。转头是离心机中须重点保护的部件,搬动时要小心,不能碰撞,避免造成伤痕。转头长时间不用时,要涂上一层上光蜡保护,严禁使用显著变形、损伤或老化的离心管。

(3) 若要在低于室温的温度下离心,转头在使用前应放置在冰箱或置于离心机的转头室内预冷。

(4) 在离心过程中不得随意离开,应随时观察离心机上的仪表是否正常工作,如有异常的声音应立即停机检查,及时排除故障。

(5) 如果在离心中出现由诸如离心管破裂等原因导致的不平衡现象,必须首先立即关闭离心机的开关,使离心机停止转动。等待转子完全停止后方可取出样品。切忌在离心机工作时切断电源,这将导致离心机瞬间停转,可能会导致严重的事故。

(6) 每个转头各有其最高允许转速和使用累积限时,使用转头时要查阅说明书,不得超速使用。每个转头都要有一份使用档案,记录累积的使用时间,若超过了该转头的最高使用限时,则须按规定降速使用。

第三节 光 谱 技 术

一、紫外和可见光谱法

紫外和可见光谱法是一种只在紫外光和可见光光谱应用范围内测量物质吸收辐射线的技术,应用十分广泛。其中,分光光度计可用于精确测量特定波长的吸收值,比色计则是一种较简单的测量仪器,其原理是利用滤光片来测量较宽波段(如可见光中的绿光、红光或蓝光范围)的吸收值。

1. 光电比色计

光电比色计用于测定颜色明显且是溶液主要组分的待测物,如血液中的血红细胞,也可以在待测物之中加入一种试剂,使其形成有色产物(一种生色团),如用茚三酮法测定氨基酸含量。

光电比色计的光源通常为钨丝灯泡,通过一个凸透镜聚焦后产生一束平行光,平行光穿过装有溶液的玻璃样品或小池,然后透过一个有色滤光片到达光电管检测仪,检测仪产生一个与落在光电管上的光密度成正比的电势,来自光电管的信号被放大然后传递到电流计或数字读数器。光电比色计的基本结构如图 2-5 所示。

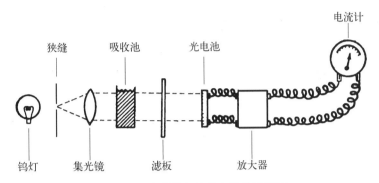

图 2-5 光电比色计基本结构示意图

由于大多数过滤器过滤出来的光的波带很宽(一般为 30~50 nm),因而比色计既不能用于确定某种复合物,也无法分辨在混合液中吸收特性非常相近的两种物质。比色计所用光电管的变化系数为 0.5% 左右,因而不适合要求具有高度精确性的工作。使用这种最简单的仪器,由于仪表上对数测量刻度单位的随意性,即使是把表上的灵敏度/刻度调节到零控点,在一个仪器上获得的值也不可直接与另一台仪器上测得的值相比较,同一仪器的不同设置之间也不可直接比较。比色计对于特定波长的量化工作是不合适的。

2. 紫外光/可见光分光光度计

分光光度计是一种靠光栅或棱镜提供单色光的比色计。不论型式如何,各种型号的分光光度计基本上都由 5 个部分组成(图 2-6):光源、单色器(包括产生平行光和把光引向检测器的光学系统)、样品室、接收检测放大系统、显示器(或记录器)。

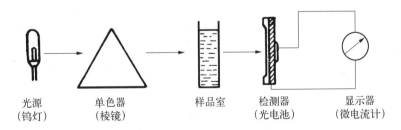

图 2-6 分光光度计基本结构示意图

分光光度计的工作原理与光电比色计相似,但它的单色器比滤光片所选择的波长范围要小得多,仅为 3~5 nm,因此是较单纯的单色光。分光光度计不仅能在可见光区域内测定有色物质的吸收光谱,而且也能在紫外区及红外区域测定无色物质的吸收光谱。

分光光度计常用的光源有 2 种,即钨灯和氘灯。在可见光区、近紫外光区和近红外光区常用钨灯。在紫外光区多使用氘灯。通常,用紫外光源测定无色物质的方法称为紫外分光光度法;用可见光光源测定有色物质的方法称为可见光光度法。

分光光度法是利用物质所特有的吸收光谱来鉴别物质或测定其含量的一项技术。在分光光度计中,将不同波长的光连续地照射到一定浓度的样品溶液,并测定物质对各种波长光的吸收程度(吸光度"A"或光密度"O.D")或透射程度(透光度"T"),以波长为横坐标,以"A"或"T"为纵坐标,画出连续的"A-λ"或"T-λ"曲线,即为该物质的吸收光谱曲线(图2-7)。

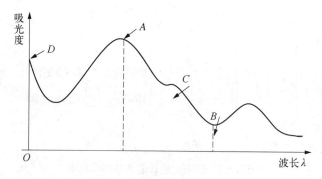

图 2-7 吸收光谱曲线示意图

由图2-7可以看出吸收光谱具有如下特征:

(1) 曲线上"A"处称最大吸收峰,它所对应的波长称为最大吸收波长,以 λ_{max} 表示。

(2) 曲线上"B"处有一谷,称最小吸收,它所对应的波长称最小吸收波长,以 λ_{min} 表示。

(3) 曲线上在最大吸收峰旁边有一小峰"C",称肩峰。

(4) 在吸收曲线的波长最短的一端,即曲线上"D"处,吸收相当强,但不成峰形,此处称为末端吸收。

λ_{max} 是化合物中电子能级跃迁时所吸收的特征波长,不同物质有不同的最大吸收峰,对鉴定化合物极为重要。在吸收光谱中,λ_{max}、λ_{min}、肩峰,以及整个吸收光谱的形状取决于物质的性质,其特征随物质的结构而异,所以是物质定性的依据。

在分光比色分析中,入射光的强度、有色物质溶液的浓度和液层的厚度决定了有色物质溶液颜色的深度。当一束单色光透过有色物质溶液时,溶液的浓度愈大,透过液层的厚度愈大,则光线的吸收愈多。朗伯-比尔(Lambert-Beer)定律是利用分光光度计进行比色分析的基本原理,具体内容如下。

朗伯(Lambert)定律:

当单色光通过一吸收光的物质时其光强度随吸光介质的厚度(L)增长而呈指数减少。

$$\frac{I}{I_0} = e^{-k_1 L}$$

式中,I_0 与 I 分别为入射光与透射光强度。

比尔(Beer)定律:

单色光通过一光吸收介质时,光强度随样品浓度[c(mol/L),若不知相对分子质量,则为质量浓度(g/L)或体积分数(%)]增长呈指数级减少。

$$\frac{I}{I_0} = \mathrm{e}^{-k_2 C}$$

朗伯定律与比尔定律结合在一起即为朗伯-比尔(Lambert-Beer)定律：

$$\frac{I}{I_0} = \mathrm{e}^{-\varepsilon CL}$$

式中，ε 为摩尔吸收系数，它与吸收物质性质及入射光的波长有关。

$$T = \frac{I}{I_0} = \mathrm{e}^{-\varepsilon CL}$$

式中：ε 为常数，也叫摩尔吸光系数，$L/(mol \cdot cm)$；透光度 T 为 I/I_0，通常以百分数表示。

对上式取对数：
$$-\lg \frac{I}{I_0} = -\lg T = A = \varepsilon CL$$

式中：$-\lg T$ 即光吸收度(A)。

若遵循朗伯-比尔定律，且 L 为常数，用光吸收度对浓度绘图，可得一通过原点的直线。

根据朗伯-比尔定律，绘出标准物质光吸收度对浓度的标准曲线，借助于这样的标准曲线，很容易通过测定其光吸收得知未知溶液的浓度。

分光光谱技术可用于：

(1) 通过测定某种物质吸收或发射光谱来确定该物质的组成。

(2) 通过测定不同波长下的吸收来测定物质的相对纯度(在 DNA 的浓度测定中最常用，测定 $A_{260\,nm}/A_{280\,nm}$ 值，纯净的 DNA 样品的此值为 1.8。样品中若混有蛋白，$A_{260\,nm}/A_{280\,nm}$ 值将变小)。

(3) 通过测量适当波长的信号强度，确定某种单独存在或与其他物质混合存在的一种物质的含量。

(4) 通过测量某一种底物消失或产物出现的量与时间的关系，追踪反应过程。

(5) 通过测定微生物培养体系中的 OD 值，可以得到体系中微生物的浓度，从而可以对培养体系中微生物的数量实行动态的监测。

3. 分光光度计的定量分析

假如已知一种物质在某一波长下的吸光率(通常是该物质的最大吸收值，这时灵敏度最高)，这种物质纯溶液的浓度可用朗伯-比尔关系式算出。摩尔吸光系数是指物质在 1 mol/L 的浓度下，比色杯厚度为 1 cm 时的吸收值。该值可以从光谱数据表中查到，也可以用实验方法通过测量一系列已知浓度的物质的吸收值来绘制一条标准曲线。在所要求的浓度范围内，便可确定吸收值与浓度之间存在的线性关系，该直线的斜率即为摩尔吸光系数。

比吸光率是指物质质量溶液浓度为 10 g/L 时，比色杯厚度为 1 cm 时测定的吸光值。该值对于未知分子质量的物质如蛋白质核酸的测定很有用，在这种情况下溶液中物质的含量以其质量浓度表示而不用摩尔浓度表示。使用公式 $\lg\left(\dfrac{I_0}{I}\right) = \varepsilon L$ 时，比吸光率要除以 10 才可以得到一个以 g/L 为单位的浓度值。

这种简单的方法不能用于测定混合样品。在这种情况下,也许可以通过测量几种波长下的吸光度来估算每种成分的含量,如可用此方法在核酸存在的情况下进行蛋白质含量的估算。

下面介绍分光光度计使用过程中需注意的几个问题。

1) 比色杯的使用和清洗

大多数紫外/可见光分光光度计使用的比色杯的光穿过路径为 10 mm。由于 300 nm 以下的光不能透过玻璃,紫外区测量要用石英比色杯。比色杯必须配套,通过装有纯溶剂的 2 个比色杯,在相同波长下,测定光吸收是否一致来进行配对。

在进行测量之前,比色杯要保证干净,无划痕,外表面干燥,盛液到适当高度,并放在比色槽中的正确位置。每次使用后,应立即倒空,然后用蒸馏水冲洗比色杯 3~4 次,最后用甲醇冲洗,在倒去甲醇后,以洁净空气吹干。生物样品中蛋白质和核酸可能会在玻璃/石英杯的内表面沉积,因而要用棉球沾上丙酮擦去比色杯内的沉淀或用 1 mol/L 硝酸浸泡过夜。

2) 狭缝宽度

分光光度计使用了一个衍射光栅将光源的复色光转换为单色平行光束。实际上从这种单色仪器中产生的光不是某个波长的光,而是一段窄的带宽上的光,带宽是分光光度计的一个重要特性。要获得特定波长下的精确数据,尽可能使用最小的缝宽度。然而,缝宽的减少也会降低到达监测器的光度,进而降低了信/噪比。因此,缝宽可减少的程度取决于检测/放大系统的灵敏度和稳定性,以及离散光的存在。

3) 测量波长

正确选择波长是测定的关键,一般选择最强吸收带的最大吸收波长(λ_{max})为测量波长。

4) 吸光度范围

吸光度为 0.2~0.8 时,测量精确度最好。被测样品溶液浓度过大时,应先进行适当稀释,再进行吸光度测定。

5) 选取溶剂要注意的事项

(1) 当光的波长减少到一定数值时,溶剂会对其产生强烈的吸收,即所谓"端吸收",样品的吸收带应处于溶剂的透明范围。

(2) 要注意溶剂的挥发性、稳定性等。

(3) 要考虑溶质和溶剂分子之间的作用力,尽量采用低极性溶剂。

二、荧光分光光度法

当紫外光照射某一物质时,该物质会在极短的时间内,发射出比照射波长更长的光,而当紫外光停止照射时,这种光也随之很快消失,这种光称为荧光。荧光是一种光致发光现象。物质所吸收光的波长和发射的荧光波长与物质分子结构有密切关系。同一种分子结构的物质,用同一波长的激发光照射,可发射相同波长的荧光,但其所发射的荧光强度随着该物质浓度的增大而增强。利用这些性质对物质进行定性和定量分析的方法,称为荧光光谱分析法,也称为荧光分光光度法。与分光光度法相比较,这种方法具有较高的选择性及灵敏度,试样量少,操作简单,且能提供比较多的物理参数,现已成为生化分析和研究的常用手段。

1. 荧光分光光度计

用于测量荧光的仪器种类很多,如荧光分析灯、荧光光度计、荧光分光光度计及测量荧光偏振的装置等。其中,实验室里常用的是荧光分光光度计。

荧光分光光度计的结构包括 5 个基本部分。

(1) 激光光源。用来激发样品中荧光分子产生荧光。常用汞弧灯、氢弧灯及氙灯等,目前荧光分光光度计以用氙灯为多。

(2) 单色器。用来分离出所需要的单色光。仪器具有两个单色器:一是激发单色器,用于选择激发光波长;二是发射单色器,用于选择发射到检测器上的荧光波长。

(3) 样品池。放置测试样品,均用石英制成。

(4) 检测器。作用是接收光信号,并将其转变为电信号。

(5) 记录显示系统。检测器出来的电信号经过放大器放大后,由记录仪记录下来,并可数字显示和打印。

2. 荧光分析法

荧光分析有定性和定量两种,一般定性分析采用直接比较法,即在同样条件下,根据被测样品和已知标准样品所发出的荧光的性质、颜色、强度等来鉴定它们是否属于同一种荧光物质。荧光物质特性的光谱包括激发光谱和荧光光谱两种。在分光光度法中,被测物质只有一种特征的吸收光谱,而荧光分析法能测出两种特征光谱,因此其鉴定物质的可靠性较强。荧光分析法的定量测定方法较多,可分为直接测定法和间接测定法两类。

1) 直接测定法

利用荧光分析法对被分析物质进行浓度测定,最简单的便是直接测定法。某些物质只要本身能发荧光,只需将含这类物质的样品做适当的前处理或分离除去干扰物质,即可通过测量它的荧光强度来测定其浓度。具体方法有以下两种。

(1) 直接比较法:配制标准溶液的荧光强度 F_1,已知标准溶液的浓度 c_1,便可求得样品中待测荧光物质的含量。

(2) 标准曲线法:将已知含量的标准品经过与样品同样的处理后,配成一系列标准溶液,测定其荧光强度。以荧光强度对荧光物质含量绘制标准曲线。再测定样品溶液的荧光强度,由标准曲线便可求出样品中待测荧光物质的含量。

为了使各次所绘制的标准曲线能重合一致,每次应使用同一标准溶液对仪器进行校正。如果该溶液在紫外光照射下不够稳定,则必须改用另一种稳定而荧光峰相近的标准溶液来进行校正。例如:测定维生素 B_1 时,可用硫酸奎宁溶液作为基准;测定维生素 B_2 时,可用荧光素钠溶液作为基准来校正仪器。

2) 间接测定法

有许多物质,它们本身不能发荧光,或者荧光量子产率很低仅能显现非常微弱的荧光,无法直接测定,这时可采用间接测定方法。

间接测定方法有以下几种。

(1) 化学转化法：通过化学反应将非荧光物质转变为适合于测定的荧光物质。例如：金属离子与螯合剂反应生成具有荧光的螯合物；有机化合物可通过光化学反应、降解、氧化还原、耦联和缩合或酶促反应，使其转化为荧光物质。

(2) 荧光淬灭法：利用本身不发荧光的被分析物质所具有使某种荧光化合物的荧光淬灭的能力，通过测量荧光化合物荧光强度的下降，间接测定该物质的浓度。

(3) 敏化发光法：利用常规的荧光测定方法检测浓度很低的分析物质，其荧光信号太微弱而无法检出。在此种情况下，可使用一种物质(敏化剂)吸收激发光，然后将激发的光能传递给发荧光的分析物质，提高被分析物质测定的灵敏度。

以上 3 种方法均为相对测定方法，在实验时须采用某种标准进行比较。

3. 影响荧光强度的因素

(1) 溶剂：溶剂能影响荧光效率，改变荧光强度。因此，在测定时必须用同一溶剂。

(2) 浓度：在较浓的溶液中，荧光强度并不随溶液浓度呈正比增长。因此，必须找出与荧光强度呈线性关系的浓度范围。

(3) pH 值：荧光物质在溶液中绝大多数以离子状态存在，而发射荧光的最有利的条件就是它们的离子状态。因为在这种情况下，离子间的斥力最大限度地避免了分子之间的相互作用。每一种荧光物质都有其最适宜发射荧光的离子状态，也就是存在最适宜的 pH 值。因此，须通过条件试验，确定最适宜的 pH 值范围。

(4) 温度：荧光强度一般随温度的降低而提高，这主要是由于分子内部能量转化的缘故。因为温度升高分子的振动加强，通过分子间的碰撞将吸收的能量转移给了其他分子，干扰了激发态的维持，从而使荧光强度下降甚至熄灭。因此，有些荧光仪的液槽配有低温装置，使荧光强度增大，以提高测定的灵敏度。在高级的荧光仪中，液槽四周有冷凝水并附有恒温装置，以便使溶液的温度在测定过程中尽可能保持恒定。

(5) 时间：有些荧光化合物需要一定时间才能形成；有些荧光物质在激发光较长的时间照射下才会发生光分解。因此，过早或过晚测定荧光强度均会带来误差。必须通过条件试验确定最适宜的测定时间，使荧光强度达到量大且稳定。为了避免光分解所引起的误差，应在荧光测定的短时间内打开光闸，其余时间均应关闭。

(6) 共存干扰物质：有些干扰物质能与荧光分子作用使荧光强度显著下降，这种现象称为荧光的猝灭(quenching)。有些共存物质能产生荧光或产生散射光，也会影响荧光的正确测量。故应设法除去干扰物，并使用纯度较高的溶剂和试剂。

第四节 层析技术

层析法是利用不同物质理化性质的差异而建立起来的分离纯化技术。所有的层析系统都由两个相组成：一是固定相；另一是流动相。当待分离的混合物随溶媒(流动相)通过固定相时,由于各组分的理化性质存在差异,与两相发生相互作用(吸附、溶解和结合等)的能力不同,在两相中的分配(含量对比)不同;而且随溶媒向前移动,各组分不断在两相中进行再分配。与固定相相互作用力越弱的组分,随流动相移动时受到的阻滞作用小,向前移动的速度快。反之,与固定相相互作用越强的组分,向前移动速度越慢。分部收集流出液,可得到样品中所含的各单一组分,从而达到将各组分分离的目的。

层析系统的必要组分有固定相、层析床、流动相、运送系统和检测系统。

(1)固定相:固定相是层析的一个基质,是由某种支持基质所支撑的固体、凝胶或固定化的液体,对层析效果起关键作用。它可以是固体物质(如吸附剂、凝胶和离子交换剂等),也可以是液体物质(如固定在硅胶或纤维素上的溶液),这些基质能与待分离的化合物进行可逆的吸附、溶解和交换等作用。

(2)层析床:将固定相填入一个玻璃或金属柱中,或者薄薄涂布一层固定相于玻璃或塑料片上,或者将其吸附在醋酸纤维纸上。

(3)流动相:在层析过程中,推动固定相上待分离的物质朝着一个方向移动的液体、气体或超临界体等,都称为流动相。在柱层析中一般称为洗脱剂,在薄层层析中则称为展层剂。它也是层析分离中的重要影响因素之一。起溶剂作用的液体或气体,用于协助样品平铺在固定相表面,以及将其从层析床中洗脱下来。

(4)运送系统:用来促使流动相通过层析床。

(5)检测系统:用于检测试管中的物质。

一、层析的基本概念

1. 分配系数及迁移率(或比移值)

分配系数是指在一定的条件下,某种组分在固定相和流动相中含量(浓度)的比值,常用K来表示。分配系数是层析中能否分离纯化物质的主要依据。

$$K = c_s / c_m$$

式中:c_s为固定相中的浓度;c_m为流动相中的浓度。

迁移率(或比移值)是指在一定条件下,在相同的时间内某一组分在固定相移动的距离与流动相本身移动的距离之比值,常用R_f来表示。

实验中还常用到相对迁移率的概念。相对迁移率是指在一定条件下,在相同时间内,某一组分在固定相中移动的距离与某一标准物质在固定相中移动的距离之比值。它可以小于或等于1,也可以大于1,通常用R_x来表示。不同物质的分配系数或迁移率是不同的。分配系数或迁移率的差异程度是决定几种物质采用层析方法能否分离的先决条件。很显然的是,差异越大,分离效果越理想。

分配系数主要与下列因素有关:① 被分离物质本身的性质;② 固定相和流动相的性质;③ 层析柱的温度。对于温度的影响有下列关系式:

$$\ln K = -(\Delta G^0 / RT)$$

式中：K 为分配系数(或平衡常数)；ΔG^0 为标准自由能变化；R 为气体常数；T 为绝对温度。这是层析分离的热力学基础。在一般情况下，层析时组分的 ΔG^0 为负值，则温度与分配系数成反比关系。通常温度上升 20 ℃，K 下降一半，它将导致组分移动速率增加。这也是在层析时最好采用恒温柱的原因。有时，对于 K 相近的不同物质，可通过改变温度的方法，增大 K 之间的差异，达到分离的目的。

2. 分辨率(或分离度)

分辨率一般定义为相邻两个峰的分开程度，通常用 R_s 来表示：

$$R_s = \frac{V_{R1} - V_{R2}}{\dfrac{W_1 + W_2}{2}} = \frac{2Y}{W_1 + W_2}$$

式中，V_{R1} 为组分 1 从进样点到对应洗脱峰值之间洗脱液的总体积；V_{R2} 为组分 2 从进样点到对应洗脱峰值之间洗脱液的总体积；W_1 为组分 1 的洗脱峰宽度；W_2 为组分 2 的洗脱峰宽度；Y 为组分 1 和 2 洗脱峰值处洗脱液的总体积之差值。

由上式可见，R_s 越大，两种组分分离得越好。当 $R_s = 1$ 时，两种组分具有较好的分离效果，互相沾染约 2%，即每种组分的纯度约为 98%。当 $R_s = 1.5$ 时，两种组分基本完全分开，每种组分的纯度可达到 99.8%。如果两种组分的浓度相差较大时，尤其要求较高的分辨率。

对于一个层析柱来说，可做如下基本假设：

(1) 层析柱的内径和柱内的填料是均匀的，而且层析柱由若干层组成。每层高度为 H，称为一个理论塔板。塔板一部分为固定相占据，另一部分为流动相占据，且各塔板的流动相体积相等，称为板体积，以 V_m 表示。

(2) 每个塔板内溶质分子在固定相与流动相之间瞬间达到平衡，且忽略分子纵向扩散。

(3) 溶质在各塔板上的分配系数是常数，与溶质在塔板的量无关。

(4) 流动相通过层析柱可以看成是脉冲式的间歇过程(即不连续过程)。从一个塔板到另一个塔板流动相体积为 V_m。当流过层析柱的流动相的体积为 V 时，则流动相在每个塔板上跳跃的次数为 $n = \dfrac{V}{V_m}$。

(5) 溶质开始加在层析柱的第 0 塔板上。

为了提高分辨率 R_s 的值，可采用以下方法：

(1) 使理论塔板数 N 增大，则 R_s 上升。

① 增加柱长，N 可增大，可提高分离度，但它造成分离的时间加长，洗脱液体积增大，并使洗脱峰加宽，因此不是一种特别好的办法。

② 减小理论塔板的高度。如减小固定相颗粒的尺寸，并加大流动相的压力。高效液相色谱(HPLC)就是这一理论的实际应用。一般液相层析的固定相颗粒为 100 μm；而 HPLC 柱子的固定相颗粒为 10 μm 以下，且压力可达 150 kg/cm。它使 R_s 大大提高，也使分离的效率大大提高了。

③ 采用适当的流速,也可使理论塔板的高度降低,增大理论塔板数。太高或太低的流速都是不可取的。一个层析柱有一个最佳的流速。特别是对于气相色谱,流速影响相当大。

(2) 改变容量因子 D(固定相与流动相中溶质量的分布比)。一般是采用加大 D 的方法,但 D 的数值通常不超过 10,再大的话对提高 R_s 不明显,反而使洗脱的时间延长,谱带加宽。一般 D 限制在 1~10,最佳范围为 1.5~5。可通过改变柱温(一般降低温度),或改变流动相的性质及组成(如改变 pH 值、离子强度、盐浓度和有机溶剂比例等),或改变固定相体积与流动相体积之比(如用细颗粒固定相,填充得紧密与均匀些),提高 D 值,使分离度增大。

(3) 增大 α(分离因子,也称选择性因子,是两种组分容量因子 D 之比),使 R_s 变大。实际上,使 α 增大,就是使两种组分的分配系数差值增大。同样地,可以通过改变固定相的性质、组成,改变流动相的性质、组成,或者改变层析的温度,使 α 发生改变。应当指出的是,温度对分辨率的影响是对分离因子与理论塔板高度的综合效应。因为温度升高,理论塔板高度有时会降低,有时会升高,这要根据实际情况去选择。通常,α 的变化对 R_s 影响最明显。

总之,影响分离度或者说分离效率的因素是多方面的。应当根据实际情况综合考虑,特别是对于生物大分子,还必须考虑它的稳定性、活性等问题。如 pH 值、温度等都会产生较大的影响,这是生化分离绝不能忽视的。否则,将不能得到预期的效果。

3. 正相色谱与反相色谱

正相色谱是指固定相的极性高于流动相的极性。在这种层析过程中,非极性分子或极性小的分子比极性大的分子移动的速度快,先从柱中流出来。

反相色谱是指固定相的极性低于流动相的极性。在这种层析过程中,极性大的分子比极性小的分子移动的速度快,先从柱中流出。

一般来说,分离纯化极性大的分子(带电离子等)采用正相色谱(或正相柱),而分离纯化极性小的有机分子(有机酸、醇和酚等)多采用反相色谱(或反相柱)。

4. 操作容量(或交换容量)

在一定条件下,某种组分与基质(固定相)反应达到平衡时,存在于基质上的饱和容量称为操作容量(或交换容量)。它的单位是毫摩尔(或毫克)/克(基质)或毫摩尔(或毫克)/毫升(基质)。数值越大,表明基质对该物质的亲和力越强。应当注意,同一种基质对不同种类分子的操作容量是不相同的,这主要是受到分子大小(空间效应)、带电荷、溶剂性质等多种因素的影响。因此,在实际操作时,加入的样品量尽量少,特别是生物大分子,更要控制样品的加入量,否则用层析办法不能得到有效的分离。

二、层析的分类

层析根据不同的标准可以分为多种类型:

(1) 根据固定相基质的形式分类,层析可以分为纸层析、薄层层析和柱层析。纸层析是指以滤纸作为基质的层析。薄层层析是将基质在玻璃或塑料等光滑表面铺成一薄层,在薄层上进行层析。柱层析则是指将基质填装在管中形成柱形,在柱中进行层析。纸层析和薄层层析主要适用于小分子物质的快速检测分析和少量分离制备,通常为一次性使用,而柱层析是常用的层析形式,适用于样品分析、分离。在生物化学中常用的凝胶层析、离子交换层析、亲和层析、高效液相色谱等都通常采用柱层析形式。

(2) 根据流动相的形式分类,层析可以分为液相层析和气相层析。气相层析是指流动相为气体的层析,而液相层析指流动相为液体的层析。气相层析测定样品时需要气化,大大限制了其在生化领域的应用,主要用于氨基酸、核酸、糖类和脂肪酸等小分子的分析鉴定。而液相层析是生物领域最常用的层析形式,适于生物样品的分析、分离。

(3) 根据分离的原理不同分类,层析主要可以分为吸附层析、分配层析、凝胶过滤层析、离子交换层析和亲和层析等。

吸附层析是以吸附剂为固定相,根据待分离物与吸附剂之间吸附力不同而达到分离目的的一种层析技术。

分配层析是在一个两相同时存在的溶剂系统中,根据不同物质的分配系数不同而达到分离目的的一种层析技术。

凝胶过滤层析是以具有网状结构的凝胶颗粒作为固定相,根据物质的分子大小进行分离的一种层析技术。

离子交换层析是以离子交换剂为固定相,根据物质的带电性质不同而进行分离的一种层析技术。

亲和层析是根据生物大分子和配体之间的特异性亲和力(如酶和抑制剂、抗体和抗原与激素和受体等),将某种配体连接在载体上作为固定相,而对能与配体特异性结合的生物大分子进行分离的一种层析技术。亲和层析是分离生物大分子最为有效的层析技术,具有较高的分辨率。

三、常用的几种层析方法

1. 纸层析

纸层析(paper chromatography)是以滤纸作为支持物的分配层析。滤纸纤维与水有较强的亲和力,能吸收 22% 左右的水,其中 6%～7% 的水是以氢键形式与纤维素的羟基结合。由于滤纸纤维与有机溶剂的亲和力较弱,故而在层析时,以滤纸纤维及其结合的水作为固定相,以有机溶剂作为流动相。纸层析对混合物进行分离时,发生两种作用:第一种是溶质对结合于纤维上的水与流过滤纸的有机相进行分配(即液-液分配);第二种是滤纸纤维对溶质的吸附及溶质溶解于流动相的不同分配比进行分配(即固-液分配)。混合物的彼此分离是这两种因素共同作用的结果。

在实际操作中,点样后的滤纸一端浸没于流动相液面之下,由于毛细管的作用,有机相即流动相开始从滤纸的一端向另一端渗透扩展。当有机相沿滤纸经点样处时,样品中的溶质就按各自的分配系数在有机相与附着于滤纸上的水相之间进行分配。一部分溶质离开原点随着有机相移动,进入无溶质区后又重新进行分配;另一部分溶质从有机相进入水相。在有机相不断流动的情况下,溶质就不断地进行分配,沿着有机相流动的方向移动。样品中各种不同的溶质组分有不同的分配系数,移动速率也不一样,从而使样品中各组分得到分离和纯化。

可用相对迁移率(R_f)来表示一种物质的迁移:

$$R_f = 组分移动的距离/溶剂前沿移动的距离$$

$$= 原点至组分斑点中心的距离/原点至溶剂前沿的距离$$

在滤纸、溶剂和温度等各项实验条件恒定的情况下,各物质的 R_f 是不变的,它不随溶剂移动距离的改变而变化。R_f 与分配系数 K 的关系为 $R_f = 1/(1+AK)$。

A 是由滤纸性质决定的一个常数。由此可见:K 越大,溶质分配于固定相的趋势越大,而 R_f 越小;反之,K 越小,则分配于流动相的趋势越大,R_f 越大。R_f 是定性分析的重要指标。

在样品所含溶质较多或某些组分在单相纸层析中的 R_f 比较接近导致不易明显分离时,可采用双向纸层析法。该法是将滤纸在某一特殊的溶剂系统中按一个方向展层后,再予以干燥;之后转向 90°,在另一溶剂系统中进行展层;待溶剂到达所要求的距离后取出滤纸,干燥显色,从而获得双向层析谱。应用这种方法,如果溶质在第一溶剂中不能完全分开,那么经过第二种溶剂的层析得以完全分开,大大提高了分离效果。纸层析还可与区带电泳法结合,能获得更有效的分离方法,这种方法称为指纹谱法。

2. 薄层层析

薄层层析(thin-layer chromatography,TLC)是在玻璃板上涂布一层支持剂,待分离样品点在薄层板一端,然后使推动剂向上流动,从而使各组分得到分离的物理方法。常用的支持剂有硅胶、氧化铝、纤维素、硅藻土、DEAE-纤维素和交联葡聚糖凝胶等。使用的支持剂种类不同,其分离原理也不尽相同,有分配层析、吸附层析、离子交换层析、凝胶层析等多种。图 2-8 给出了 TLC 系统组成示意图。

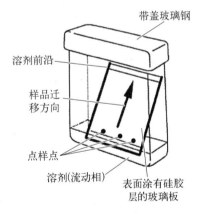

图 2-8 TLC 系统组成

在一般实验中,应用较多的是以吸附剂为固定相的薄层吸附层析。物质之所以能在固体表面停留,是因为固体表面的分子和固体内部分子所受的吸引力不同。在固体内部,分子之间互相作用的力是对称的,其力场互相抵消。而处于固体表面的分子所受的力是不对称的,向内的一面受到固体内部分子的作用力大,而表面层所受的作用力小。因此,气体或溶质分子在运动中遇到固体表面时受到这种剩余力的影响,就会被吸引而停留下来。吸附过程是可逆的,被吸附物在一定条件下可以解吸出来。在单位时间内被吸附于吸附剂的某一表面积上的分子和同一单位时间内离开此表面的分子之间可以建立动态平衡,称为吸附平衡。吸附层析过程就是不断地发生平衡和不平衡、吸附与解吸的动态平衡过程。

薄层层析设备简单,操作简单,快速灵敏。改变薄层厚度,既能做分析鉴定,又能做少量制备。配合薄层扫描仪,可以同时做到定性定量分析,在生物化学,特别是植物化学等领域是一类广泛应用的物质分离方法。

3. 离子交换层析

离子交换层析(ion exchange chromatography)是利用离子交换剂上的可交换离子与周围介质中被分离的各种离子间的亲和力不同,经过交换平衡达到分离的目的的一种柱层析法。该方法可以同时分析多种离子化合物,具有灵敏度高,重复性、选择性好,分离速度快等优点,是当前最常用的层析法之一,常用于多种离子型生物分子的分离,包括蛋白质、氨基酸和多肽及核酸等。

离子交换层析对物质的分离通常是在一根充填有离子交换剂的玻璃管中进行的。离子交换剂为人工合成的多聚物,其带有许多可电离基团。根据这些基团所带电荷的不同,可分为阴离子交换剂和阳离子交换剂。含有预被分离离子的溶液通过离子交换柱时,各种离子即与离子交换剂上的荷电部位竞争结合。任何离子通过柱时,移动速率取决于与离子交换剂的亲和力,以及电离程度和溶液中各种竞争性离子的性质和浓度。

离子交换剂由基质、基团和离子构成,在水中呈不溶解状态,能释放出离子。同时,它与溶液中的其他离子或离子化合物相互结合,结合后不改变本身和被结合离子或离子化合物的理化性质。

离子交换剂与水溶液中离子或离子化合物所进行的离子交换反应是可逆的。假定以 RA 代表阳离子交换剂,在溶液中解离出来的阳离子 A^+ 与溶液中的阳离子 B^+ 可发生可逆的交换反应:$RA+B^+ \leftrightarrow RB+A^+$;该反应能以极快速度达到平衡,平衡的移动遵循质量守恒定律。

溶液中的离子与交换剂上的离子进行交换,一般来说,电性越强,越易交换。对于阳离子树脂,在常温常压的稀溶液中,交换量随交换剂离子的电价增大而增大,如按交换量从小到大的次序为 Na^+、Ca^{2+}、Al^{3+}、Si^{4+}。如原子价数相同,交换量则随交换离子的原子序数的增大而增大,如按交换量从小到大的次序为 Li^+、Na^+、K^+、Pb^+。在稀溶液中,强碱性树脂各负电性基团的离子结合力按从弱到强的次序是:CH_3COO^-、F^-、OH^-、$HCOO^-$、Cl^-、SCN^-、Br^-、CrO_4^{2-}、NO_2^-、I^-、$C_2O_4^{2-}$、SO_4^{3-}、柠檬酸根。弱酸性阴离子交换树脂对各负电性基团结合力按从弱到强的次序为:F^-、Cl^-、$Br^-/I^-/CH_3COO^-$、MoO_4^{2-}、PO_4^{3-}、AsO_4^{3-}、NO_3^-、酒石酸根、柠檬酸根、CrO_4^{2-}、SO_4^{2-}、OH^-。两性离子(如蛋白质、核苷酸、氨基酸等)与离子交换剂的结合力主要取决于它们的理化性质和在特定的条件呈现的离子状态:当 pH 值小于 pI 值时,能被阳离子交换剂吸附;反之,当 pH 值大于 pI 值时,能被阴离子交换剂吸附。若在相同 pI 值条件下,且 pI 值大于 pH 值时,pI 值越高,碱性就越强,就越容易被阳离子交换剂吸附。

选择离子交换剂的一般原则如下:

(1) 选择阴离子或阳离子交换剂,取决于被分离物质所带的电荷性质。如果被分离物质带正电荷,应选择阳离子交换剂;如带负电荷,应选择阴离子交换剂;如被分离物为两性离子,则一般应根据其在稳定 pH 值范围内所带电荷的性质来选择交换剂的种类。

(2) 强型离子交换剂使用的 pH 值范围很广,故常用它来制备去离子水和分离一些在极端 pH 值溶液中解离且较稳定的物质。

(3) 离子交换剂处于电中性时常带有一定的反离子,使用时选择何种离子交换剂,取决于交换剂对各种反离子的结合力。为了提高交换量,一般应选择结合力较小的反离子。据此,强酸型和强碱型离子交换剂应分别选择 H 型和 OH 型,弱酸型和弱碱型交换剂应分别选择 Na 型和 Cl 型。

(4) 交换剂的基质是疏水性还是亲水性,对被分离物质会有不同的作用性质,因此对被分离物质的稳定性和分离效果均有影响。一般认为,在分离生命大分子物质时,选用亲水性基质的交换剂较为合适,它们对被分离物质的吸附和洗脱都比较温和,活性不易破坏。

主要操作要点如下:

(1) 交换剂的预处理、再生与转型。

(2) 交换剂装柱。

(3) 样品上柱、洗脱和收集。

4. 凝胶层析法

凝胶层析法(gel chromatography)也称为分子筛层析法,是指混合物随流动相经过凝胶层析柱时,其中各组分按其分子大小不同而被分离的技术。该方法设备简单、操作方便、重复性好和样品回收率高;除常用于分离纯化蛋白质、核酸、多糖和激素等物质外,还可以用于测定蛋白质的相对分子质量,以及用于样品的脱盐和浓缩等。

凝胶是一种不带电、具有三维空间的多空网状结构且呈珠状颗粒的物质,每个颗粒的细微结构及筛孔的直径均匀一致,其作用类似筛子,小的分子可以进入凝胶网孔,而大的分子则排阻于颗粒之外。当含有分子大小不一的混合物样品进入用此类凝胶颗粒装填而成的层析柱上时,这些物质即随洗脱液的流动而发生移动。大分子物质沿凝胶颗粒间隙随洗脱液移动,流程短,移动速率快,先被洗出层析柱;而小分子物质可通过凝胶网孔进入颗粒内部,然后再扩散出来,故流程长,移动速度慢,最后被洗出层析柱。基于上述原理使样品中不同大小的分子彼此获得分离。如果两种以上不同相对分子质量的分子都能进入凝胶颗粒网孔,但由于它们被排阻和扩散的程度不同,在凝胶柱中所经过的路程和时间也不同,彼此也可以分离开,如图 2-9 所示。

常用的凝胶类型有交联葡聚糖凝胶、琼脂糖凝胶、聚丙烯酰胺凝胶等。

5. 高效液相色谱

高效液相色谱(high performance liquid chromatography, HPLC)是一种多用途的层析方法,可以使用多种固定相和流动相,并可以根据特定类型分子的大小、极性、可溶性或吸收特性的不同将其分离开。高效液相色谱仪一般由溶剂槽、高压泵(有一元、两元和四元等多种类型)、色谱柱、进样器(手动或自动)、检测器(常见的有紫外检测器、折光检测器、荧光检测器等)和数据处理机或色谱工作站等组成。

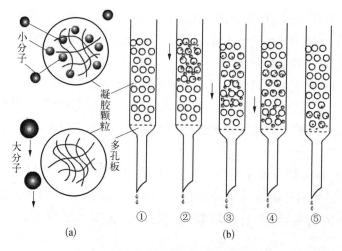

图 2-9　凝胶层析的原理

(a) 小分子由于扩散作用进入凝胶颗粒内部而被滞留,大分子被排阻在凝胶颗粒外面,在颗粒之间迅速通过;
(b) ① 蛋白质混合物上柱;② 洗脱开始,小分子扩散进入凝胶颗粒内,大分子则被排阻于颗粒之外;③ 小分子被滞留,大分子向下移动,大小分子开始分开;④ 大小分子完全分开;⑤ 大分子行程较短,已洗脱出层析柱,小分子尚在行进中

其核心部件是耐高压的色谱柱。HPLC柱通常由不锈钢制成,并且所有的组成元件、阀门等都是用可耐高压的材料制成。溶剂运送系统的选择取决于以下因素:① 等度(无梯度)分离,在整个分析过程中只使用一种溶剂(或混合溶剂);② 梯度洗脱分离,使用一种微处理机控制的梯度程序来改变流动相的组分,该程序可通过混合适量的两种不同物质来产生所需的梯度。

HPLC的高速、灵敏和多用途等优点,使它成为分离许多生物小分子所选择的方法,最常用的是反相分配层析法。大分子物质(尤其是蛋白质和核酸)的分离通常需要一种“生物适合性”的系统(如Pharmacia FPLC系统)。在这类层析中,用钛、玻璃或氟化塑料代替不锈钢组件,并且使用较低的压力以避免其生物活性的丧失。这类分离用离子交换层析、凝胶渗透层析或疏水层析等方法来完成。

HPLC的类型主要有以下几种。

(1) 液-固吸附层析:固定相是具有吸附活性的吸附剂,常用的有硅胶、氧化铝和高分子有机酸或聚酰胺凝胶等。液-固吸附层析中的流动相依其所起的作用不同,分为底剂和洗脱剂两类。底剂决定基本的色谱分离,洗脱剂对试样中某几个组分选择分离。流动相中底剂与洗脱剂成分的组合和选择,直接影响色谱的分离情况。一般底剂为极性较低的溶剂,如正己烷、环己烷、戊烷和石油醚等;洗脱剂则根据试样性质选用针对性溶剂,如醚、酯、酮、醇和酸等。本法可用于分离异构体、抗氧化剂与维生素等。

(2) 液-液分配层析:固定相由单体固定液构成。将固定液的官能团结合在薄壳或多孔型硅胶上,经酸洗、中和、干燥活化并使表面保持一定的硅羟基。这种以化学键合相为固定相的液-液层析称为化学键合相层析。另一种利用离子对原理的液-液分配层析为离子对层析。

化学键合相层析分为以下2种:① 极性键合相层析。固定相为极性基团,有氰基、氨基及双羟基三种。流动相为非极性或极性较小的溶剂。极性小的组分先出峰,极性大的后出峰,这称为正相层析法,适用于分离极性化合物。② 非极性键合相层析。固定相为非极性基团,如十八烷基(C18)、辛烷基(C8)、甲基与苯基等,流动相用强极性溶剂,如水、醇、乙腈或无机盐缓冲液。最常用的是不同比例的水和甲醇配制的混合溶剂,水不仅起洗脱作用还可掩盖载体表面的硅羟基,防止因吸附而至的拖尾现象。极性大的组分先出峰,极性小的组分后出峰,恰好与正相法相反,故称反相层析。本方法适用于小分子物质的分离,如肽、核苷酸、糖类、氨基酸的衍生物等。

离子对层析分以下 2 种:① 正相离子对层析。此法常以水吸附在硅胶上作为固定相,把与待分离组分带相反电荷的配对离子以一定浓度溶于水或缓冲液涂渍在硅胶上。流动相为极性较低的有机溶剂。在层析过程中,待分离的离子与水相中配对离子形成中性离子对,在水相和有机相中进行分配而达到分离。本法优点是流动相选择余地大,缺点是固定相易流失。② 反向离子对层析。固定相是疏水性键合硅胶,如 C18 键合相,待分离离子和带相反电荷的配对离子同时存在于强极性的流动相中,生成的中性离子对在流动相和键合相之间进行分配,而得到分离。本法优点是固定相不存在流失问题,并且流动相含水或缓冲液,更适用于电离性化合物的分离。

(3) 离子交换层析:原理与普通离子交换相同。在离子交换 HPLC 中,固定相多用离子性键合相,故本法又称离子性键合相层析。流动相主要是水溶液,pH 值最好在被分离物质的 pK 值附近。

6. 气相色谱

现代的气相色谱(gas chromatography, GC)使用长达 50 m 的毛细管层析柱(内径为 0.1~0.5 mm)。固定相通常为一种交联的硅多体,附着在毛细管内壁成一层膜。在正常操作温度下,其性质类似于液体膜,但要结实得多。流动相(载气)通常为氮气或氢气。依据不同组分在载气与硅多体相之间的分配能力不同达到选择性分离的目的。大多数生物大分子的分离受柱温的影响。柱温有时在分析过程中维持恒定(等温,通常 50~250 ℃),更常见的为设定一个增温的程序(如以 10 ℃/min 的速度从 50 ℃升高到 250 ℃)。样品通过一个包含有气紧阀门的注射孔注入柱顶部。柱中的产物可用下列方法检测出。

(1) 火焰离子检测法:流出气体通过一种可使任何有机复合物离子化的火焰,然后被一个固定在火焰顶部附近的电极所检测。

(2) 电子捕获法:使用一种发射 β 射线的放射性同位素作为离子化的方式。这种方法可以检测极微量(pmol)的亲电复合物。

(3) 分光光度计法:包括质谱分析法(GC - MS)和远红光谱分析法(GC - IR)。

(4) 电导法:流出气体中的成分的改变会引起铂电缆电阻的变化。

7. 亲和层析

亲和层析是利用某些生物分子之间专一可逆结合特性的一种高度专一的吸附层析类型。固体基质具有一个与之共价相连的特殊结合分子(如配位体),连接后的配体对互补分子的亲和力不会改变。配体是发生亲和反应的功能部位,也是载体和被亲和分子之间的桥梁。配体本身必须有两个基团:一个能与载体共价结合,一个能与被亲和分子结合。具有专一亲和力的生物分子对主要有抗原与抗体,DNA与互补DNA或RNA,酶与它的底物或竞争性抑制剂,激素(或药物)与它们的受体,维生素和它的特异结合蛋白,糖蛋白与它相应的植物凝集素等。可亲和的一对分子中的一方以共价键形式与不溶性载体相连作为固定相吸附剂;当含有混合组分的样品通过此固定相时,只有和固定相分子具有特异亲和力的物质,才能被固定相吸附结合,而其他没有亲和力的无关组分就随流动相流出;之后,改变流动相组成,可将结合的亲和物洗脱下来。配基的固定化方法有载体结合法、物理吸附法、交联法和包埋法等四类方法。常用的配位体如下:

(1) 三嗪染色剂,用于蛋白质的纯化。

(2) 酶的底物或耦联因子,用于特定酶的纯化。

(3) 抗体,用于相应的抗原。

(4) 蛋白质A,用于IgG抗体的纯化。

(5) 单链寡核苷酸,用于互补的核酸如mRNA,或特定的单链DNA序列。

(6) 凝集素,用于特定的单糖亚基。

亲和层析的基本操作如下:

(1) 寻找能被分离分子(称配体)识别和可逆结合的专一性物质——配基。

(2) 把配基共价结合到层析介质(载体)上,即将配基固定。

(3) 把载体-配基复合物灌装在层析柱内做成亲和柱。

(4) 上样亲和→洗涤杂质→洗脱收集亲和分子(配体)→亲和柱再生。

8. 聚焦层析

聚焦层析是一种操作简单、廉价的层析技术。它的原理是根据各种蛋白质的等电点不同进行分离的过程,因此本方法具有高分辨、高度浓缩和高度专一等特点。聚焦层析所用的凝胶首先用高pH值溶液平衡,然后用多元缓冲液进行洗脱,多元缓冲液pH值呈梯度下降。

聚焦层析所用凝胶主要有两种:MONOP和多元缓冲液交换剂(PBE)。其中,MONOP是带孔小珠,孔中被带正电荷的胺基填充,适用于高效聚焦层析。多元缓冲液交换剂是一种交换凝胶,适用作普通聚焦层析的介质。各种凝胶性质见表2-2。

表2-2 聚焦层析技术数据

凝胶名称	pH值范围	洗脱液
MONOP	8~11	Pharmalyte 8-10.5
PBE	8~11	Pharmalyte 8-10.5
MONOP	6~9	多元缓冲液96
PBE 94	4~7	多元缓冲液74

MONOP 可制成两种高效液相柱：MONOP HR5/5(1 mL)，MONOP HR5/20(5 mL)。使用时根据样品复杂性选择相应的柱。HR5/5 分辨率为 pI>0.2，HR5/20 分辨率为 pI>0.02。

多元缓冲液交换剂(PBE)属珠状交换剂凝胶，有 PBE 118(pH 值为 8~11)和 PBE(pH 值为 4~9)。在聚焦层析时，通过使用不同的洗脱液，可使交换容量发生改变，并且使 pH 值范围更宽。

第五节　电 泳 技 术

电泳技术是指在电场作用下，带电颗粒因所带的电荷不同与分子大小差异，呈现不同迁移行为从而彼此分离的一种实验技术。

许多生物分子都带有电荷，其电荷的多少取决于分子结构及所在介质的 pH 值和组成。由于混合物中各种组分所带电荷性质、电荷数量及相对分子质量的不同，在同一电场的作用下，各组分泳动的方向和速率也各异。在一定时间内各组分移动的距离不同，基于此可以达到分离鉴定各组分的目的。

电泳过程必须在一种支持介质中进行。Tiselius 等在 1937 年进行的自由界面电泳没有固定支持介质，所以扩散和对流都比较强，影响分离效果。于是出现了固定支持介质的电泳，样品在固定的介质中进行电泳过程，减少了扩散和对流等干扰作用。最初的支持介质是滤纸和醋酸纤维素膜，目前这些介质在实验室已经应用得较少。在很长一段时间里，小分子物质如氨基酸、多肽、糖等的分离与分析，通常是用滤纸或纤维素、硅胶薄层平板为介质的电泳，而现在则一般使用更为灵敏的技术(如 HPLC 等)来进行。这些介质适合于小分子物质的分离，操作简单方便，但对复杂生物大分子的分离效果较差。凝胶作为支持介质的引入大大促进了电泳技术的发展，使电泳技术成为分析蛋白质、核酸等生物大分子的重要手段之一。最初使用的凝胶为淀粉凝胶，但如今使用得最多的是琼脂糖凝胶和聚丙烯酰胺凝胶。蛋白质电泳主要使用聚丙烯酰胺凝胶。

电泳装置主要包括两个部分：电源和电泳槽。电源提供直流电，在电泳槽中产生电场，驱动带电分子的迁移。电泳槽可以分为水平式和垂直式两类。垂直板式电泳是较常见的一种，常用于聚丙烯酰胺凝胶电泳中蛋白质的分离。电泳槽中间是夹在一起的两块玻璃板，玻璃板两边由塑料条隔开，在玻璃平板中间制备电泳凝胶，凝胶的横截面尺寸通常是 12 cm×14 cm，厚度为 1~2 mm。近年来新研制的电泳槽胶面更小、胶体更薄，以节省试剂和缩短电泳时间。制胶时在凝胶溶液中放一个塑料梳子，在胶聚合后移去，形成加入样品的凹槽。水平式电泳的凝胶铺在水平的玻璃或塑料板上，用一薄层湿滤纸连接凝胶和电泳缓冲液，或直接将凝胶浸入缓冲液中。因为 pH 值的改变会引起带电分子电荷的改变，进而影响其电泳迁移的速度，所以电泳过程应在适当的缓冲液中进行，缓冲液可保持待分离物带电性质的稳定。

为了更好地了解带电分子在电泳过程中是如何被分离的,下面简单介绍电泳的基本原理。

在稀溶液中,电场对带电分子的作用力 F 等于所带净电荷与电场强度的乘积:

$$F = qE$$

式中:q 是带电分子的净电荷;E 是电场强度。

这个作用力使带电分子向其电荷相反的电极方向移动。在移动过程中,分子会受到介质黏滞力的阻碍。黏滞力(F')的大小与分子大小、形状、电泳介质孔径大小及缓冲液黏度等有关,并与带电分子的移动速度成正比,对于球状分子,F' 的大小服从斯托克斯定律,即

$$F' = 6\pi r \eta v$$

式中:r 是球状分子的半径;η 是缓冲液黏度;v 是电泳速度。当带电分子匀速移动时,$F = F'$,即

$$qE = 6\pi r \eta v$$

由上式可知,相同带电颗粒在不同强度的电场里的泳动速度不同。为了便于比较,常用迁移率代替泳动速度来表示粒子的泳动情况。电泳迁移率(m)是指在单位电场强度(1 V/cm)中带电分子的迁移速度。若以 m 表示迁移率:上式两边同时除以电场强度 E,则得:

$$m = q/(6\pi r \eta)$$

这就是迁移率公式。由上式可以看出,迁移率与带电分子所带净电荷成正比,与分子的大小和缓冲液的黏度成反比。

用 SDS——聚丙烯酰胺凝胶电泳测定蛋白质相对分子质量时,实际使用的是相对迁移率 m_R。即:

$$m_R = \frac{m_1}{m_2} \frac{\dfrac{d_1/t}{V/L}}{\dfrac{d_2/t}{V/L}} = \frac{d_1}{d_2}$$

式中:d 为带电粒子泳动的距离;t 为电泳的时间;V 为电压;L 为两电极交界面之间的距离,即凝胶的有效长度。因此,相对迁移率 m_R 就是两种带电粒子在凝胶中泳动迁移的距离之比。

带电分子由于各自的电荷和形状大小不同,在电泳过程中具有不同的迁移速度,会形成依次排列的不同区带从而被分开。即使两个分子具有相似的电荷,如果它们的分子大小不同,它们所受的阻力不同,那么迁移速度也会不同,在电泳过程中就能被分离。有些类型的电泳几乎完全依赖于分子所带的电荷不同进行分离,如等电聚焦电泳;而有些类型的电泳则主要依靠分子大小的不同(即电泳过程中产生的阻力不同)而得到分离,如 SDS-聚丙烯酰胺凝胶电泳。分离后的样品可通过各种染色方法进行检测;如果样品有放射性标记,也可通过

放射性自显影等方法检测。

一、影响电泳的主要因素

由电泳迁移率的公式可以看出,影响电泳分离的因素很多。下面简单讨论一些主要的影响因素。

1. 待分离生物大分子的性质

待分离生物大分子所带的电荷、分子大小和性质都会对电泳产生明显影响。一般来说,分子带的电荷量越大、直径越小和形状越接近球形,其电泳迁移速度越快。

2. 缓冲液的性质

缓冲液的 pH 值会影响待分离生物大分子的解离程度,进而影响其带电性质。溶液 pH 值距离其等电点越远,其所带净电荷量就越大,电泳的速度就越快。对于蛋白质等两性分子,缓冲液的 pH 值还会影响到其电泳方向。当缓冲液 pH 值大于蛋白质分子的等电点时,蛋白质分子会带负电荷,其电泳的方向指向正极。为了保持电泳过程中待分离生物大分子的电荷及缓冲液 pH 值的稳定性,缓冲液通常要保持一定的离子强度,一般为 $0.02 \sim 0.2$。离子强度过低,缓冲能力差。但离子强度过高,则会在待分离分子周围形成较强的带相反电荷的离子扩散层(即离子氛);由于离子氛与待分离分子的移动方向相反,它们之间会产生静电引力,导致电泳速度降低。此外,缓冲液的黏度也会对电泳速度产生影响。

3. 电场强度

电场强度(V/cm)也称为电位梯度。电场强度越大,电泳速度越快。但增大电场强度会引起通过介质的电流强度增大,而造成电泳过程产生的热量增大。电流在介质中所做的功(W)为

$$W = I^2Rt$$

式中:I 为电流强度;R 为电阻;t 为电泳时间。

电流所做的功绝大部分都转换为热,因而引起介质温度升高,会造成很多影响:① 样品和缓冲离子扩散速度增加,引起样品分离带的加宽;② 产生对流,造成待分离物的混合;③ 如果样品对热敏感,会引起蛋白变性;④ 引起介质黏度降低、电阻下降等。电泳中产生的热通常是由中心向外周散发的,所以介质中心温度一般要高于外周,尤其是管状电泳;由此引起中央部分介质相对于外周部分黏度下降,摩擦因数减小,电泳迁移速度增大。因为中央部分的电泳速度比边缘快,所以电泳分离带通常呈现弓形。降低电流强度,可以减小生热,但会延长电泳时间,引起待分离生物大分子扩散的增加,影响分离效果。因此,电泳实验中要选择适当的电场强度,同时可适当冷却降低温度以获得较好的分离效果。

4. 电渗

液体在电场中对于固体支持介质的相对移动,称为电渗现象。由于支持介质表面可能会存在一些带电基团,如滤纸表面通常有一些羧基,琼脂可能会含有一些硫酸基,而玻璃表面通常有 Si-OH 基团等。这些基团电离后会使支持介质表面带电,吸附一些带相反电荷的离子,离子在电场的作用下向电极方向移动,形成介质表面溶液的流动,这种现象就是电

渗。当 pH 值高于 3.0 时,玻璃表面会带负电,吸附溶液中的正电离子,引起玻璃表面附近溶液层带正电;在电场作用下,会向负极迁移,带动电极液产生向负极的电渗流。如果电渗方向与待分离分子电泳方向相同,则加快电泳速度;如果相反,则降低电泳速度。

5. 支持介质的筛孔

支持介质的筛孔大小对待分离生物大分子的电泳迁移速度具有明显的影响。在筛孔大的介质中泳动速度快,反之,则泳动速度慢。

综上所述可知,电泳受粒子本身大小、形状、所带电量、溶液黏度、温度、pH 值和电渗及离子强度等多种因素的影响。当电泳结果欠佳时,应检查或重新设计实验条件以便改进。

二、电泳方法的分类

按支持物的物理性状不同,区带电泳可分为以下四类:

(1) 滤纸及其他纤维(如醋酸纤维、玻璃纤维和聚氯乙烯纤维)薄膜电位。

(2) 粉末电泳,如纤维素粉、淀粉和玻璃粉电泳。

(3) 凝胶电泳,如琼脂、琼脂糖、硅胶、淀粉胶和聚丙烯酰胺凝胶等。

(4) 丝线电泳,如尼龙丝、人造丝电泳。

按支持物的装置形式不同,区带电泳可分为以下四类:

(1) 平板式电泳,支持物水平放置,是最常用的电泳方式。

(2) 垂直板式电泳,聚丙烯酰胺凝胶常用于垂直板式电泳。

(3) 垂直柱式电泳,聚丙烯酰胺凝胶盘状电泳即属于此类。

(4) 连续液动电泳,首先应用于纸电泳,将滤纸垂直竖立,两边各放一电极,溶液自顶端向下流,与电泳方向垂直。后来有用淀粉、纤维素粉、玻璃粉等代替滤纸来分离血清蛋白质,分离量最大。

按 pH 值的连续性不同,区带电泳可分为以下两种:

(1) 连续 pH 值电泳,即在整个电泳过程中 pH 值保持不变。常用的纸电泳、醋酸纤维薄膜电泳等属于此类。

(2) 非连续性 pH 值电泳,缓冲液和电泳支持物间有不同的 pH 值,如聚丙烯酰胺凝胶盘状电泳分离血清蛋白质时常用这种形式。它的优点是易在不同 pH 值区之间形成高的电位梯度区,使蛋白质移动加速并压缩为一条极狭窄的区带从而达到浓缩的作用。

三、电泳技术的应用

电泳技术主要用于分离各种有机物(如氨基酸、多肽、蛋白质、脂类、核苷酸和核酸等)和无机盐,也可用于分析某种物质纯度,还可用于相对分子质量的测定。电泳技术与其他分离技术(如层析法)结合,可用于蛋白质结构的分析,"指纹法"就是电泳法与层析法的结合产物。用免疫原理测试电泳结果,提高了对蛋白质的鉴别能力。通过电泳与酶学技术结合发现了同工酶,进而对于酶的催化和调节功能有了深入的了解。因此,电泳技术是医学科学中的重要研究技术。

1. 纸电泳和醋酸纤维薄膜电泳

纸电泳用于血清蛋白质分离已有相当长的历史,在实验室和临床检验中都曾广泛应用。自 1957 年 Kohn 首先将醋酸纤维薄膜用作电泳支持物以来,纸电泳已被醋酸纤维薄膜电泳所取代。因后者相比于纸电泳具有电渗小,分离速率快,分离清晰,血清用量少且操作简单等优点。

纸电泳是用滤纸作支持介质的一种早期电泳技术。尽管分辨率比凝胶介质要差,但因为其操作简单,所以仍有很多应用,特别是在血清样品的临床检测和病毒分析等方面有重要用途。

纸电泳使用水平电泳槽。分离氨基酸和核苷酸常使用 pH 值为 2~3.5 的酸性缓冲液,而分离蛋白质则常使用碱性缓冲液。选用的滤纸必须厚度均匀,常用国产新华滤纸和进口的 Whatman 1 号滤纸。点样位置是在滤纸的一端距纸边 5~10 cm 处。样品可点成圆形或长条形,长条形的分离效果较好。点样量为 5~100 μg 和 5~10 μL。点样方法有干点法和湿点法。湿点法是在点样前即将滤纸用缓冲液浸湿,样品液要求较浓,不应多次点样。干点法是在点样后再用缓冲液和喷雾器将滤纸喷湿,点样时可用吹风机吹干后多次点样,因而可以用较稀的样品。电泳时要选择好正、负极,电压通常使用 2~10 V/cm 的低压电泳,电泳时间较长。对于氨基酸和肽类等小分子物质,则要使用 50~200 V/cm 的高压电泳,可以大大缩短电泳时间;但必须解决电泳时的冷却问题,并要注意安全。

电泳完毕记下滤纸的有效使用长度,然后烘干,用显色剂显色;显色剂和显色方法可查阅有关书籍。定量测定的方法有洗脱法和光密度法。洗脱法是将确定的样品区带剪下,用适当的洗脱剂洗脱后,进行比色或分光光度测定。光密度法是将染色后的干滤纸用光密度计直接定量测定各样品电泳区带的含量。

醋酸纤维薄膜电泳与纸电泳相似,只是换用了醋酸纤维薄膜作为支持介质。将纤维素的羟基乙酰化为醋酸酯,溶于丙酮后涂布成有均一细密微孔的薄膜,其厚度为 0.1~0.15 mm。

醋酸纤维薄膜电泳与纸电泳相比有以下优点:① 醋酸纤维薄膜对蛋白质样品吸附极少,无“拖尾”现象,染色后蛋白质区带更清晰;② 快速省时。因为醋酸纤维薄膜亲水性比滤纸小,吸水少,电渗作用小,电泳时大部分电流由样品传导,所以分离速度快,电泳时间短,完成全部电泳操作只需 90 min 左右;③ 灵敏度高,样品用量少。血清蛋白电泳仅需 2 μL 血清,点样量甚至少到 0.1 μL,仅含 5 μg 的蛋白样品也能得到清晰的电泳区带。临床医学用于检测微量异常蛋白的改变;④ 应用面广。可用于那些纸电泳不易分离的样品,如胎儿甲种球蛋白、溶菌酶、胰岛素、组蛋白等;⑤ 醋酸纤维薄膜电泳染色后,用乙酸、乙醇混合液浸泡后可制成透明的干板,有利于光密度计和分光光度计扫描定量及长期保存。

由于醋酸纤维薄膜电泳操作简单、快速和价廉,目前已被广泛用于分析检测血浆蛋白、脂蛋白、糖蛋白、胎儿甲种球蛋白、体液、脊髓液、脱氢酶、多肽和核酸及其他生物大分子,为心血管疾病、肝硬化及某些癌症的鉴别诊断提供了可靠的依据,因而已成为医学和临床检验的常规技术。

2. 琼脂糖凝胶电泳

琼脂经处理去除其中的果胶成分即为琼脂糖。由于琼脂糖中硫酸根的含量较琼脂为少,电渗影响减弱,因而分离效果显著提高。例如血清脂蛋白用琼脂凝胶电泳只能分出两条区带(α-脂蛋白、β-脂蛋白),而琼脂糖凝胶电泳可将血清脂蛋白分出三条区带(α-脂蛋白、前β-脂蛋白和β-脂蛋白)。因此,琼脂糖是较理想的凝胶电泳材料。

琼脂糖凝胶的制作是将干的琼脂糖悬浮于缓冲液中,通常使用的浓度(质量分数)是1％～3％;加热煮沸至溶液变为澄清,注入模板后在室温下冷却凝聚即成琼脂糖凝胶。琼脂糖之间以分子内和分子间氢键形成较为稳定的交联结构,这种交联的结构使琼脂糖凝胶有较好的抗对流性质。琼脂糖凝胶的孔径可以通过琼脂糖的最初浓度来控制,低浓度的琼脂糖形成较大的孔径,而高浓度的琼脂糖形成较小的孔径。尽管琼脂糖本身没有电荷,但一些糖基可能会被羧基、甲氧基特别是硫酸根进行不同程度的取代,使得琼脂糖凝胶表面带有一定的电荷,引起在电泳过程中发生电渗,以及样品和凝胶间的静电相互作用,从而影响分离效果。

琼脂糖凝胶可以用于蛋白质和核酸的电泳支持介质,尤其适合于核酸的提纯、分析。如对于蛋白质来说,1％的琼脂糖凝胶的孔径较大,其对蛋白质的阻碍作用较小,这时蛋白质分子大小对电泳迁移率的影响相对较小,所以适用于一些忽略蛋白质大小仅根据蛋白质天然电荷来进行分离的电泳技术,如免疫电泳、平板等电聚焦电泳等。琼脂糖也适合于DNA、RNA分子的分离、分析。因为DNA、RNA分子通常较大,所以在分离过程中会存在一定的摩擦阻碍作用,这时分子的大小就会对电泳迁移率产生明显影响。例如:对于双链DNA,电泳迁移率的大小主要与DNA分子大小有关,而与碱基排列及组成无关。DNA分子的电泳迁移率与其相对分子质量的常用对数成反比(切记不是线性关系);DNA分子构型也对迁移率有影响,如按迁移率由大到小排序为共价闭环DNA、直线DNA、开环双链DNA。为了方便在电泳图中迅速读出待测定DNA片段的大小,在电泳过程中往往加入固定片段大小的DNA marker作为参照物。另外,一些低熔点的琼脂糖(62～65 ℃)可在65 ℃时熔化,因此其中的样品(如DNA)可以重新溶解到溶液中而被回收。

3. 聚丙烯酰胺凝胶电泳

聚丙烯酰胺凝胶电泳(polyacrylamide gel electrophoresis)简称PAGE,是以聚丙烯酰胺凝胶作为支持介质的电泳。聚丙烯酰胺凝胶是由单体的丙烯酰胺(CH_2＝$CHCONH_2$ Acrylamide)和甲叉双丙烯酰胺[CH_2($NHCOHC$＝CH_2) 2N, N'-methylenebisacrylamide]聚合而成,这一聚合过程需要有自由基催化才能完成。通常是加入催化剂过硫酸铵(AP)与加速剂四甲基乙二胺(TEMED)引发自由基的聚合反应,即通过四甲基乙二胺催化过硫酸铵产生自由基:

$$S_2O_8^{2-} + e^- \rightarrow SO_4^{2-} + SO_4^-$$

以R·代表自由基,M代表丙烯酰胺单体,则聚合过程可以表示为

$$R^* + M \rightarrow RM^*$$

$$RM^* + M \rightarrow RMM^*$$

$$RMM^* + M \rightarrow RMMM^* \cdots$$

这样由于乙烯基"CH_2=CH—"一个接一个的聚合作用就形成丙烯酰胺长链,同时甲叉双丙烯酰胺在不断延长的丙烯酰胺链间形成甲叉键交联,从而形成交联的三维网状结构。

聚丙烯酰胺凝胶的孔径可通过改变丙烯酰胺和甲叉双丙烯酰胺的浓度来控制,丙烯酰胺的浓度可以在3%～30%范围内变化。低浓度的凝胶具有较大的孔径,如3%的聚丙烯酰胺凝胶对蛋白质没有明显的阻碍作用,可用于平板等电聚焦或十二烷基硫酸钠(SDS)-聚丙烯酰胺凝胶电泳的浓缩胶,也可以用于分离DNA。高浓度凝胶具有较小的孔径,对蛋白质有分子筛的作用,可以用于根据蛋白质的相对分子质量进行分离的电泳,如10%～20%的凝胶常用于SDS-聚丙烯酰胺凝胶电泳的分离胶。

未加SDS的天然聚丙烯酰胺凝胶电泳可使生物大分子在电泳过程中保持其天然的形状和电荷,而它们的分离依据其电泳迁移率的不同和凝胶的分子筛作用,因而可以得到较高的分辨率;尤其在电泳分离后仍能保持蛋白质和酶等生物大分子的生物活性,这对于生物大分子的鉴定有重要意义。其方法是在凝胶上进行两份相同样品的电泳,电泳后将凝胶切成两半,一半用于活性染色,对某个特定的生物大分子进行鉴定,另一半用于所有样品的染色,以分析样品中各种生物大分子的种类和含量。

聚丙烯酰胺凝胶是一种人工合成的凝胶,具有机械强度高、弹性大、透明、化学稳定性高、无电渗作用、设备简单、样品量小(1～100 μg)、分辨率高等优点,并可通过控制单体浓度或单体与交联剂的比例,聚合成不同孔径大小的凝胶,可用于蛋白质、核酸等分子大小不同的物质的分离、定性和定量分析,还可结合变性剂SDS,测定蛋白质亚基的相对分子质量。

4. 免疫电泳技术

免疫电泳技术是电泳分析与沉淀反应的结合产物。该技术有两大优点,一是加快了沉淀反应的速度,二是将某些蛋白组分利用其带电荷的不同而将其分开,再分别与抗体反应,以此做更细微的分析。免疫电泳是区带电泳与免疫双向扩散的结合。首先,利用区带电泳技术将不同电荷和相对分子质量的蛋白抗原在琼脂内分离开;然后,在与电泳方向平行的两侧开槽,加入抗血清;最后,放置于室温(或37 ℃)使两者扩散,各区带蛋白在相应位置与抗体反应形成弧形沉淀线。根据各蛋白所处的电泳位置,可以精确地将不同的蛋白加以分离鉴别。

5. 毛细管电泳

毛细管电泳(capillary electrophoresis, CE)又称为高效毛细管电泳(HPCE),是近年来发展最快的分析方法之一。1981年Jorgenson和Lukacs首先提出在75 μm内径毛细管柱内用高电压进行分离,创立了现代毛细管电泳技术。1984年Terabe等建立了胶束毛细管电动力学色谱技术。1987年Hjerten建立了毛细管等电聚焦电泳技术,Cohen和Karger提出了毛细管凝胶电泳技术。1988—1989 年出现了第一批毛细管电泳商品仪器。短短几年内，因毛细管电泳符合了以生物工程为代表的生命科学各领域中对多肽、蛋白质（包括酶，抗体）、核苷酸乃至脱氧核糖核酸（DNA）的分离分析要求，得到了迅速的发展。毛细管电泳是经典电泳技术和现代微柱分离相结合的产物。CE 与高效液相色谱法（HPLC）相比，两者的相同处在于都是高效分离技术，仪器操作均可自动化，且均有多种不同分离模式。而两者的差异在于：CE 用迁移时间取代 HPLC 中的保留时间，CE 的分析时间通常不超过 30 min，比 HPLC 速度快；对 CE 而言，从理论上推得其理论塔板高度和溶质的扩散系数成正比，对扩散系数小的生物大分子而言，其柱效就要比 HPLC 高得多；CE 所需样品为 nL 级，最低可达 270 fL，流动相用量也只需几毫升，而 HPLC 所需样品为 μL 级，流动相则需几百毫升乃至更多；但 CE 仅能实现微量制备，而 HPLC 可作常量制备。CE 与普通电泳相比，由于其采用高电场，分离速度要快得多；检测器则除了未能和原子吸收及红外光谱连接以外，其他类型检测器均已和 CE 实现了连接检测；一般电泳定量精度差，而 CE 和 HPLC 相近；CE 操作自动化程度比普通电泳要高得多。总之，CE 的优点可概括为"三高两少"。高灵敏度，常用紫外检测器的检测限可达 $10^{-13} \sim 10^{-15}$ mol，激光诱导荧光检测器则达 $10^{-19} \sim 10^{-21}$ mol。高分辨率，其每米理论塔板数为几十万；高者可达百万乃至千万，而 HPLC 一般为几千到几万。高速度，最快可在 60 s 内完成，在 250 s 内分离 10 种蛋白质，1.7 min 分离 19 种阳离子，3 min 内分离 30 种阴离子。样品少，只需 nL（10^{-9} L）级的进样量。成本低，只需少量（几毫升）流动相和价格低廉的毛细管。由于具备上述优点与分离生物大分子的能力，CE 成为近年来发展最迅速的分离分析方法之一。当然 CE 还是一种正在发展中的技术，有些理论研究和实际应用正在进行与开发中。

CE 现有六种分离模式，分述如下：

（1）毛细管区带电泳（capillary zone electrophoresis，CZE），又称毛细管自由电泳，是 CE 中最基本、应用最普遍的一种模式。前述基本原理即是 CZE 的基本原理。

（2）胶束电动毛细管色谱（micellar electrokinetic capillary chromatography，MECC），是把一些离子型表面活性剂（如十二烷基硫酸钠，SDS）加到缓冲液中，当其浓度超过临界浓度后就形成有疏水内核、外部带负电的胶束。虽然胶束带负电，但在一般情况下电渗流的速度仍大于胶束的迁移速度，故胶束将以较低速度向阴极移动。溶质在水相和胶束相（准固定相）之间产生分配，中性粒子因其本身疏水性不同，在两相中的分配就会有差异；疏水性强的胶束结合紧密，流出时间长，最终按中性粒子疏水性的不同而得以分离。MECC 使 CE 能用于中性物质的分离，拓宽了 CE 的应用范围，是对 CE 极大的贡献。

（3）毛细管凝胶电泳（capillary gel electrophoresis，CGE）是将板上的凝胶移到毛细管中做支持物进行的电泳。凝胶具有多孔性，起类似分子筛的作用，溶质按分子大小逐一分离。凝胶黏度大，能减少溶质的扩散，所得峰形尖锐，能达到 CE 中最高的柱效。常用聚丙烯酰胺在毛细管内交联制成凝胶柱，可分离、测定蛋白质的相对分子质量或 DNA 的碱基数，但其制备麻烦，使用寿命短。如采用黏度低的线性聚合物如甲基纤维素代替聚丙烯酰胺，可形成无凝胶但有筛分作用的无胶筛分（non-gel sieving）介质。它能避免空泡形成，比凝胶柱制备简单,寿命长,但分离能力比凝胶柱略差。CGE 和无胶筛分已发展成第二代 DNA 序列测定仪,在人类基因组织计划中起到重要作用。

（4）毛细管等电聚焦(capillary isoelectric focusing, CIEF) 将普通等电聚焦电泳转移到毛细管内进行。通过管壁涂层可使电渗流减到最小,以防蛋白质吸附及破坏稳定的聚焦区带,再将样品与两性电解质混合进样,两端储瓶分别为酸和碱。在加高压(6~8 kV)3~5 min 后,毛细管内部建立 pH 值梯度,蛋白质在毛细管中向各自等电点聚焦,会形成明显的区带。最后,改变检测器末端储瓶内的 pH 值,使聚焦的蛋白质依次通过检测器而得以确认。

（5）毛细管等速电泳(capillary isotachor-phoresis, CITP) 是一种较早的模式,采用先导电解质和后继电解质,使溶质按其电泳淌度不同而分离,常用于分离离子型物质,现应用不多。

（6）毛细管电色谱(capillary electrochromatography, CEC) 是将 HPLC 中众多的固定相微粒填充到毛细管中,以样品与固定相之间的相互作用为分离机制,以电渗流为流动相驱动力的色谱过程。虽柱效有所下降,但增加了选择性。此方法有发展前景。

毛细管电泳(CE) 除了比其他色谱分离分析方法具有效率更高、速度更快、样品和试剂耗量更少、应用面同样广泛等优点外,其仪器结构也比高效液相色谱(HPLC) 简单。CE 只需高压直流电源、进样装置、毛细管和检测器。前三个部件均易实现,困难之处在于检测器。特别是光学类检测器,由于毛细管电泳溶质区带的超小体积的特性导致光程太短,而且圆柱形毛细管作为光学表面也不够理想,因此对检测器灵敏度要求相当高。当然在 CE 中也有利于检测的因素,如在 HPLC 中,因稀释的原因,溶质到达检测器的浓度一般仅为其进样端原始浓度的 1%。但在 CE 中优化实验条件后,可使溶质区带到达检测器的浓度和其进样端开始分离前的浓度相同。同时,CE 中还可采用堆积等技术,使样品达到柱上浓缩效果,使初始进样体积浓缩为原体积的 1%~10%,这对检测十分有利。因此,从检测灵敏度的角度来说,HPLC 具有良好的浓度灵敏度,而 CE 提供了很好的质量灵敏度。

四、常用凝胶电泳

1. 聚丙烯酰胺凝胶盘状电泳

将丙烯酰胺、甲叉双丙烯酰胺、缓冲液和催化剂等溶液按一定比例加到用琼脂封底的玻璃管中,聚合后得到圆柱胶。柱胶胶面之上加上待分离的样品,接入直流电源电路中,经过一定时间的电泳,样品中各组分在柱胶中得到分离,分布在不同层次上。电泳结束后将胶条剥出,经染色、脱色处理,从胶条侧面可见到一个又一个的组分条带,与多个圆盘叠加在一起相似,故将在柱胶中进行的电泳分离技术称为聚丙烯酰胺凝胶盘状电泳。

在实际操作时,在玻璃管中分两次灌胶。先灌下层的分离胶,待其聚合后再灌上层的浓缩胶,这样制得的凝胶柱实际上是个不连续体系。利用该体系中凝胶孔径的不连续性、缓冲液离子成分的不连续性、pH 值的不连续性及电位梯度的不连续性,先使进入柱胶的样品在浓缩胶中逐渐浓缩,在上下胶层界面上最终被压缩成很薄的样品区带,进入分离胶后再进行组分的分离,形成最终的分离区带。根据分离胶缓冲液 pH 值高低分成 3 种操作系统,分别为碱性系统、酸性系统和中性系统,其中以碱性系统最常用。

在浓缩胶中,除了有电荷效应和分子筛效应外,还存在一种特殊的浓缩效应。该效应是以上多种不连续效应综合作用的结果。这种不连续聚丙烯酰胺凝胶电泳由于兼有电荷效应、浓缩效应和分子筛效应,所以具有很高的分辨率。其分子筛效应主要由凝胶孔径大小决定,而决定凝胶孔径的大小主要是凝胶的浓度。但交联剂对电泳泳动率亦有影响,交联剂质量占总单位质量的比例越大,则电泳泳动率越小。不管交联剂是以何种方式影响电泳时的泳动率,总之它是影响凝胶孔径的一个重要参数。为了使实验的重复性较高,在制备凝胶时,应尽可能使交联剂的浓度、交联剂与丙烯酰胺的比例、催化剂的浓度、聚胶所需时间等影响泳动率的因子保持恒定。

2. 连续密度梯度电泳

如果合成的聚丙烯酰胺凝胶从上至下是一个正的线性梯度凝胶,点在凝胶顶部的样品在电场中向着凝胶浓度逐渐增高的方向(即孔径逐渐减小的方向)迁移。随着电泳的进行,蛋白质受到孔径的阻力越来越大。电泳开始时,样品在凝胶中的迁移速率主要受两个因素的影响:一是样品本身的电荷密度,电荷密度越高,迁移速率越快;二是样品分子质量的大小,分子质量越大,迁移速率越慢。当迁移所受到的阻力达到足以使样品分子完全停止前进时,那些跑得慢的低电荷密度的样品分子将"赶上"与它大小相同但具有较高电荷密度的分子,并停留下来形成区带。因此,在梯度凝胶电泳中,样品的最终迁移位置仅取决于分子自身的大小,而与样品分子的电荷密度无关。样品混合物中分子质量大小不同的组分,电泳后将依据分子质量大小停留在不同的凝胶孔径层次中形成相应的区带。由此看出,在梯度凝胶电泳中,分子筛效应体现得更为突出。由于相对迁移率与分子质量的对数在一定范围内呈线性关系,故可以用来测定蛋白质的分子质量,但仅适合于球状蛋白质,且电泳要有足够高的伏特小时(一般不低于 2 000 伏特小时)。

连续密度梯度电泳具有以下优点:

(1) 可浓缩样品中各个组分。稀释的样品可以分次上样,不会影响最终分离效果。

(2) 可提供更清晰的谱带,适于纯度分析。

(3) 可在一张胶片上同时测定分子质量分布范围相当大的多种蛋白质的分子质量。

(4) 可以测定天然状态蛋白质的分子质量,这对研究寡聚蛋白是相当有用的。

3. SDS-聚丙烯酰胺凝胶电泳

在聚丙烯酰胺凝胶电泳中,蛋白质的迁移率取决于它所带的净电荷的多少、分子的大小和形状。如果用还原剂(如巯基乙醇或二硫苏糖醇等)和十二烷基硫酸钠(缩写 SDS)加热处理蛋白质样品,蛋白质分子中的二硫键将被还原,并且 1 g 蛋白质可定量结合 1.4 g SDS,亚基的构象呈长椭圆棒状。由于与蛋白质结合的 SDS 呈解离状态,使蛋白质亚基带上大量负电荷,其数值大大超过蛋白质原有的电荷密度,掩盖了不同亚基间原有的电荷差异。各种蛋白质-SDS 复合物具有相同的电荷密度,电泳时纯粹靠凝胶的分子筛效应进行分离。电泳迁移率与分子质量的对数呈很好的线性关系。因此,SDS-聚丙烯酰胺凝胶电泳不仅是一种好的蛋白质分离方法,也是一种十分有用的测定蛋白质分子质量的方法。应该注意的是,SDS-聚丙烯酰胺凝胶电泳法测得的是蛋白质亚基的分子质量。对寡聚蛋白来说,为了正确反映其完整的分子结构,还应用连续密度梯度电泳或凝胶过滤等方法,测定天然构象状态下的分子质量及分子中肽链(亚基)的数目。

4. 等电聚焦电泳

聚丙烯酰胺凝胶中加入一种合成的两性电解质载体,在电场作用下会自发形成一个连续的 pH 值梯度。蛋白质样品在电泳中被分离,运动到等电点胶层时就失去所带电荷而稳定停留在该处;样品中不同蛋白质组分等电点不同,因而在等电聚焦电泳中得到有效分离。等电聚焦电泳利用的是各蛋白质组分等电点的差异,并不利用凝胶的分子筛作用。它的分辨力高,可分离等电点相差 0.01～0.02 pH 单位的蛋白质,可用来准确测定蛋白质的等电点,等电点的精确度可达 0.01 pH 单位。

等电聚焦多采用水平平板电泳,也使用管式电泳。由于两性电解质的价格昂贵,使用 1～2 mm 厚的凝胶进行等电聚焦价格较高。使用两条很薄的胶带作为玻璃板间隔,可形成厚度仅 0.15 mm 的薄层凝胶,大大降低成本,所以等电聚焦通常使用这种薄层凝胶。由于等电聚焦过程需要蛋白质根据其电荷性质在电场中自由迁移,通常使用较低浓度(如 4%)的聚丙烯酰胺凝胶以防止分子筛作用,也常使用琼脂糖,尤其是对于相对分子质量很大的蛋白质。制作等电聚焦薄层凝胶时,首先将两性电解质、核黄素与丙烯酰胺储液混合,加入带有间隔胶条的玻璃板上,而后在上面加上另一块玻璃板,形成平板薄层凝胶。经过光照聚合后,先将一块玻璃板撬开移去,再将一小薄片湿滤纸分别置于凝胶两侧,连接凝胶和电极液[阳极为酸性(如磷酸溶液),阴极为碱性(如氢氧化钠溶液)]。接通电源,两性电解质中不同的等电点的物质通过电泳在凝胶中形成 pH 值梯度,从阳极侧到阴极侧 pH 值由低到高呈线性梯度分布。而后关闭电源,上样时取一小块滤纸吸附样品后放置在凝胶上,通电 30 min 后样品通过电泳离开滤纸加入凝胶中,这时可以去掉滤纸。最初样品中蛋白质所带的电荷取决于放置样品处凝胶的 pH 值,等电点在 pH 值以上的蛋白质带正电,在电场的作用下向阴极移动,在迁移过程中,蛋白质所处的凝胶的 pH 值逐渐升高,蛋白质所带的正电逐渐减少,到达 pH 值等于 pI 值处的凝胶区域时蛋白质不带电荷,停止迁移。同样地,等电点在上样处凝胶 pH 值以下的蛋白质带负电,向阳极移动,最终到达 pH 值等于 pI 值处的凝胶区域停止。可见等电聚焦过程无论样品加在凝胶上什么位置,各种蛋白质都能向着其等电点处移动,并最终到达其等电点处,对最后的电泳结果没有影响。因此,有时样品可以在制胶前直接加到凝胶溶液中。使用较高的电压(如 2 000 V,0.5 mm 平板凝胶)可以得到较快速的分离(0.5～1 h),但应注意对凝胶的冷却和使用恒定功率的电源。凝胶结束后对蛋白质进行染色时应注意,由于两性电解质也会被染色,从而使整个凝胶都被染色。因此,等电聚焦的凝胶不能直接染色,要首先经过 10% 的三氯乙酸的浸泡以除去两性电解质后,才能进行染色。

等电聚焦还可以用于测定某个未知蛋白质的等电点,将一系列已知等电点的标准蛋白(通常 pI 值在 3.5～10 范围内)及待测蛋白同时进行等电聚焦。测定各个标准蛋白电泳区带到凝胶某一侧边缘的距离对各自的 pI 值绘图,即得到标准曲线。而后测定待测蛋白的距离,通过标准曲线即可求出其等电点。

等电聚焦具有很高的灵敏度,特别适合于研究蛋白质微观不均一性,例如一种蛋白质在 SDS-聚丙烯酰胺凝胶电泳中表现单一带,而在等电聚焦中表现三条带。这可能是由于蛋白质存在单磷酸化、双磷酸化和三磷酸化形式。由于几个磷酸基团不会对蛋白质的相对分子质量产生明显的影响,因此在 SDS-聚丙烯酰胺凝胶电泳中表现单一带,但因为它们所带的电荷有差异,所以在等电聚焦中可被分离检测到。同工酶之间可能只有一个或两个氨基酸的差别,利用等电聚焦也可以得到较好的分离效果。因为等电聚焦过程中蛋白质通常是处于天然状态的,所以可通过前面介绍的活性染色的方法对酶进行检测。等电聚焦主要用于分离分析,但也可以用于纯化制备。虽然成本较高,但操作简单、纯化效率很高。

5. 双向凝胶电泳

双向聚丙烯酰胺凝胶电泳技术结合了等电聚焦技术(根据蛋白质等电点进行分离),以及 SDS-聚丙烯酰胺凝胶电泳技术(根据蛋白质的大小进行分离)。由于蛋白质的等电点和相对分子质量之间不存在必然的联系,因此经过双向凝胶电泳可将数千种蛋白质分开,双向凝胶电泳显示出极高的分辨力。

这两项技术结合形成的二维电泳是分离分析蛋白质最有效的一种电泳手段。

通常第一维电泳是等电聚焦,在细管中($\phi1\sim3$ mm)中加入含有两性电解质、8 mol/L 的脲和非离子型去污剂的聚丙烯酰胺凝胶进行等电聚焦,变性的蛋白质根据其等电点的不同进行分离。而后,将凝胶从管中取出,用含有 SDS 的缓冲液处理 30 min,使 SDS 与蛋白质充分结合。将处理过的凝胶条放在 SDS-聚丙烯酰胺凝胶电泳浓缩胶上,加入丙烯酰胺溶液或熔化的琼脂糖溶液,使其固定并与浓缩胶连接。在第二维电泳过程中,结合 SDS 的蛋白质从等电聚焦凝胶中进入 SDS-聚丙烯酰胺凝胶,在浓缩胶中被浓缩,在分离胶中依据其相对分子质量大小被分离。这样,各个蛋白质根据等电点和相对分子质量的不同而被分离,进而分布在二维图谱上。细胞提取液的二维电泳可以分辨出 1 000～2 000 个蛋白质,有些报道可以分辨出 5 000～10 000 个斑点,这与细胞中可能存在的蛋白质数量接近。因二维电泳具有很高的分辨率,它可以直接从细胞提取液中检测某个蛋白。例如,将某个蛋白质的 mRNA 转入到青蛙的卵母细胞中,通过对转入和未转入细胞的提取液的二维电泳图谱的比较,转入 mRNA 的细胞提取液的二维电泳图谱中应存在一个特殊的蛋白质斑点,这样就可以直接检测 mRNA 的翻译结果。进行二维电泳是一项很需要技术且很辛苦的工作。目前,已有一些计算机控制的系统可以直接记录并比较复杂的二维电泳图谱。

五、电泳中蛋白质的检测、鉴定与回收

检测蛋白质最常用的染色剂是考马斯亮蓝 R-250(CBB, Coomassie brilliant blue),通常甲醇、水、冰醋酸的体积比为 45∶45∶10,配制 0.1% 或 0.25%(w/v,指质量与体积之比)的考马斯亮蓝溶液作为染色液。这种酸-甲醇溶液使蛋白质变性被固定在凝胶中,防止蛋白质在染色过程中在凝胶内扩散,通常染色需 2 h。脱色液是同样的酸-甲醇混合物,但不含染

色剂,脱色通常需过夜摇晃进行。考马斯亮蓝染色具有很高的灵敏度,在聚丙烯酰胺凝胶中可以检测到 $0.1~\mu g$ 的蛋白质形成的染色带。考马斯亮蓝与某些纸介质结合得非常紧密,所以不能用于染色滤纸、醋酸纤维素薄膜和蛋白质印迹(在硝化纤维素纸上)。在这种情况下通常是用 10% 的三氯乙酸浸泡使蛋白质变性,而后使用不对介质有强烈染色的染料(如溴酚蓝、氨基黑等)对蛋白质进行染色。

银染是比考马斯亮蓝染色更灵敏的一种方法,它是通过银离子(Ag^+)在蛋白质上被还原成金属银形成黑色来指示蛋白区带的。银染可以直接进行也可以在考马斯亮蓝染色后进行,这样凝胶主要的蛋白带可以通过考马斯亮蓝染色分辨,而细小的考马斯亮蓝染色检测不到的蛋白带由银染检测。银染的灵敏度比考马斯亮蓝染色高 100 倍,可检测低于 1 ng 的蛋白质。

糖蛋白通常使用过碘酸- Schiff 试剂(PAS)染色,但 PAS 染色不十分灵敏,染色后通常形成较浅的红-粉红带,难以在凝胶中观察。目前,更灵敏的方法是将凝胶印迹后用凝集素检测糖蛋白。凝集素是从植物中提取的一类糖蛋白,它们能识别并选择性地结合特殊的糖,不同的凝集素可以结合不同的糖。将凝胶印迹用凝集素处理,用连接辣根过氧化物酶的抗凝集素抗体处理,再加入过氧化物酶的底物,通过生成有颜色的产物就可以检测到凝集素结合情况。这样凝胶印迹用不同的凝集素检测不仅可以确定糖蛋白,而且可以得到糖蛋白中糖基的信息。

通过扫描光密度仪对染色的凝胶进行扫描可以进行定量分析,确定样品中不同蛋白质的相对含量。扫描仪测定凝胶上不同迁移距离的吸光度,确定各个染色的蛋白带形成对应的峰,峰面积的大小可以代表蛋白质含量的多少。另一种简单的方法是将染色的蛋白带切下来,在一定体积的 50% 吡啶溶液中摇晃过夜溶解染料,之后通过分光光度计测定吸光度就可估算蛋白质的含量。但应注意,蛋白质只有在一定的浓度范围内其含量才与吸光度呈线性关系,另外,不同的蛋白质即使在含量相同的情况下染色程度也可能有所不同;因此,上面的方法对蛋白质含量的测定只能是一种半定量的结果。

尽管凝胶电泳通常是作为一种分析工具使用,它也可以用于蛋白质的纯化制备。但电泳后需将蛋白质从凝胶中回收,通常是将所需的蛋白质区带部分的凝胶切下,通过电泳的方法将蛋白质从凝胶中洗脱下来(称为电洗脱)。目前,有各种商品电洗脱装置。最简单的方法是将切下的凝胶装入透析袋内加入缓冲液浸泡,再将透析袋浸入缓冲液中进行电泳,蛋白质就会向某个电极方向迁移而离开凝胶进入透析袋内的缓冲液。因为蛋白质不能通过透析袋,所以电泳后蛋白质就留在透析袋的缓冲液中。电洗脱后可接入一个反向电流,持续几秒,使吸附在透析袋上的蛋白质进入缓冲液,这样就可以将凝胶中的蛋白质回收。

六、蛋白质印迹

印迹(blotting)法是指将样品转移到固相载体上,而后利用相应的探测反应来检测样品的一种方法。1975 年,Southern 建立了将 DNA 转移到硝酸纤维素膜(NC 膜)上,并利用

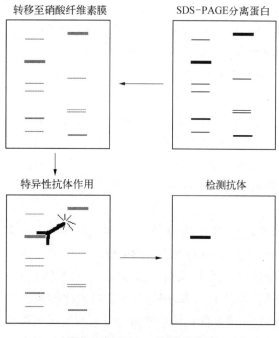

转移至硝酸纤维素膜　　　　SDS-PAGE分离蛋白

特异性抗体作用　　　　　　检测抗体

图 2 - 10　Western 印迹示意图

DNA - RNA 杂交检测特定的 DNA 片段的方法,称为 Southern 印迹法。而后人们用类似的方法,对 RNA 和蛋白质进行印迹分析,对 RNA 的印迹分析称为 Northern 印迹法,对单向电泳后的蛋白质分子的印迹分析称为 Western 印迹法(图 2 - 10),对双向电泳后蛋白质分子的印迹分析称为 Eastern 印迹法。

蛋白质印迹法首先是要将电泳后分离的蛋白质从凝胶中转移到硝酸纤维素膜上,通常有两种方法:毛细管印迹法和电泳印迹法。毛细管印迹法是将凝胶放在缓冲液浸湿的滤纸上,在凝胶上放一片硝酸纤维素膜,再在上面放一层滤纸等吸水物质并用重物压好,缓冲液就会通过毛细作用流过凝胶。缓冲液通过凝胶时会将蛋白质带到硝酸纤维素膜上,硝酸纤维素膜可以与蛋白质通过疏水相互作用产生不可逆的结合。这个过程持续过夜,就可以将凝胶中的蛋白质转移到硝酸纤维素膜上。但这种方法转移的效率较低,通常只能转移凝胶中一小部分(10%～20%)蛋白质。电泳印迹可以更快速有效地进行转移。这种方法是用有孔的塑料和有机玻璃板将凝胶和硝酸纤维素膜夹成"三明治"形状,而后浸入两个平行电极中间的缓冲液中进行电泳,选择适当的电泳方向就可以使蛋白质离开凝胶结合在硝酸纤维素膜上。

转移后的硝酸纤维素膜就称为一个印迹(blot),用于对蛋白质的进一步检测。印迹首先用蛋白溶液[如 10% 的 BSA(牛血清白蛋白)]处理以封闭硝酸纤维素膜上剩余的疏水结合位点,而后用所要研究的蛋白质的抗血清(一抗)处理,印迹中只有待研究的蛋白质与一抗结合,而其他蛋白质不与一抗结合,这样清洗去除未结合的一抗后,印迹中只有待研究的蛋白质的位置上结合着一抗。处理过的印迹进一步用适当标记的二抗处理,二抗是指一抗的抗体,如一抗是从鼠中获得的,则二抗是抗鼠 IgG 的抗体。处理后,带有标记的二抗与一抗结合,可指示一抗的位置,即是待研究的蛋白质的位置。目前,有结合各种标记物的抗特定 IgG 的抗体可以直接购买,以作为标记的二抗。最常用的一种是酶连的二抗,印迹用酶连二抗处理后,再用适当的底物溶液处理,当酶纯化底物生成有颜色的产物时,就会产生可见的区带,指示所要研究的蛋白质的位置。在酶连抗体中使用的酶通常是碱性磷酸酶或辣根过氧化物酶。碱性磷酸酶可以将无色的底物 5 -溴- 4 -氯吲哚磷酸盐(BCIP)转化为蓝色的产物;而辣根过氧化物酶可以以 H_2O_2 为底物,将 3 -氨基- 9 -乙基咔唑氧化成褐色产物或将 4 -氯萘酚氧化成蓝色产物。另一种检测辣根过氧化物酶的方法是用增强化学发光法,辣根过氧化物酶在 H_2O_2 存在的情况下,氧化化学发光物质鲁米诺(luminol,氨基苯二酰一肼)并发光,在化学增强剂存在的情况下光强度可以增大1 000倍,通过将印迹放在照相底片上感光就可以检测辣根过氧化物酶的存在。除了酶连二抗作为指示剂,也可以使用其他指示剂,主要包括以下一些方面。

I125标记的二抗:可以通过放射性自显影检测。

荧光素异硫氰酸盐标记的二抗:可以通过在紫外灯下产生荧光来检测。

I125标记金黄色葡萄球菌蛋白A(Protein A):Protein A可以与IgG的Fc区特异性地结合,因此Protein A可以代替二抗(I125标记的Protein A通过放射性自显影检测)。

金标记的二抗:二抗通过微小的金颗粒包裹,与一抗结合时可以表现红色。

生物素结合的二抗:印迹用生物素结合的二抗处理后,再用碱性磷酸酶或辣根过氧化物酶标记的凝集素处理。生物素可以与凝集素紧密结合,这种方法实际上相当于通过生物素与凝集素的紧密结合将二抗与酶连接,通过酶的显色反应就可以进行检测。这种方法的优点是由于生物素是一个小分子蛋白,一个抗体上可以结合多个生物素,也就可以结合多个酶连接的凝集素,可以大大增强显色反应的信号。

除了使用抗体或蛋白作为检测特定蛋白的探针以外,有时也使用其他探针(如放射性标记的DNA)检测印迹中的DNA结合蛋白。

第六节 免疫化学技术

一、免疫化学技术简介

现代免疫化学是研究抗原与抗体的组成、结构,以及抗原和抗体反应的机制。此外,还研究体内其他免疫活性物质,如补体分子的组成、结构和功能。目前,免疫化学已应用于免疫性疾病发病机制的基础研究和临床检测等。

随着免疫化学、细胞生物学和分子生物学的发展,免疫学实验技术也迅猛发展,并已成为当今生命科学研究的重要手段,尤其是在医学基础研究和临床实践中得到广泛应用。

免疫学检测方法可分为体液免疫测定及细胞免疫测定。前者主要是根据抗原与相应抗体能在体外发生特异性结合,并在一些辅助因子的参与下出现沉淀、凝集和溶解等反应,从而采用已知抗原检测未知抗体,或用已知抗体检测未知抗原。此外,尚包括检测体液中各种可溶性免疫分子,诸如补体、各类免疫球蛋白、循环免疫复合物、溶菌酶和各种细胞因子等。细胞免疫测定则是根据各种免疫细胞(T细胞、B细胞、K细胞、NK细胞和巨噬细胞等)表面所具有的独特标志及其各自的特殊功能,在体外(有时亦可在体内)测定上述各种细胞及其亚群的数量和功能,以帮助了解机体的细胞免疫水平。

二、免疫化学基本原理

1. 抗原的免疫原性和专一性

(1)抗原与免疫原:抗原(antigen, Ag)是一类能刺激机体免疫系统使之产生特异性免疫应答,并能与相应免疫应答产物(即抗体和致敏淋巴细胞)在体内或体外发生特异性结合的物质,也称为免疫原(immunogen)。前一种性能称为免疫原性(immunogenicity)或抗原性(antigenicity),后一种性能称为反应原性(reactogenicity)或免疫反应性(immunoreactivity)。

(2) 抗原的分类:根据抗原物质所具备的性能,可分为完全抗原(complete antigen)和半抗原(hapten)两类。同时,具有免疫原性和免疫反应性的抗原称为完全抗原,如细菌、病毒和异种动物血清等。仅具有与相应抗原或致敏淋巴细胞结合的免疫反应性,而无免疫原性的物质称为半抗原,如大多数的多糖、类脂及一些简单的化学物质,它们本身不具免疫原性,但当与蛋白质大分子结合后形成复合物,便获得了免疫原性,这种与半抗原结合并赋予它免疫原性的蛋白质大分子称为载体(carrier)。根据抗原的来源不同,可分为外源性抗原与内源性抗原。外源性抗原是从外界引入体内而刺激机体发生免疫应答的。内源性抗原是指体内的自身成分,如机体的组织或细胞因理化因素作用或病毒感染使这些成分发生改变或被修饰,成为一种自身抗原或称新生抗原,使机体发生免疫反应。而根据抗原的化学组成可分成蛋白质、糖类、脂类和核酸等抗原。

(3) 异物性:免疫活性细胞在正常情况下具有高度精确的识别能力,能识别"自己"和"非己",将非己物质加以排斥。免疫应答就其本质来说,就是识别异物和排斥异物的应答,故激发免疫应答的抗原一般需要是异物,具有异物性的物质可分为以下几种。① 异种物质:马血清、异种蛋白质和各种微生物及其代谢产物,对人来说是异种物质,均为良好抗原。② 同种异体物质:高等动物同种不同个体之间,由于遗传基因不同,其组织成分的化学结构也有差异。因此,同种异体物质也可以是抗原物质。例如,人类红细胞 A、B、O 血型物质和人类白细胞抗原(human leukocyte antigen,HLA),即属此类。③ 自身抗原:自身组织成分通常无抗原性,但在某些异常情况下,自身成分也可成为抗原物质。

抗原一般为大分子物质,其相对分子质量在 10 kDa 以上。在一定范围内,相对分子质量越大,其抗原性越强。相对分子质量在 5 kDa 以下的肽类,一般无抗原性,相对分子质量为 5~10 kDa 的肽类为弱抗原。抗原须是大分子物质的原因如下:① 相对分子质量越大,表面的抗原决定簇越多,而淋巴细胞要求受到一定数量的抗原决定簇的刺激才能活化;② 大分子胶体物质的化学结构稳定,不易被破坏和清除,在体内停留时间较长,能持续刺激淋巴细胞。

具备上述性状的物质须经非消化道途径进入机体(包括注射、吸入、混入伤口等),并接触免疫活性细胞,才能成为良好抗原。

(4) 抗原决定簇(antigenic determinant,AD):这是存在于抗原表面的特殊基团,又称表位(epitope)。抗原通过抗原决定簇与相应淋巴细胞表面抗原受体结合,从而激活淋巴细胞,引起免疫应答,抗原也借此与相应抗体或致敏淋巴细胞发生特异性结合。因此,抗原决定簇是被免疫细胞识别的靶结构,也是免疫反应具有特异性的物质基础。一个抗原分子可具有一种或多种不同的抗原决定簇,每种决定簇只有一种抗原特异性。抗原决定簇的大小相当于相应抗体的抗原结合部位。一般蛋白质的决定簇由 5~6 个氨基酸残基组成,一个多糖决定簇由 5~7 个葡萄糖残基组成,一个核酸半抗原的决定簇包含 6~8 个核苷酸。

抗原结合价(antigenic valence)指能与抗体分子结合的决定簇的总数,包括抗原表面功能价及其内部非功能价。

2. 抗体的结构与功能

抗体是机体受抗原刺激后,由淋巴细胞特别是浆细胞合成的一类能与相应抗原发生特异性结合的球蛋白,因其具有免疫活性故又称作免疫球蛋白(immunoglobulin)。在免疫应答过程中,抗体主要由分化的 B 淋巴细胞产生,但有时也需要其他类型的细胞,如 T 淋巴细胞和巨噬细胞的协同作用。抗体主要分布在体内血清中或外分泌液中,对体液免疫应答起主要作用。目前,已发现的人免疫球蛋白有五类,分别为 IgG、IgA、IgM、IgD 和 IgE。免疫球蛋白最显著的特点是与抗原特异性结合以及其分子的不均一性。

各种不同类别的免疫球蛋白分子都含有 4 条多肽链组成的基本结构单位,即由 2 条重链(heavy chain,H 链)和 2 条轻链(light chain,L 链)并通过不同数目的二硫键结成 Y 形。在抗体分子的 N 端,不同抗体分子的氨基酸组成和顺序都不同,此区为"多变区"(variable region,V 区),它是抗体分子与抗原决定簇的结合部位。由于抗体多变区这一结构特点,决定了它对抗原分子"识别功能"的多样性。不同抗体分子的 C 端结构基本恒定,称为"稳定区"(constant region,C 区)。当抗原与抗体结合时,抗体分子发生变构效应和集聚作用,使稳定区的某些部位暴露出来,并立即发生一系列免疫生理效应,如固定补体,促进对抗原分子的吞噬、溶解和清除作用。

3. 抗原与抗体的结合

抗原与抗体在体外结合时,可因抗原的物理性状不同或参与反应的成分不同而出现各种反应。例如,凝集、沉淀、补体结合及中和反应等。在此基础上进行改进,又衍生出许多快速而灵敏的抗原抗体反应。例如,从凝集反应衍生出间接凝集、反向间接凝集、凝集抑制试验和协同凝集试验等;从沉淀反应结合电泳,衍生出免疫电泳、对流免疫电泳和火箭电泳等。此外,还有各种免疫标记技术,如免疫荧光、酶免疫测定、放射免疫、免疫电镜和发光免疫测定等。

抗原抗体结合具有高度特异性,即一种抗原分子只能与由它刺激所产生的抗体结合而发生反应。抗原的特异性取决于抗原决定簇的数目、性质和空间构型,而抗体的特异性则取决于抗体 Ig Fab 段的可变区与相应抗原决定簇的结合能力。抗原与抗体不是通过共价键,而是通过很弱的短矩引力而结合,如范德瓦耳斯力(van der Waals attraction force)、静电引力(electrostatic force)、氢键(hydrogen bond)和疏水性作用(hydrophobic effect)等。

疏水性结合或疏水作用在各种抗原抗体相互反应中十分重要。抗原和抗体分子上的疏水决定簇在水中不形成氢键,因而彼此间倾向于相互吸引,而不与水发生作用,故称之为疏水性作用。疏水性作用虽不是引力,但它有助于抗原与抗体结合。例如含有苯基的抗原决定簇倾向于被其他非极性基团围绕,因此该抗原决定簇从水环境中移动进入抗体分子的 Fab 段的裂缝中,与抗体结合。这说明结合的高能量归因于苯基的疏水性作用。

当 pH 值和离子强度在生理条件下时,上述这些引力通常是最大的。而当 pH 值低于

3～4 或高于 10.5 时,这些引力非常弱,以致抗原抗体复合物易解离。

抗原与抗体结合有高度特异性,这种结合虽相当稳定,但属于可逆反应。因抗原与抗体两者间为非共价键结合,犹如酶和底物的结合一样,两种分子间并不形成稳定的共价键,因此在一定条件下会解离。

抗原与抗体的结合在一定浓度范围内,只有当两者分子比例合适时,才出现可见反应。以沉淀反应为例,分子比例合适,沉淀物产生得既快又多,体积大。分子比例不合适时,沉淀物产生得少,体积小,或不产生沉淀物。对参与沉淀反应的抗原-抗体系统可进行定量测定,即将抗体置于一系列的试管中,加入不同量的相应纯抗原,混合后,观察所发生的反应,对沉淀物可进行精确定量。若抗体量固定不变,抗原量逐渐增加,可观察沉淀反应(图 2-11)中抗原、抗体分子的比例关系。由图 2-12 可见有抗原抗体相互作用的 3 个区带。① 抗体过剩区(antibody excess zone):加入抗原量少,则沉淀物少,上清液中有游离的抗体(free antibody);② 平衡区(equivalence zone):抗原量逐渐增加,沉淀物也逐渐增多,直到抗原、抗体比例最佳时,则出现连续而稳定的抗原-抗体晶格(lattice)沉淀,此时沉淀物中抗原抗体复合物量最多,上清液中测不到游离的抗原(free antigen)或抗体,此为平衡区或等价带;③ 抗原过剩区(antigen excess zone):抗原量继续增加,所有抗体均与抗原结合,此时上清液中可测出游离的抗原,在此区带中,由于抗原过剩,则形成可溶性抗原抗体复合物,因而沉淀反应部分或完全被抑制。

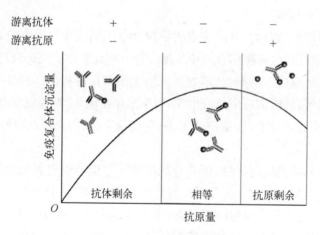

图 2-11 免疫沉淀反应

抗体与抗原的结合是否出现可见反应,则与抗原抗体的胶体特性及极性基吸附作用有关。抗体球蛋白和抗原(大多为蛋白质、也有为多糖、类脂和其他化合物)在溶液中均属于胶体物质,带有电荷。胶体粒子又有许多强极性基团(如蛋白质的羧基、氨基和肽链等),它们与水具有很强的亲和力,会在粒子外周构成水层,称为亲水胶体。而不带水层的胶体粒子,则称为疏水胶体。胶体粒子的稳定性依赖于所带的水层及电荷,其中亲水胶体的稳定性较高。抗体和大多数抗原均属于亲水胶体。

抗原抗体反应一般分两个阶段。第一阶段为抗原和抗体的特异性结合,此阶段需时很短,仅几秒到几分钟,但无可见现象出现。第二阶段为可见反应阶段,表现为凝集、沉淀和细胞溶解等,此阶段较长,历时数分钟、数小时,甚至数天,并且受多种因素的影响。

抗原与抗体一般为蛋白质,它们在溶液中都具有胶体性质,当溶液的 pH 值大于它们的等电点时,例如,在中性和弱碱性的水溶液中,它们大多表现为亲水性且带一定量的负电荷。特异性抗原和抗体有相对应的极性基,抗原和抗体的特异性结合,也就是这些极性基的相互吸附。抗原和抗体结合后就由亲水性变为疏水性,此时易受电解质影响。如有适当浓度的电解质存在,就会使它们失去一部分负电荷而相互凝聚,于是出现明显的凝聚或沉淀现象。若无电解质存在,则不发生可见反应。

抗原抗体反应,特别是第二阶段受温度的影响很大。在较高温度中,由于抗原抗体复合物碰撞概率增大,复合物体积继续增大的情况也多,故反应现象加速出现。但温度过高(56 ℃以上)时,则抗原或抗体将变性或被破坏。一般反应容器常置于 37 ℃的恒温水浴锅中,使反应迅速发生。

合适的 pH 值是抗原抗体反应必要的条件之一。pH 值过高或过低将直接影响抗原和抗体的理化性质。

三、免疫化学技术

1. 双向免疫扩散及免疫电泳

将可溶性抗原(如新生小牛血清)与相应抗体(如兔抗新生小牛血清的抗体)混合,当两者比例合适并有电解质(如氯化钠、磷酸盐等)存在时,即有抗原-抗体复合物的沉淀出现,此为沉淀反应(precipitin reaction)。如以琼脂凝胶为支持介质,则在凝胶中出现可见的沉淀线、沉淀弧或沉淀峰。根据沉淀是否出现及沉淀量的多或少,可定性、定量地检测出样品中抗原或抗体的存在及含量。免疫学的一些测定方法即基于此特性。

双向扩散法(double diffusion)最早由 Ouchterlony 创立,故又称 Ouchterlony 法。此法是利用琼脂凝胶为介质的一种沉淀反应。琼脂凝胶是多孔的网状结构,大分子物质可自由通过;这种分子的扩散作用使位于两处的抗原和相应抗体相遇,形成抗原-抗体复合物,比例合适时出现沉淀。由于凝胶透明度高,可直接观察到复合物的沉淀线(弧)。沉淀线(弧)的特征与位置取决于抗原相对分子质量的大小、分子结构、扩散系数和浓度等因素。当抗原、抗体存在多种系统时,会出现多条沉淀线(弧)。依据沉淀线(弧)可以定性抗原(图 2-12)。此法操作简便、灵敏度高,是最为常用的免疫学测定抗原和测定抗血清效价的方法。

免疫电泳(immunoelectrophoresis)法是在凝胶介质中将电泳法与扩散法相结合的一种免疫化学方法,用以研究抗原和抗体。免疫电泳是使血清在琼脂或琼脂糖中进行的电泳。在一定电场强度下,由于血清中各种免疫球蛋白的分子大小及荷电状态和荷电量均有差异,因而它们的泳动速率也各不相同,加上电泳过程中电渗作用的影响,使各自组分得到分离(图 2-13)。

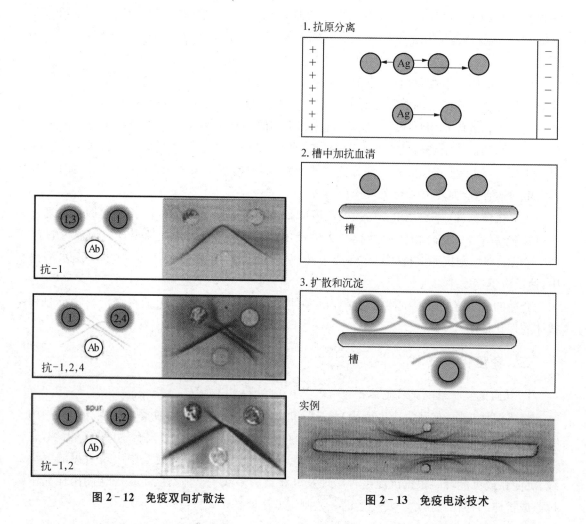

图 2-12　免疫双向扩散法

图 2-13　免疫电泳技术

在一定电场强度下,抗原与相应抗体在琼脂介质中加速扩散相遇而形成复合物沉淀,这种检测方法称作电免疫扩散(electroimmunodiffusion)法。由于操作方法不同,电免疫扩散法可分为对流免疫电泳(countercurrent immunoelectrophoresis)(图 2-14)、交叉免疫电泳(crossed immunoelectrophoresis)和火箭免疫电泳(rocket immunoelectrophoresis)(图 2-15)。

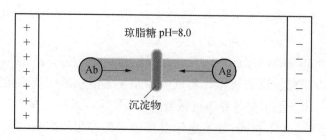

图 2-14　对流免疫扩散示意图

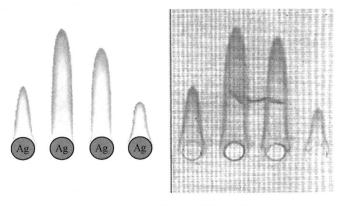

图 2‒15　火箭免疫扩散示意图

2. 酶联免疫吸附法

酶免疫测定（enzyme immunoassay，EIA）或免疫酶技术（immunoenzymatic technique）是指用酶标记抗体或酶标记抗原进行的抗原抗体反应。它采用抗原与抗体的特异反应与酶连接，然后通过酶与底物产生颜色反应，用于定量测定。目前常用的方法称为酶联免疫吸附测定（enzyme-linked immunosorbent assay，ELISA）法，其方法简单，方便迅速，特异性强。ELISA 是由抗原（抗体）先结合在固相载体上，但仍保留其免疫活性，然后加一种抗体（抗原）与酶结合成的耦联物（标记物），此耦联物仍保留其原免疫活性与酶活性。当耦联物与固相载体上的抗原（抗体）反应后，再加上酶的相应底物，即起催化水解或氧化还原反应而呈颜色，其所生成的颜色深浅与待测的抗原（抗体）含量成正比。

酶免疫测定技术还包括生物素‒亲和素系统（biotin-avidin system，BAS），均相酶免疫分析技术（homogeneous enzyme immunoassay，HEI）等。

免疫标记技术中还有免疫荧光技术（immunofluorescence technique），放射免疫测定（radioimmunoassay，RIA）和发光免疫测定（luminescent immunoassay，LIA）等。

此外，免疫印迹（immunoblotting）或免疫转印（Western blot）技术已广泛应用于分子生物学和医学领域，成为免疫学、微生物学及其他生命科学常用的一种重要研究方法。实际上它是由十二烷基磺酸钠‒聚丙烯酰胺凝胶电泳（SDS-PAGE），蛋白质转印和固相免疫测定三项技术结合而成。其基本原理是蛋白质样品经过 SDS-PAGE 分离后，通过转移电泳或直接印渍方式原位转印至固相介质上，并保持其原有的物质类型和生物学活性不变，然后应用抗原抗体反应进行特异性检测。由于此技术具有 SDS-PAGE 的高分辨力和固相免疫测定的高度特异性和敏感性，方法简便，标本可长期保存，便于比较。

第七节　基因工程技术

一、基因工程简介和基本原理

基因工程是现代生物学研究的重要手段，它是综合运用多项现代生物技术，实现 DNA

分子人工定向改造的一种技术方法。主要原理是在体外将目的 DNA 分子利用各种 DNA 修饰酶(主要是 DNA 限制性核酸内切酶和 DNA 连接酶)进行修饰改造后,重新生成具有新的性状的重组 DNA 分子。基因工程除了可以构建各种重组质粒外,还可以对基因组 DNA 进行改造,在基因组的特定位点删除、替换和插入外源基因序列,构建各种基因工程菌。

基因工程技术涉及以下步骤:

(1) 从生物体的基因组中分离目的 DNA 序列(基因)。通常包括基因组 DNA 纯化技术,酶促消化或机械切割,以获得游离目的 DNA 序列,也可利用聚合酶链式反应(PCR)扩增 DNA。

(2) 构建人工的重组 DNA 分子(有时称为 rDNA),即将目的基因插入一个能在宿主细胞中复制的 DNA 分子,即克隆载体。对细菌细胞来说,合适的克隆载体有质粒和噬菌体。

(3) 将重组 DNA 分子转到合适的宿主中,如大肠杆菌。通常转入原核宿主中常称为转化,导入高等真核细胞称为转染。

(4) 利用细胞培养技术,培养筛选含阳性转化子的细胞。一个转化的宿主细胞能生长并产生遗传上相同的克隆细胞,每个细胞都携带着转化的目的基因,此技术就是常指的"基因克隆"或"分子克隆"。

二、质粒 DNA 的提取和纯化

从细菌中分离纯化质粒 DNA 的主要步骤如下:

(1) 细胞壁的消化,将细菌在裂解液中温育去除细胞壁中的肽聚糖。注意,革兰氏阳性菌对溶菌酶相对不敏感,需要采用额外的处理以使酶到达细胞壁层,例如可采用渗透压休克或保温在螯合剂(如 EDTA)中。EDTA 也能使一些细菌的脱氧核糖核酸酶失活,以防止在提取过程中,质粒 DNA 降解。

(2) 利用强碱(如 NaOH)和其他试剂,如十二烷基磺酸钠溶解细胞膜并使蛋白质部分变性,再中和此溶液使不溶性染色体 DNA 沉淀,而质粒 DNA 存在于溶液中。

(3) 移去其他的大分子物质,特别是 RNA 和蛋白质,这可利用核糖核酸酶和蛋白酶进行酶促消化。另一些化学纯化步骤可增加质粒 DNA 的纯度,例如:可将提取物与水饱和酚或酚/氯仿混合物混合,以除去蛋白质,再次离心,DNA 留在上面的水层,蛋白质则处于水相和下面的有机溶剂相之间,重复酚/氯仿提纯的循环,可使样品中大分子蛋白的含量降到最低;还可通过等密度的 CsCl 梯度离心法得到纯化的 DNA。

(4) 利用体积分数为 70%左右的乙醇沉淀 DNA,再离心,可得到 DNA 沉淀;之后用体积分数为 70%的乙醇洗涤,其中的水将除去先前阶段的盐污染。经过提纯的 DNA,可冷冻保存备用,或重新溶解在缓冲液中。

三、琼脂糖凝胶电泳分离 DNA

DNA 分子带负电,从琼脂糖凝胶的负极向正极泳动,速度依赖于其相对分子质量——相对分子质量小且紧密的 DNA 分子比相对分子质量大且松弛伸展的片段更容易穿过琼脂糖介质(图 2 - 16)。依据所要分离的 DNA 分子的大小来选择琼脂糖的浓度,例如,0.3%(质量体积比)琼脂糖凝胶用于较大片段 DNA 分子的电泳(>20 kb),而 2.0%琼脂糖凝胶则适用于较小的 DNA 分子的电泳(<500 bp)。要注意以下几点:

(1) 用移液器将样品加至点样孔。每孔点样的体积一般少于 25 μL,因此吸取每一个样品时,操作要稳当且细心。

(2) 常加一定量的蔗糖或甘油来增加样品的浓度,以使每个样品停留在各自的点样孔中。

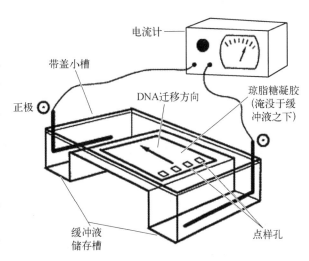

图 2 - 16　DNA 的琼脂糖凝胶电泳

(3) 在样品中加入水溶性的阴离子追踪染料(如溴酚蓝),用以观测样品移动的距离。

(4) 在一个或几个孔中加入标准相对分子质量样品,电泳结束后,根据已知相对分子质量的带的相应位置可做出标准曲线。

(5) 电泳一般是在追踪染料泳动到胶的 80%部位时停止。注意电泳期间,电泳槽盖要安全盖好,以防止液体蒸发,同时降低电击的可能性。

(6) 电泳结束后,将胶浸没在 1 mg/L 的溴化乙啶(EB)中,5 min 后即可看到 DNA 带,EB 通过插入在双螺旋的配对核苷酸之间与 NDA 结合。另一种方法是电泳时在胶中加入 EB。

(7) 在紫外灯下,因为 EB 发出强烈的橘红色的荧光,所以可看到 DNA 带。利用这种方法检测的界限是每条带约 10 ng DNA。戴上塑料安全眼镜,可防止紫外光对眼睛的伤害。可用尺子来测量每条带至点样孔的距离。同样,可利用特制的照相机和调焦器也可对凝胶拍照。

(8) 如果要对某一条带(如质粒)进一步分析,可用小刀将含该带的凝胶切割下来,从凝胶中回收 DNA。

四、Southern 印迹法鉴定特定 DNA

利用经典的琼脂糖凝胶电泳分离 DNA 片段后,可使 DNA 变性,通过 Southern 印迹法(根据 E.M.Southern 命名)转移到滤膜上。此过程的主要步骤如下:

(1) 将胶浸在碱性环境下,使双链 DNA 变性为单链 DNA。

(2) 将一片含氮纤维素膜直接放在凝胶上,然后放几层吸水纸。当缓冲液通过毛细作用进入吸水纸时,DNA 即被转移到滤膜上。

(3) 通过同放射性标记的互补单链 DNA 探针温育,特定 DNA 序列的某些片段能与探针杂交,通过放射自显影技术即可鉴定 DNA。

五、利用聚合酶链式反应(PCR)扩增 DNA

PCR 一般包括变性、退火和延伸三个阶段,按以下步骤进行说明。

(1) DNA 变性:加热 DNA(如 94 ℃,30′),将两条链分开。

(2) 引物退火:加入寡聚核苷酸引物,它们与目的 DNA 片段的一部分互补,并且当温度降低(如 55 ℃,30′)时可以在特定位置上与目的片段杂交(退火)。

(3) 引物延伸:借助一种耐热的 DNA 聚合酶(如 Taq 酶,来源于耐热细菌 Thermus aquation)延伸引物。在这一过程中(如 72 ℃,1 min)每一条初始链上可以产生一条与之互补的链,使目的片段倍增。

(4) 重复 DNA 链的分离、退火和引物的延伸这一循环,会使所需要的 DNA 序列以指数函数式的速度扩增。

六、DNA 浓度检测

在水溶液中判定核酸量的最简单方法是利用分光光度计测量溶液在 260 nm 下的吸光值。注意 A_{260} 值适用于纯化的 DNA,而利用上述方法提纯的质粒 DNA 会含一定量的污染 RNA,RNA 具有类似于 DNA 的光吸收特性。纯化的核酸其 A_{260}/A_{280} 的值应在 1.8～2.0,当蛋白质污染时,此值会偏小。蛋白质的检测可在 280 nm 下,通过测量溶液的光吸收值实现。如果纯化后得到的溶液 A_{260}/A_{280} 比值比 1.8 小,应该重复酚/氯仿纯化这一步。

七、DNA 的酶切与连接

Ⅱ型限制性内切酶(常叫限制酶)可识别双链 DNA 的特定序列(通常为 4～6 个核苷酸)并将其切断,此位点即限制性位点。每种酶的命名都是从分离出来该种酶的细菌名字衍生而来的,如 Hind Ⅲ 是从流感嗜血杆菌株 Rd 中得到的第三种限制性酶(图 2-17)。大多数的限制性酶在 DNA 不同的位置切开两条单链,产生一个短的单链区域,即所谓黏性末端,也有一些限制性酶切割 DNA 会产生平末端。可切除黏性末端的限制性内切酶被广泛应用于基因工程,这是因为用同一种限制性内切酶酶切的两种 DNA 会产生一个单链互补区域,由于该区域内单个碱基间氢键的形成,DNA 连接酶可以把两个 DNA 分子之间被切割的片段连接起来。

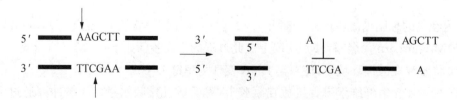

图 2-17　限制性酶 Hind Ⅲ 的识别位点(纵向箭头所指为每条链的切割位点)

限制性内切酶在分子遗传学上的两个重要用途如下:

（1）构建内切酶图谱。一个 DNA 分子能被切成几个限制性片段，这些 DNA 片段的数量和大小可通过琼脂糖凝胶电泳来确定。限制性酶切位点的位置可用于构建某种特殊分子（如质粒，见图 2 - 18）的限制性酶切鉴别图谱。

（2）基因工程。用同一种酶切割（图 2 - 19），并且由互补碱基配对退火的两个限制性内切片段可以利用另一种细菌酶（DNA 连接酶）最终连在一起，构成重组分子（图 2 - 20），其中 DNA 连接酶所起的作用是在退火的 DNA 链之间形成磷酸二酯键。若上述两个 DNA 分子一个是载体，一个是目的 DNA，则重组质粒的大小是可以估算的（如一个有 4 500 个碱基对的质粒加上一个 2 500 个碱基对大小的目的 DNA 片段，可形成一个具有 7 000 个碱基对的重组分子），可通过电泳将其分离。基因工程中使用的大多数质粒编码两个或两个以上的易检测的标记基因（如抗生素抗性基因），且每个质粒上有单一的限制性位点（图 2 - 18）。

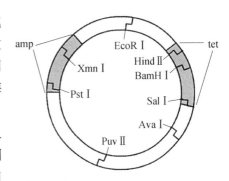

图 2 - 18　质粒 pBR322 的限制图谱

注：图上仅表示出限制性酶切位点及氨苄青霉素抗性基因（amp）和四环素抗性基因（tet）。

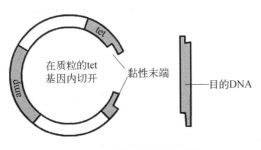

图 2 - 19　质粒酶切示意图

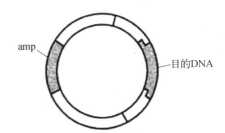

图 2 - 20　重组分子

注：质粒与目的 DNA 退火、连接、形成只有氨苄青霉素抗性的重组质粒（由于目的 DNA 的插入，tet 基因被断开失活）。

八、合适的宿主细胞的转化

一旦在体外已形成重组的载体，它必须被转入合适的宿主细胞（如大肠杆菌）。

大肠杆菌感受态细胞制备步骤如下。

（1）从 LB 平板上挑取新鲜活化菌落，接种于 5 mL LB 液体培养基中，37 ℃摇床振荡培养 12 h 左右，至对数生长后期。

（2）取 2 mL 菌液接入 50 mL LB 液体培养基中，37 ℃摇床振荡培养 2～3 小时，至光密度值 OD_{620}＝0.3～0.5。

（3）将培养液于冰上放置 10 min，然后于 4 ℃下 3 000g 离心 10 min。

（4）弃上清，用 10 mL 预冷的 0.05 mol/L 的 $CaCl$ 溶液轻轻悬浮细胞。

（5）于冰上放置 15～30 min 后，4 ℃下 3 000g 离心 10 min。

（6）弃上清，加入 4 mL 预冷的含 15%（w/v）的 0.05 mol/L 的 CaCl 溶液轻轻悬浮细胞。

（7）在冰上放置几分钟，即制成了感受态细胞。

（8）将所得的感受态细胞分装成 200 μL 的小分，储存于 $-70\ ^{\circ}\text{C}$。

注意：所用的 0.05 mol/L $CaCl_2$ 溶液含 15%（w/v）的 0.05 mol/L 的 $CaCl_2$ 溶液，移液枪，枪尖都要在 4 $^{\circ}\text{C}$ 下预冷。

基因转化方法有如下 3 种。

（1）低温下用 $CaCl_2$ 预处理：感受态细胞与 DNA 溶液混合后在 4 $^{\circ}\text{C}$ 下放置 30 min 左右，然后载入一个短时间的热冲击（如 42 $^{\circ}\text{C}$，2 min）。低温培育使 DNA 黏附在细胞上，热冲击促进 DNA 的吸收。为了最大限度地提高热冲击/$CaCl_2$ 处理对大肠杆菌（$E.coli$）的转化效率，要使用薄壁玻璃试管并尽量减少溶液的体积，这样可以使细胞经历一个迅速的温度改变。

（2）电击法：细胞或原生质体经过非常短的时间的电击（通常 >1 kV/cm，<10 ms），质粒 DNA 可以进入细胞。

（3）对植物和动物细胞来说，可以利用许多技术。例如，原生质体的电击或各种微量注射处理。

这些处理可造成膜通透性的暂时增加，从而使宿主细胞从外部介质中吸收质粒 DNA。这类系统效率通常较低，仅少于 0.1% 的细胞表现出稳定的转化结果。但这一问题并不重要，因为通过应用标准的微生物平板技术，一个有用的转化体可以生长并产生出大量相同细胞。

九、转化子的筛选与检测

用于基因工程的许多质粒载体含有编码抗生素抗性的基因，如 pBR322 携带有氨苄青霉素抗性基因（amp）和四环素抗性基因（tet）（图 2 - 20）。这些基因作为载体的标记，其中一个（如 amp）可以用来选择转化子。因为转化子能在含有抗生素的琼脂糖培养基上形成菌落，而非转化的细胞被杀死，所以另一个基因（如 tet）可以用于重组的质粒载体的标记。但是，目标序列插入将导致此基因失活。因此，用重组质粒转化的细胞仅对氨苄青霉素有抗性，而环状（天然）质粒转化的细胞对氨苄青霉素和四环素都有抗性。

区分这两类转化体的一种方法是使用复制平板，具体步骤如下。

（1）转化体首先在含氨苄青霉素的琼脂培养基的培养皿上生长；过夜培养后，两种类型的细菌均会产生单一的菌落。

（2）将一张无菌茸板轻轻压在培养皿表面，使一些细胞转移到板上。

（3）将板上的细菌接种在含有四环素的琼脂培养基上（即一个复制平板）：任何仅能在第一个平板上生长的菌落一定源自包含有重组质粒的细胞。这些菌落可用于筛选特定的目的 DNA（如使用免疫技术）。

pUC 系列质粒比 pBR322 系列质粒的应用更广泛，这种质粒具有以下优点：

（1）拷贝数：每个细菌细胞中存在着几千个相同拷贝的质粒，提高了质粒 DNA 的产量。

（2）重组子的"一步选择"：这种质粒携带有氨苄青霉素抗性基因，并在β-半乳糖核苷酶的基因含有一个多克隆位点。β-半乳糖核苷酶基因的插入失活可以被包含有一种合适的酶诱导物（如异丙醇基硫代半乳糖苷）和生色底物 5-溴-4-氯-3-吲哚-β-D-半乳糖苷（Xgal）的琼脂培养基检测到。来源于有质粒的细胞的菌落呈蓝色，而含有重组分子的菌落呈白色。

另有一些质粒使用不同的标记物，如荧光素酶基因可在荧光素底物的存在下，通过生物发光检测阳性重组子。

十、最新克隆技术简介

传统的基因克隆必须经过限制性酶切和 DNA 连接两步反应。除了操作烦琐外，是否能找到合适的限制性酶切位点是基因克隆能否顺利进行的最大限制因素。现在已经开发了一些不依赖于限制性内切酶和 DNA 连接酶的基因克隆技术，大大方便了插入位点的选择（原则上将可在任意位点插入任意 DNA 序列），扩大了操作通量。连接酶非依赖性克隆的关键是生成长的单链黏性末端，插入片段和克隆载体的黏性末端彼此配对，形成双链 DNA（带有两个 nick 缺口）。因为黏性末端长于 10 个核苷酸，所以带 nick 缺口的双链 DNA 在常温下足够稳定，可以有效转化到大肠杆菌宿主细胞内；细胞的 DNA 修复系统可修复 nick 缺口，形成完整闭环的重组 DNA 分子。生成长单链黏性末端的方法有多种，一种方法是利用 T4 DNA 聚合酶在某种 dNTP 存在下处理 DNA 片段。T4 DNA 聚合酶从 3′端降解 DNA，直到遇到的核苷酸与溶液中的 dNTP 相同；此时，消化反应与 dNTP 导致的聚合反应达到平衡，消化反应停止，形成长的黏性末端。产生长片段黏性末端的方法见下图。

```
5′AGCGACACATGTGGATAAGGTAG        T4 DNA 聚合酶        5′AGCGACAC
3′TCGCTGTGTACACCTATTCCATC                                      dCTP
3′TCGCTGTGTACACCTATTCCATC
```

另外，基于重组酶的克隆技术也比传统的限制性酶切连接方法有很大的优势，其操作通量大，阳性克隆率高。基于重组酶的克隆技术主要有基于 Cre 重组酶和 lambda 噬菌体重组系统的 Gateway 克隆系统。这两个系统分别由 ClonTech 和 Invitrogen 公司生产。以上系统能在克隆载体与 DNA 插入片段间的特定碱基序列间发生 DNA 重组反应，进而将 DNA 片段插入克隆载体中。基于非连接酶反应的克隆技术操作通量大，可以在 96 孔板中进行，因此在现代功能基因组和结构基因组学中有着重要应用。

第八节　生物大分子的制备

一、概述

生物大分子主要是指蛋白质、酶（也是一种蛋白质）和核酸，这三类物质是生命活动的物质基础。在自然科学,尤其是生命科学高度发展的今天,蛋白质、酶和核酸等生物大分子的结构与功能研究是探求生命奥秘的中心课题。关于生物大分子结构与功能的研究,首先必须解决生物大分子的制备问题。没有能够达到足够纯度的生物大分子的制备工作为前提,结构与功能的研究就无从谈起。然而,生物大分子的分离纯化与制备是一件十分细致而困难的工作,有时制备一种高纯度的蛋白质、酶或核酸,要付出长期和艰苦的努力。

与化学产品的分离制备相比较,生物大分子的制备有以下主要特点:

(1) 生物材料的组成极其复杂,常常包含有数百种乃至数千种化合物。其中许多化合物至今还是个谜,有待人们研究与开发。有的生物大分子在分离过程中还在不断地代谢,所以生物大分子的分离纯化方法差别极大,想找到一种适合各种生物大分子分离制备的标准方法是不可能的。

(2) 许多生物大分子在生物材料中的含量极微,只有万分之一/几十万分之一,甚至几百万分之一。分离纯化的步骤繁多,流程又长,有的目的产物要经过十几步/几十步的操作才能达到所需纯度的要求。例如,由脑垂体组织取得某些激素的释放因子,要用几吨甚至几十吨的生物材料,才能提取出几毫克的样品。

(3) 许多生物大分子一旦离开了生物体内的环境就极易失活,因此分离过程中如何防止其失活,就是生物大分子提取制备最困难之处。过酸、过碱、高温、剧烈搅拌、强辐射和本身的自溶等都会使生物大分子变性而失活,所以分离纯化时一定要选用最适宜的环境和条件。

(4) 生物大分子的制备几乎都是在溶液中进行,很难准确估计和判断温度、pH 值、离子强度等各种参数对溶液中各种组成的综合影响,因而实验结果常有很大的经验支撑作用,实验的重复性较差,个人的实验技术水平和经验对实验结果会有较大的影响。

由于生物大分子的分离和制备是如此的复杂和困难,因而实验方法和流程的设计就必须尽可能多查文献,多参照前人所作的工作,吸取其经验和精华,探索中的失败和反复是不可避免的,只有具有百折不挠的钻研精神才能达到预期的目的。

生物大分子的制备通常可按以下步骤进行:① 确定要制备的生物大分子的目的和要求,是进行科研、开发还是要发现新的物质;② 建立相应的可靠的分析测定方法,这是制备生物大分子的关键,因为它是整个分离纯化过程的"眼睛";③ 通过文献调研和预备性实验,掌握生物大分子目的产物的物理化学性质;④ 生物材料的破碎和预处理;⑤ 分离纯化方案的选择和探索,这是最困难的过程;⑥ 生物大分子制备物的均一性(即纯度)的鉴定,要求达到一维电泳一条带,二维电泳一个点,或 HPLC 和毛细管电泳都是一个峰;⑦ 产物的浓缩、干燥和保存。

分析测定的方法主要有 2 类,即生物学的测定方法,物理、化学的测定方法。生物学的测定法主要有酶的各种测活方法、蛋白质含量的各种测定法、免疫化学方法和放射性同位素示踪法等;物理、化学方法主要有比色法、气相色谱和液相色谱法、光谱法(紫外光/可见光、红外光和荧光等分光光度法)、电泳法和核磁共振等。实际操作中尽可能多用仪器分析方法,以使分析测定更加快速、简便。

生物大分子制备物的均一性(即纯度)鉴定,通常只采用一种方法是不够的,必须同时采用2～3种不同的纯度鉴定法才能确定。蛋白质和酶制成品纯度的鉴定最常用的方法是:SDS-聚丙烯酰胺凝胶电泳和等电聚焦电泳,如能再用高效液相色谱(HPLC)和毛细管电泳(CE)进行联合鉴定则更为理想,必要时再做N-末端氨基酸残基的分析鉴定,过去曾用的溶解度法和高速离心沉降法,现已很少再用。核酸的纯度鉴定通常采用琼脂糖凝胶电泳和聚丙烯酰胺凝胶电泳,但最方便的还是紫外光吸收法,即测定样品在pH值等于7.0时260 nm与280 nm的吸光度($A_{260\,nm}$和$A_{280\,nm}$),从A_{260}/A_{280}的比值即可判断核酸样品的纯度。

要了解的生物大分子的物理、化学性质主要有:① 在水和各种有机溶剂中的溶解性;② 在不同温度、pH值和各种缓冲液中生物大分子的稳定性;③ 固态时对温度、含水量和冻干的稳定性;④ 各种物理性质,如分子的大小、穿膜的能力、带电的情况、在电场中的行为、离心沉降的表现、在各种凝胶、树脂等填料中的分配系数等;⑤ 其他化学性质,如对各种蛋白酶、水解酶的稳定性和对各种化学试剂的稳定性;⑥ 对其他生物分子的特殊亲和力等。

制备生物大分子的分离纯化方法多种多样,主要是利用它们之间的差异,如分子的大小、形状、酸碱性、溶解性、溶解度、极性、电荷和与其他分子的亲和性等。各种方法的基本原理基本上可以归纳为两个方面:一是利用混合物中几个组分分配系数的差异,把它们分配到两个及其以上的相中,如盐析、有机溶剂沉淀、层析和结晶等;二是将混合物置于某一物相(大多数是液相)中,通过物理力场的作用,使各组分分配于不同的区域,从而达到分离的目的,如电泳、离心和超滤等。目前,纯化蛋白质等生物大分子的关键技术是电泳、层析和高速与超速离心。由于生物大分子不能被加热熔化和汽化,因而所能分配的物相只限于固相和液相,在此两相之间交替进行分离纯化。在实际工作中,往往要综合运用多种方法,才能制备出高纯度的生物大分子。

总是希望纯化生物大分子的纯度和产率都要高。例如,纯化某种酶,理想的结果是比活力和总回收率都要高才好,但实际上两者不能兼得,通常在科研上希望比活力尽可能高,而牺牲一些回收率,在工业生产上则相反。

二、生物大分子制备的前处理

1. 生物材料的选择

制备生物大分子,首先要选择适当的生物材料。材料的来源主要是动物、植物和微生物及其代谢产物。从工业生产角度选择材料,应选择含量高、来源丰富、制备工艺简单和成本低的原料;但往往这几方面的要求不能同时具备,含量丰富但来源困难,或含量来源较理想,但材料的分离纯化方法烦琐,流程很长,反而不如目标物质含量低些但易于获得纯品的材料。由此可见,必须根据具体情况,抓住主要矛盾决定取舍。从科研工作的角度选材,则只需考虑材料的选择符合实验预定的目标要求即可。除此之外,选材还应注意植物的季节性、地理位置和生长环境等。选动物材料时要注意其年龄、性别和营养状况、遗传素质和生理状态等。动物在饥饿时,脂类和糖类含量相对减少,有利于生物大分子的提取分离。选微生物材料时要注意菌种的代数和培养基成分等之间的差异,例如在微生物的对数期,酶和核酸的含量较高,可获得较高的产量。

材料选定后要尽可能保持新鲜,尽快加工处理,动物组织要先除去结缔组织、脂肪等非活性部分,绞碎后在适当的溶剂中提取,如果所要求的成分在细胞内,则要先破碎细胞。植物要先去壳、除脂。微生物材料要及时将菌体与发酵液分开。生物材料如暂不提取,应冰冻保存。动物材料则需深度冷冻保存。

2. 细胞的破碎

除了某些细胞外的多肽激素和某些蛋白质与酶以外,对于细胞内或多细胞生物组织中的各种生物大分子的分离纯化,都需要事先将细胞和组织破碎,使生物大分子充分释放到溶液中,并且不丧失其生物活性。不同的生物体或同一生物体的不同部位的组织,其细胞破碎的难易不一,使用的方法也不相同,如:动物脏器的细胞膜较脆弱,容易破碎;植物和微生物由于具有较坚固的纤维素、半纤维素组成的细胞壁,要采取专门的细胞破碎方法。

1) 机械法

(1) 研磨:将剪碎的动物组织置于研钵或匀浆器中,加入少量石英砂或金刚砂研磨或匀浆,即可将动物细胞破碎,这种方法比较温和,适宜实验室使用。工业生产中可用电磨研磨。细菌和植物组织细胞的破碎也可用此法。

(2) 组织捣碎器:这是一种较剧烈的破碎细胞的方法,通常可先用家用食品加工机将组织打碎,然后再用 $10\,000\sim20\,000$ r/min 的内刀式组织捣碎机(即高速分散器)将组织的细胞打碎,为了防止发热和升温过快,通常是转 $10\sim20$ s,停 $10\sim20$ s,可反复多次进行。

2) 物理法

(1) 反复冻融法:将待破碎细胞冷至 $-20\,℃$,然后放于室温(或 $40\,℃$)迅速融化,如此反复冻融多次,由于细胞内形成冰粒,使剩余胞液的盐浓度增高而引起细胞溶胀破碎。

(2) 超声波处理法:此法是借助超声波的振动力破碎细胞壁和细胞器。破碎微生物细菌和酵母菌时,时间要长一些,处理效果与样品浓度和使用频率有关。使用时注意降温,防止过热。

(3) 压榨法:这是一种温和的、彻底破碎细胞的方法。在 $10^8\sim2\times10^8$ Pa 的高压下使几十毫升的细胞悬液通过一个小孔突然释放至常压,细胞将彻底破碎。这是一种较理想的破碎细胞的方法,但仪器费用较高。

(4) 冷热交替法:从细菌或病毒中提取蛋白质和核酸时可用此法。在 $90\,℃$ 左右维持数分钟,立即放入冰浴中使之冷却,如此反复多次,绝大部分细胞可以被破碎。

3) 化学与生物化学方法

(1) 自溶法:将新鲜的生物材料存放于一定的 pH 值和适当的温度下,细胞结构在自身所具有的各种水解酶(如蛋白酶和酯酶等)的作用下发生溶解,使细胞内含物释放出来,此法称为自溶法。使用时要特别小心操作,因为水解酶不仅可以使细胞壁和膜破坏,还可能会把某些要提取的有效成分分解了。

(2) 溶胀法:细胞膜为天然的半透膜,在低渗溶液和低浓度的稀盐溶液中,由于存在渗透压差,溶剂分子大量进入细胞,将细胞膜胀破释放出细胞内含物。

（3）酶解法：利用各种水解酶，如溶菌酶、纤维素酶、蜗牛酶和酯酶等，于 37 ℃，pH 值等于 8，处理 15 min，可以专一性地将细胞壁分解，释放出细胞内含物，此法适用于多种微生物。例如：从某些细菌细胞提取质粒 DNA 时，可采用溶菌酶（来自蛋清）破细胞壁；而在裂解酵母细胞时，常采用蜗牛酶（来自蜗牛，含有纤维素酶、果胶酶、淀粉酶和蛋白酶等 20 多种酶），将酵母细胞悬于 0.1 mmol/L 柠檬酸－磷酸氢二钠缓冲液（pH=5.4）中，加 1％蜗牛酶，在 30 ℃处理 30 min，即可使大部分细胞壁破裂，如同时加入 0.2％巯基乙醇效果会更好。此法可以与研磨法联合使用。

（4）有机溶剂处理法：利用氯仿、甲苯和丙酮等脂溶性溶剂或 SDS（十二烷基硫酸钠）等表面活性剂处理细胞，可将细胞膜溶解，从而使细胞破裂，此法也可以与研磨法联合使用，注意使用浓度不能太高，否则会造成蛋白分子的失活。

3. 生物大分子的提取

"提取"是在分离纯化之前将经过预处理或破碎的细胞置于溶剂中，使被分离的生物大分子充分地释放到溶剂中，并尽可能保持原来的天然状态不丢失生物活性的过程。这一过程是将目的产物与细胞中其他化合物和生物大分子分离，即由固相转入液相，或从细胞内的生理状况转入外界特定的溶液中。

影响提取的因素主要有：目的产物在提取的溶剂中溶解度的大小；由固相扩散到液相的难易；溶剂的 pH 值和提取时间等。一种物质在某一溶剂中溶解度的大小与该物质的分子结构及使用的溶剂的理化性质有关。在通常情况下：极性物质易溶于极性溶剂，非极性物质易溶于非极性溶剂；碱性物质易溶于酸性溶剂，酸性物质易溶于碱性溶剂；温度升高，溶解度加大；远离等电点的 pH 值，使溶解度增加。提取时所选择的条件应有利于目的产物溶解度的增加和保持其生物活性。

1）水溶液提取

蛋白质和酶的提取一般以水溶液为主。稀盐溶液和缓冲液对蛋白质的稳定性好，溶解度大，是提取蛋白质和酶最常用的溶剂。用水溶液提取生物大分子应注意如下几个主要影响因素。

（1）盐浓度（即离子强度）：离子强度对生物大分子的溶解度有极大的影响。有些物质，如 DNA－蛋白复合物，在高离子强度下溶解度增加；而另一些物质，如 RNA－蛋白复合物，在低离子强度下溶解度增加，在高离子强度下溶解度减小。绝大多数蛋白质和酶，在低离子强度的溶液中都有较大的溶解度，如在纯水中加入少量中性盐，蛋白质的溶解度比在纯水时大大增加，称为"盐溶"现象。但中性盐的浓度增加至一定时，蛋白质的溶解度又逐渐下降，直至沉淀析出，称为"盐析"现象。盐溶现象产生的主要原因是少量离子的活动，减少了偶极分子之间极性基团的静电吸引力，增加了溶质和溶剂分子间相互作用力。因此，低盐溶液常用于大多数生化物质的提取。通常使用 0.02～0.05 mol/L 缓冲液或 0.09～0.15 mol/L NaCl 溶液提取蛋白质和酶。不同的蛋白质极性大小不同，为了提高提取效率，有时需要降低或提高溶剂的极性。向水溶液中加入蔗糖或甘油可使其极性降低，增加离子强度［如加入 KCl、NaCl 和 NH_4Cl 或 $(NH4)_2SO_4$］可以增加溶液的极性。

（2）pH 值：蛋白质、酶与核酸的溶解度和稳定性与 pH 值有关。应尽量避免过酸、过碱，一般控制在 pH 值为 6～8 的范围内；提取溶剂的 pH 值应在蛋白质和酶的稳定范围内，通常选择偏离等电点的两侧。碱性蛋白质选在偏酸一侧，酸性蛋白质选在偏碱的一侧，以增加蛋白质的溶解度，提高提取效果。例如，胰蛋白酶为碱性蛋白质，常用稀酸提取；而肌肉甘油醛-3-磷酸脱氢酶属酸性蛋白质，则常用稀碱来提取。

（3）温度：为防止变性和降解，制备具有活性的蛋白质和酶，提取时一般在 0～5 ℃的低温操作。但少数对温度耐受力强的蛋白质和酶，可提高温度使杂蛋白变性，有利于提取和下一步的纯化。

（4）防止蛋白酶或核酸酶的降解作用：在提取蛋白质、酶和核酸时，常常受自身存在的蛋白酶或核酸酶的降解作用而导致实验的失败。为防止这一现象的发生，常常采用加入抑制剂或调节提取液的 pH 值、离子强度和极性等方法使水解酶失去活性，防止它们对待提纯的蛋白质、酶和核酸的降解作用。例如，在提取 DNA 时加入 EDTA，络合 DNAase 活化所必需的 Mg^{2+}。

（5）搅拌与氧化：搅拌能促使被提取物的溶解，一般采用温和搅拌为宜，速度太快容易产生大量泡沫，增大了与空气的接触面，会引起酶等物质的变性失活。因为，一般蛋白质都含有相当数量的巯基，有些巯基常常是活性部位的必需基团，若提取液中有氧化剂或与空气中的氧气接触过多都会使巯基氧化为分子内或分子间的二硫键，导致酶活性的丧失。在提取液中加入少量巯基乙醇或半胱氨酸以防止巯基氧化。

2）有机溶剂提取

一些和脂类结合比较牢固或分子中非极性侧链较多的蛋白质和酶难溶于水、稀盐、稀酸或稀碱中，常用不同比例的有机溶剂提取。常用的有机溶剂有乙醇、丙酮、异丙醇和正丁酮等，这些溶剂可以与水互溶或部分互溶，同时具有亲水性和亲脂性，其中正丁醇在 0 ℃时在水中的溶解度为 10.5%（体积分数），40 ℃时为 6.6%，同时又具有较强的亲脂性，因此常用来提取与脂结合较牢或含非极性侧链较多的蛋白质、酶和脂类。例如，植物种子中的玉蜀黍蛋白、麸蛋白，常用 70%～80%的乙醇提取，动物组织中一些线粒体及微粒上的酶常用丁醇提取。

有些蛋白质和酶既溶于稀酸、稀碱，又能溶于含有一定比例的有机溶剂的水溶液中，在这种情况下，采用稀的有机溶液提取常常可以防止水解酶的破坏，并兼有除去杂质提高纯化效果的作用。例如，胰岛素可溶于稀酸、稀碱和稀醇溶液，但在组织中与其共存的糜蛋白酶对胰岛素有极高的水解活性，因而采用 6.8%乙醇溶液并用草酸调溶液的 pH 值为 2.5～3.0，进行提取。从下面 3 个方面抑制了糜蛋白酶的水解活性：① 6.8%的乙醇可以使糜蛋白酶暂时失活；② 草酸可以除去激活糜蛋白酶的 Ca^{2+}；③ 选用的 pH 值为 2.5～3.0，是糜蛋白酶不宜作用的 pH 值。以上条件对胰岛素的溶解和稳定性都没有影响，却可除去一部分在稀醇与稀酸中不溶解的杂蛋白。

三、生物大分子的分离纯化

由于生物体的组成成分如此复杂，数千种乃至上万种生物分子又处于同一体系中，所以不可能有一个适合于各类分子的固定的分离程序,但多数分离工作关键部分的基本手段是相同的。为了避免盲目性,节省实验探索时间,要认真参考和借鉴前人的经验,少走弯路。常用的分离纯化方法和技术有:沉淀法(包括盐析、有机溶剂沉淀和选择性沉淀等)、离心、吸附层析、凝胶过滤层析、离子交换层析、亲和层析和快速制备型液相色谱,以及等电聚焦制备电泳等。

（一）沉淀法

沉淀是溶液中的溶质由液相变成固相析出的过程。沉淀法(即溶解度法)操作简便,成本低廉,不仅用于实验室中,也用于某些生产目的的制备过程,是分离纯化生物大分子,特别是制备蛋白质和酶时最常用的方法。通过沉淀,将目的生物大分子转入固相沉淀或留在液相,而与杂质得到初步的分离。

此方法的基本原理是根据不同物质在溶剂中的溶解度不同而达到分离的目的,不同溶解度的产生是由于溶质分子之间及溶质与溶剂分子之间亲和力的差异而引起的,溶解度的大小与溶质和溶剂的化学性质及结构有关,溶剂组分的改变或加入某些沉淀剂以及改变溶液的 pH 值、离子强度和极性都会使溶质的溶解度产生明显的改变。

在生物大分子制备中最常用的几种沉淀方法如下。

（1）中性盐沉淀(盐析法):多用于各种蛋白质和酶的分离纯化。

（2）有机溶剂沉淀:多用于蛋白质和酶、多糖、核酸,以及生物小分子的分离纯化。

（3）选择性沉淀(热变性沉淀和酸碱变性沉淀):多用于除去某些不耐热的和在一定 pH 值下易变性的杂蛋白。

（4）等电点沉淀:用于氨基酸、蛋白质,及其他两性物质的沉淀,但此法单独应用较少,多与其他方法结合使用。

（5）有机聚合物沉淀:是发展较快的一种新方法,主要使用 PEG 聚乙二醇(polyethyene glycol)作为沉淀剂。

1. 中性盐沉淀(盐析法)

在溶液中加入中性盐使生物大分子沉淀析出的过程称为“盐析”。除了蛋白质和酶以外,多肽、多糖和核酸等都可以用盐析法进行沉淀分离,20%～40%饱和度的硫酸铵可以使许多病毒沉淀,43%饱和度的硫酸铵可以使 DNA 和 rRNA 沉淀,而 tRNA 保留在上清液。盐析法应用最广的还是在蛋白质领域,已有八十多年的历史,其突出的优点是:① 成本低,不需要特别昂贵的设备;② 操作简单、安全;③ 对许多生物活性物质具有稳定作用。

1）中性盐沉淀蛋白质的基本原理

蛋白质和酶均易溶于水,因为该分子的—COOH、—NH$_2$ 和—OH 都是亲水基团,这些基团与极性水分子相互作用形成水化层,包围于蛋白质分子周围形成 1～100 nm 颗粒的亲水胶体,削弱了蛋白质分子之间的作用力,蛋白质分子表面极性基团越多,水化层越厚,蛋白质分子与溶剂分子之间的亲和力越大,因而溶解度也越大。亲水胶体在水中的稳定因素有两个,即电荷和水膜。因为中性盐的亲水性大于蛋白质和酶分子的亲水性,所以加入大量中性盐后,夺走了水分子,破坏了水膜,暴露出疏水区域,同时又中和了电荷,破坏了亲水胶体,蛋白质分子形成沉淀。

2) 中性盐的选择

常用的中性盐中最重要的是$(NH_4)_2SO_4$,因为它与其他常用盐类相比具有十分突出的优点。

(1) 溶解度大:尤其是在低温时仍有相当高的溶解度,这是其他盐类所不具备的。由于酶和各种蛋白质通常是在低温下稳定,因而盐析操作也要求在低温($0 \sim 4$ ℃)下进行。表2-3为几种盐在水中的溶解度。由表2-3可以看到,$(NH_4)_2SO_4$在0 ℃时仍有70.6%的溶解度,远远高于其他盐类。

表 2-3　几种盐在不同温度下水中的溶解度

温度/℃	溶解度/$(g \cdot mL^{-1})$		
	$(NH_4)_2SO_4$	Na_2SO_4	NaH_2PO_4
0	70.6×10^{-2}	4.9×10^{-2}	1.6×10^{-2}
20	75.4×10^{-2}	18.9×10^{-2}	7.8×10^{-2}
80	95.3×10^{-2}	43.3×10^{-2}	93.8×10^{-2}
100	103.0×10^{-2}	42.2×10^{-2}	101.0×10^{-2}

(2) 分离效果好:有的提取液加入适量硫酸铵盐析,一步就可以除去75%的杂蛋白,纯度提高了4倍。

(3) 不易引起变性,有稳定酶与蛋白质结构的作用。有的酶或蛋白质用$2 \sim 3$ mol/L的$(NH_4)_2SO_4$保存可达数年之久。

(4) 价格便宜,废液不污染环境。

3) 盐析的操作方法

最常用的是固体硫酸铵加入法。欲从较大体积的粗提取液中沉淀蛋白质时,往往使用固体硫酸铵,加入之前要先将其研成细粉不能有块,要在搅拌下缓慢均匀少量多次加入;尤其到接近计划饱和度时,加盐的速度更要慢一些,尽量避免局部硫酸铵浓度过大而造成不应有的蛋白质沉淀。盐析后要在冰浴中放置一段时间,待沉淀完全后,再离心与过滤。在低浓度硫酸铵中盐析可采用离心分离,高浓度硫酸铵常用过滤方法,因为高浓度硫酸铵密度太大,要使蛋白质完全沉降下来需要较高的离心速度和较长的离心时间。

各种饱和度下需加固体硫酸铵的量可由附录中查出。硫酸铵浓度以饱和溶液的百分数表示,称为百分饱和度,而不用实际的质量或物质的量,这是由于当固体硫酸铵加到水溶液中时,会出现相当大的非线性体积变化,计算浓度相当麻烦,为了克服这一困难,研究者经过精心测量,确定出1升纯水提高到不同浓度所需加入硫酸铵的量,使用时十分方便。

4）盐析曲线的绘制

如果要分离一种新的蛋白质和酶,没有文献数据可以借鉴,则应先确定沉淀该物质的硫酸铵饱和度。具体操作方法如下:

取已定量测定蛋白质或酶的活性与浓度的待分离样品溶液,冷却至 0～5 ℃,调至该蛋白质稳定的 pH 值,分 6～10 次分别加入不同量的硫酸铵。第一次加硫酸铵至蛋白质溶液刚开始出现沉淀时,记下所加硫酸铵的量,这是盐析曲线的起点。继续加硫酸铵至溶液微微混浊时,静止一段时间,离心得到第一个沉淀级分,然后取上清液再加至混浊,离心得到第二个级分,如此连续可得到 6～10 个级分,按照每次加入硫酸铵的量,在附录中查出相应的硫酸铵饱和度。将每一级分沉淀物分别溶解在一定体积的 pH 值适宜的缓冲液中,测定其蛋白质含量和酶活力。以每个级分的蛋白质含量和酶活力对硫酸铵饱和度绘制图,即可得到盐析曲线。

5）盐析的影响因素

（1）蛋白质的浓度:中性盐沉淀蛋白质时,溶液中蛋白质的实际浓度对分离效果有较大的影响。通常高浓度的蛋白质用稍低的硫酸铵饱和度即可将其沉淀下来,但若蛋白质浓度过高,则易产生各种蛋白质的共沉淀作用,除杂蛋白的效果会明显下降。对低浓度的蛋白质,要使用更大的硫酸铵饱和度,共沉淀作用小,分离纯化效果较好,但是回收率会降低。通常认为比较适中的蛋白质浓度是 2.5%～3.0%,相当于 25～30 mg/mL。

（2）pH 值对盐析的影响:蛋白质所带净电荷越多,它的溶解度就越大。改变 pH 值可改变蛋白质的带电性质,因而就改变了蛋白质的溶解度。远离等电点处溶解度大,在等电点处溶解度小,因此用中性盐沉淀蛋白质时,pH 值常选在该蛋白质的等电点附近。

（3）温度的影响:温度是影响溶解度的重要因素,对于多数无机盐和小分子有机物,温度升高溶解度加大,但对于蛋白质、酶和多肽等生物大分子,在高离子强度溶液中,温度升高,它们的溶解度反而减小。在低离子强度溶液或纯水中蛋白质的溶解度大多数还是随浓度的升高而增加的。在一般情况下,对蛋白质盐析的温度要求不严格,可在室温下进行。但对于某些对温度敏感的酶,要求在 0～4 ℃下操作,避免其活力丧失。

2. 有机溶剂沉淀法

1）基本原理

有机溶剂对于许多蛋白质（酶）、核酸、多糖和小分子生化物质都能发生沉淀作用,是较早使用的沉淀方法之一。其沉淀作用的原理主要是降低水溶液的介电常数,溶剂的极性与其介电常数密切相关;极性越大,介电常数越大,如 20 ℃时,水的介电常数为 80,而乙醇和丙酮的介电常数分别是 24 和 21.4。因而,向溶液中加入有机溶剂能降低溶液的介电常数,减小溶剂的极性,从而削弱了溶剂分子与蛋白质分子间的相互作用力,增加了蛋白质分子间的相互作用,导致蛋白质溶解度降低而沉淀。溶液介电常数的减少就意味着溶质分子异性电荷库引力的增加,使带电溶质分子更易互相吸引而凝集,从而发生沉淀。另外,由于使用的有机溶剂与水互溶,它们在溶解于水的同时从蛋白质分子周围的水化层中夺走了水分子,破坏了蛋白质分子的水膜,因而发生沉淀作用。

有机溶剂沉淀法的优点是：① 分辨能力比盐析法高，即一种蛋白质或其他溶质只在一个比较窄的有机溶剂浓度范围内沉淀；② 沉淀不用脱盐，过滤比较容易(如有必要，可用透析袋脱有机溶剂)。因而该方法在生化制备中有广泛的应用，其缺点是对某些具有生物活性的大分子容易引起变性失活，操作需在低温下进行。

2) 有机溶剂的选择和浓度的计算

用于生化制备的有机溶剂的选择首先是要能与水互溶。沉淀蛋白质和酶常用的是乙醇、甲醇和丙酮。沉淀核酸、糖、氨基酸和核苷酸最常用的沉淀剂是乙醇。

进行沉淀操作时，欲使溶液达到一定的有机溶剂浓度，需要加入的有机溶剂的浓度和体积可按下式计算：

$$V = V_0(S_2 - S_1)/(100 - S_2)$$

式中：V 为需加入 100% 浓度有机溶剂的体积；V_0 为原溶液体积；S_1 为原溶液中有机溶剂的浓度，%；S_2 为所要求达到的有机溶剂的浓度；100 是指加入的有机溶剂浓度为 100%，如所加入的有机溶剂的浓度为 95%，上式的 $(100 - S_2)$ 项应改为 $(95 - S_2)$。

上式的计算由于未考虑混溶后体积的变化和溶剂的挥发情况，实际上存在一定的误差。有时为了获得沉淀而不着重于进行分离，可用溶液体积的倍数溶剂，如加入 1 倍、2 倍、3 倍原溶液体积的有机溶剂，来进行有机溶剂沉淀。

3) 有机溶剂沉淀的影响因素

(1) 温度：多数蛋白质在有机溶剂与水的混合液中，溶解度随温度的降低而下降。值得注意的是，大多数生物大分子(如蛋白质、酶和核酸)在有机溶剂中对温度特别敏感，温度稍高就会引起变性，且有机溶剂与水混合时发生放热反应，因此有机溶剂必须预先冷至较低温度，操作要在冰盐浴中进行，加入有机溶剂时必须缓慢且不断搅拌以免局部过浓。一般规律是温度越低，得到的蛋白质活性越高。

(2) 样品浓度：样品浓度对有机溶剂沉淀生物大分子的影响与盐析的情况相似。低浓度样品要使用比例更大的有机溶剂进行沉淀，且样品的损失较大，即回收率低，具有生物活性的样品易产生稀释变性。但对于低浓度的样品，杂蛋白与样品共沉淀的作用小，有利于提高分离效果。反之，对于高浓度的样品，可以节省有机溶剂，减少变性的危险，但杂蛋白的共沉淀作用大，分离效果下降。在通常情况下，使用 5~20 mg/mL 的蛋白质初质量浓度为宜，可以得到较好的沉淀分离效果。

(3) pH 值：有机溶剂沉淀适宜的 pH 值要选择在样品稳定的 pH 值范围内，且尽可能选择样品溶解度最低的 pH 值，通常是选在等电点附近，从而提高此沉淀法的分辨能力。

(4) 离子强度：离子强度是影响有机溶剂沉淀生物大分子的重要因素。以蛋白质为例，盐浓度太大或太小都有不利影响，通常溶液中盐浓度以不超过 5% 为宜，使用乙醇的量也以不超过原蛋白质水溶液的 2 倍体积为宜，少量的中性盐对蛋白质变性有良好的保护作用，但盐浓度过高会增加蛋白质在水中的溶解度，降低了有机溶剂沉淀蛋白质的效果，通常是在低盐或低浓度缓冲液中沉淀蛋白质。

有机溶剂沉淀法经常用于蛋白质、酶、多糖和核酸等生物大分子的沉淀分离,使用时先要选择合适的有机溶剂,然后注意调整样品的浓度、温度、pH 值和离子强度,使之达到最佳的分离效果。沉淀所得的固体样品,如果不是立即溶解进行下一步的分离,则应尽可能抽干沉淀,减少其中有机溶剂的含量,如必要可以装透析袋透析脱有机溶剂,以免影响样品的生物活性。

3. 选择性变性沉淀法

这一方法是利用蛋白质、酶与核酸等生物大分子与非目的生物大分子在物理化学性质等方面的差异,选择一定的条件使杂蛋白等非目的物变性沉淀而得到分离提纯,称为选择性变性沉淀法。常用的有热变性、选择性酸碱变性和有机溶剂变性等。

1) 热变性

利用生物大分子对热的稳定性不同,加热升高温度使某些非目的生物大分子变性沉淀而保留目的物在溶液中。此方法最为简便,不需要消耗任何试剂,但分离效率较低,通常用于生物大分子的初期分离纯化。热变性方法对分离耐热蛋白等生物大分子很有效,可以方便地除去绝大部分杂蛋白。

2) 表面活性剂和有机溶剂变性

不同蛋白质和酶等对于表面活性剂和有机溶剂的敏感性不同,在分离纯化过程中使用它们可以使那些敏感性强的杂蛋白变性沉淀,而使目的物仍留在溶液中。使用此法时通常都在冰浴或冷室中进行,以保护目的物的生物活性。

3) 选择性酸碱变性

利用蛋白质和酶等对于溶液中酸碱不同 pH 值的稳定性不同而使杂蛋白变性沉淀,这通常是在分离纯化流程中附带进行的一个分离纯化步骤。

4. 等电点沉淀法

等电点沉淀法是利用具有不同等电点的两性电解质,在达到电中性时溶解度最低,易发生沉淀,从而实现分离的方法。氨基酸、蛋白质、酶和核酸都是两性电解质,可以利用此法进行初步的沉淀分离。但是,由于许多蛋白质的等电点十分接近,而且带有水膜的蛋白质等生物大分子仍有一定的溶解度,不能完全沉淀析出。因此,单独使用此法分辨率较低,效果不理想,因而此法常与盐析法、有机溶剂沉淀法或其他沉淀剂一起配合使用,以提高沉淀能力和分离效果。此法主要用于在分离纯化流程中去除杂蛋白,而不用于沉淀目的物。

5. 有机聚合物沉淀法

有机聚合物是 20 世纪 60 年代发展起来的一类重要的沉淀剂,最早应用于提纯免疫球蛋白,以及沉淀一些细菌和病毒。近年来广泛用于核酸和酶的纯化。其中应用最多的是聚乙二醇 $HOCH_2(CH_2OCH_2)nCH_2OH(n>4)$(polyethylene glycol,简称为 PEG),它的亲水性强,溶于水和许多有机溶剂,热稳定性好,有宽泛的相对分子质量,在生物大分子制备中,用得较多的是相对分子质量为 6 000~20 000 的 PEG。

PEG 的沉淀效果主要与其本身的浓度和相对分子质量有关,同时还受离子强度、溶液 pH 值和温度等因素的影响。在一定的 pH 值下,盐浓度越高,所需 PEG 的浓度越低,溶液的 pH 值越接近目的物的等电点,沉淀所需 PEG 的浓度越低。在一定范围内,高相对分子质量和浓度高的 PEG 沉淀的效率高。以上这些现象的理论解释还都仅仅是假设,未得到充分的证实,其解释主要有:① 认为沉淀作用是聚合物与生物大分子发生共沉淀作用;② 由于聚合物有较强的亲水性,使生物大分子脱水而发生沉淀;③ 聚合物与生物大分子之间以氢键相互作用形成复合物,在重力作用下形成沉淀析出;④ 通过空间位置排斥,使液体中生物大分子被迫挤聚在一起而发生沉淀。

本方法的优点是:① 操作条件温和,不易引起生物大分子变性;② 沉淀效能高,使用很少量的 PEG 即可以沉淀相当多的生物大分子;③ 沉淀后容易去除有机聚合物。

（二）透析

自 Thomas Graham 于 1861 年发明透析方法至今已有一百多年。透析已成为生物化学实验室最简便最常用的分离纯化技术之一。在生物大分子的制备过程中,除盐、除少量有机溶剂、除去生物小分子杂质和浓缩样品等都要用到透析技术。

透析只需要使用专用的半透膜即可完成。通常是将半透膜制成袋状,将生物大分子样品溶液置入袋内,将此透析袋浸入水或缓冲液中,样品溶液中的大相对分子质量的生物大分子被截留在袋内,而盐和小分子物质不断扩散透析到袋外,直到袋内外两边的浓度达到平衡为止。保留在透析袋内未透析出的样品溶液称为"保留液",袋（膜）外的溶液称为"渗出液"或"透析液"。

透析的动力是扩散压,扩散压是由横跨膜两边的浓度梯度形成的。透析的速度反比于膜的厚度,正比于欲透析的小分子溶质在膜内外两边的浓度梯度,还正比于膜的面积和温度,通常是 4 ℃ 透析,升高温度可加快透析速度。

透析膜可用动物膜和玻璃纸等,但用得最多的还是用纤维素制成的透析膜,目前常用的是美国 Union Carbide（联合碳化物公司）和美国光谱医学公司生产的各种尺寸的透析管,截留相对分子质量 MWCO（即留在透析袋内的生物大分子的最小相对分子质量,缩写为 MWCO）通常为 1 万左右。

商品透析袋制成管状,其扁平宽度为 23～50 mm 不等。为防干裂,出厂时都用 10% 的甘油处理过,并含有极微量的硫化物、重金属和一些具有紫外吸收的杂质,它们对蛋白质和其他生物活性物质有害,用前必须除去。可先用 50% 乙醇煮沸 1 h,再依次用 50% 乙醇、0.01 mol/L 碳酸氢钠和 0.001 mol/L EDTA 溶液洗涤,最后用蒸馏水冲洗即可使用。实验证明,50% 乙醇处理对除去具有紫外吸收的杂质特别有效。使用后的透析袋洗净后可存于 4 ℃ 蒸馏水中,若长时间不用,可加少量 NaN_2,以防长菌。洗净晾干的透析袋弯折时易裂开,用时必须仔细检查,不漏时方可重复使用。

新透析袋如不做如上的特殊处理,则可用沸水煮 5～10 min,再用蒸馏水洗净,即可使用。使用时,一端用橡皮筋或线绳扎紧,也可以使用特制的透析袋夹夹紧,由另一端灌满水,用手指稍加压,检查不漏,方可装入待透析液,通常要留三分之一至一半的空间,以防透析过程中,袋外的水和缓冲液过量进入袋内将袋挤破。含盐量很高的蛋白质溶液透析过夜时,体积增加 50% 是正常的。为了加快透析速度,除多次更换透析液外,还可使用磁子搅拌。透析的容器要大一些,可使用大烧杯、大量筒和塑料桶。小量体积溶液的透析,可在袋内放一节两头烧圆的玻璃棒或两端封口的玻璃管,以使透析袋沉入液面以下。

检查透析效果的方法是:用 1% $BaCl_2$ 检查 $(NH_4)_2SO_4$,用 1% $AgNO_3$ 检查 NaCl、KCl 等。

为了提高透析效率,还可以使用各种透析装置。使用者也可以自行设计与制作各种简易的透析装置。美国生物医学公司(Biomed Instruments Inc.)生产的各种型号的 Zeineh 透析器,由于使用对流透析的原理,使透析速度和效率大大提高。

(三)超滤

超过滤即超滤,自 20 世纪 20 年代问世后,直至 20 世纪 60 年代以来发展迅速,很快由实验室规模的分离手段发展成重要的工业单元操作技术。超滤现已成为一种重要的生化实验技术,广泛用于含有各种小分子溶质的各种生物大分子(如蛋白质、酶和核酸等)的浓缩、分离和纯化。

超滤是一种加压膜分离技术,即在一定的压力下,使小分子溶质和溶剂穿过一定孔径的特制的薄膜,而使大分子溶质不能透过,留在膜的一边,从而使大分子物质得到了部分的纯化(图 2-21)。

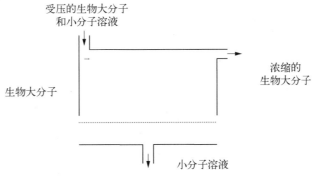

图 2-21 超滤工作原理示意图

超滤根据所加的操作压力和所用膜的平均孔径的不同,可分为微孔过滤、超滤和反渗透3 种。微孔过滤所用的操作压通常小于 $4×10^4$ Pa,膜的平均孔径为 500 Å~14 μm(1 μm= 10^4 Å),用于分离较大的微粒、细菌和污染物等。超滤所用操作压为 $4×10^4$~$7×10^5$ Pa,膜的平均孔径为 10~100 Å,用于分离大分子溶质。反渗透所用的操作压比超滤更大,常达到 $35×10^5$~$140×10^5$ Pa,膜的平均孔径最小,一般为 10 Å 以下,用于分离小分子溶质,如海水脱盐、制高纯水等。

超滤技术的优点是操作简便,成本低廉,不需要增加任何化学试剂;尤其是超滤技术的实验条件温和,与蒸发、冰冻干燥相比没有相的变化,而且不会引起温度、pH 值的变化,因而可以防止生物大分子的变性、失活和降解。

在生物大分子的制备技术中,超滤主要用于生物大分子的脱盐、脱水和浓缩等。

超滤法也有一定的局限性,它不能直接得到干粉制剂。对于蛋白质溶液,一般只能得到

10%～50%的浓度。

超滤技术的关键是膜。膜有各种不同的类型和规格,可根据工作的需要来选用。早期的膜是各向同性的均匀膜,即现在常用的微孔薄膜,其孔径通常是 0.05 μm 和 0.025 μm。近几年来生产了一些各向异性的不对称超滤膜,其中一种各向异性扩散膜是由一层非常薄的、具有一定孔径的多孔"皮肤层"(厚 0.1～1.0 μm),以及一层相对厚(约 1 μm)得多的更易通渗的且作为支撑用的"海绵层"组成。皮肤层决定了膜的选择性,而海绵层增加了机械强度。由于皮肤层非常薄,因此高效、通透性好和流量大,而且不易被溶质阻塞而导致流速下降。常用的膜一般是由乙酸纤维或硝酸纤维,或此二者的混合物制成。近年来,为适应制药和食品工业上灭菌的需要,发展了非纤维型的各向异性膜,例如聚砜膜、聚砜酰胺膜和聚丙烯腈膜等。这种膜在 pH=1～14 都是稳定的,且能在 90 ℃下正常工作。超滤膜通常比较稳定,若使用恰当,能连续用 1～2 年。暂时不用,可浸在 1%甲醛溶液或 0.2%叠氮化钠 NaN_3 中保存。

超滤膜的基本性能指标主要有水通量[$cm^3/(cm^2 \cdot h)$]、截留率[以百分数(%)表示]、化学物理稳定性(包括机械强度)等。

超滤装置一般由若干超滤组件构成。通常可分为板框式、管式、螺旋卷式和中空纤维式四种主要类型。由于超滤法处理的液体多数是含有水溶性生物大分子、有机胶体、多糖及微生物等。这些物质极易黏附和沉积于膜表面上,造成严重的浓差极化和堵塞,这是超滤法最关键的问题,要克服浓差极化,通常可加大液体流量,加强湍流和加强搅拌。

国外生产超滤膜和超滤装置最有名的厂家是美国的 Milipore 公司和德国的 Sartorius 公司。国内主要的研究机构和生产厂家是中科院生态环境研究中心、杭州淡化和水处理开发中心、兰州膜科学技术研究所、无锡化工研究所、上海医药工业研究所、天津膜分离工程研究所、北京化工厂、常熟膜分离实验厂、无锡市超滤设备厂、无锡纯水设备厂、天津超滤设备厂和湖北沙市水处理设备厂等。从膜的品种,以及从某些研究工作的深度方面看,我国与世界先进国家的差距不是很大,但在膜的性能及商品化方面尚有较大差距。

在生物制品中应用超滤法有很高的经济效益,例如供静脉注射的 25%人胎盘血白蛋白(即胎白)通常是用硫酸铵盐析法、透析脱盐、真空浓缩等工艺制备的,该工艺流程硫酸铵耗量大,能源消耗多,操作时间长,透析过程易产生污染。改用超滤工艺后,平均回收率可达 97.18%,吸附损失率为 1.69%,透过损失率为 1.23%,截留率为 98.77%。大幅度提高了白蛋白的产量和质量,每年可节省硫酸铵 6.2 t、自来水 16 000 t。

超滤技术的科研应用也有很好的前景,应引起足够的重视。例如现在商品化的各种超滤离心管,实现了离心技术和超滤技术很好的结合,利用离心力提供跨膜动力,将小分子"赶过"分离膜,而生物大分子被截留在超滤膜一侧,可以很方便地浓缩生物大分子。

(四) 冷冻干燥

冷冻干燥机是生化与分子生物学实验室必备的仪器之一,因为大多数生物大分子分离纯化后的最终产品多数是水溶液,要从水溶液中得到固体产品,最好的办法就是冷冻干燥,因为生物大分子容易失活,通常不能使用加热蒸发浓缩的方法。

　　冷冻干燥是先将生物大分子的水溶液冰冻,然后在低温和高真空下使冰升华,留下固体干粉。冷冻干燥的原理可用溶剂的三相点相图来说明,如图 2 - 22 所示。

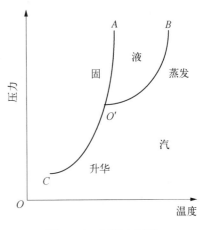

图 2 - 22　三相点相图

　　图中 $O'A$ 是固液曲线,$O'B$ 是汽液曲线,$O'C$ 是固汽曲线,O' 是三相点。当温度在三相点 O' 以下,将压力降至 $O'C$ 线以下,溶剂(通常是水)就可以由固相直接升华为汽相。例如,冰在 -40 ℃时其上方的蒸汽压为 0.1 mmHg,在 -60 ℃时其上方的蒸汽压为 0.01 mmHg。固态的冰升华为水蒸气时要吸收大量的热,1 g 0 ℃的冰变成 0 ℃的蒸汽需吸热 580 kcal(约 2 428 kJ),所以升华时又可以使固态的冰进一步降温,空气潮湿时可以看见装有固态冰的容器外壁上结有霜。

　　冷冻干燥得到的生物大分子固体样品有突出的优点:① 因为由冷冻状态直接升华为气态,所以样品不起泡、不暴沸;② 得到的干粉样品不粘壁,易取出;③ 冰干后的样品是疏松的粉末,易溶于水。

　　冷冻干燥特别适用于那些对热敏感、易吸湿、易氧化及溶剂蒸发时易产生泡沫而引起变性的生物大分子,如蛋白质、酶、核酸、抗菌素和激素等。对于极个别的在冻干时易变性失活的生物大分子,则要十分谨慎,务必先做小量试验证明冻干无害后方可进行大量处理。

　　冷冻干燥操作虽然十分简单,但必须认真记录以下的注意事项。

　　(1) 样品溶液。① 样品要溶于水,不含有机溶剂,否则会造成冰点降低,冰冻样品容易融化,因而减压时会生成大量泡沫,使样品变性、污染和损失。同时,若含有有机溶剂,被抽入真空泵后溶于真空泵油,使其真空度降低而必须换油;② 样品要预先脱盐,不可使盐浓度过高,否则冰冻后易融化,影响样品活性,而且不易冻干;③ 样品缓冲液在冰冻时 pH 值可能会有较大变化,例如 pH 值等于 7.0 的磷酸盐缓冲液在冰冻时,磷酸氢二钠比磷酸二氢钠先冻结,因而使溶液 pH 值下降而接近 3.5,使某些对低 pH 值敏感的酶变性失活,此时需加入 pH 值稳定剂,如糖类和钙离子等;④ 样品溶液的浓度不要过低,例如蛋白质的浓度以不低于 15 mg/mL 为宜。同批冻干的样品液浓度不宜相差太大,以免冻干的时间相差过大。

　　(2) 装样品溶液的容器。① 最好用各种尺寸的培养皿盛样品溶液,液层不要太厚,以免冻干时间太长,耗电太多,也可以使用安瓿瓶和青霉素瓶。用烧杯时液层厚度不要超过 2 cm,否则烧杯易冻裂;② 冻干稀溶液时会得到很轻的绒毛状固体样品,容易飞散而损失和造成污染,因而要用刺了孔的薄膜或吸水纸包住杯口,刺的孔不要过小过少,否则影响冻干速度。

　　(3) 溶液冷冻。如有条件,尽可能用干冰加乙醇低温浴速冻,如能将盛有样品溶液的容器边冻边旋转形成很薄的冰冻层,则可以大大加快冻干的速度。

　　(4) 冻干。① 样品全部冻干前,不要轻易摇动,以防蒸汽冲散冻干的样品粉末;② 样品冻干达到较高真空度时,容器外部有时会结霜,若外霜消失,则说明样品已冻干,或是仅剩样品中心的小冰块,再稍加延长冻干时间即可;③ 冻干后要及时取出样品,以免样品在室温下停留时间过长而失活;④ 停真空泵时要先放气,以免泵油倒灌。放气时要缓慢,以免气流冲散样品干粉;⑤ 样品冻干后要及时密封冷藏,以防受潮;⑥ 真空泵要经常检查油面和油色,油面过低和油色发黑,则需换油,通常半年或一季度至少要换一次油。

（五）样品的保存

生物大分子制成品的正确保存极为重要,一旦保存不当,辛辛苦苦制成的样品失活、变性和变质,使前面的全部制备工作化为乌有,损失惨重,前功尽弃。

影响生物大分子样品保存的主要因素有以下几个方面。

（1）空气:空气的影响主要是潮解、微生物污染和自动氧化。空气中微生物的污染可使样品腐败变质,样品吸湿后会引起潮解变性,同时也为微生物污染提供了有利的条件。某些样品与空气中的氧接触会自发引起游离基链式反应,还原性强的样品易氧化变质和失活,如维生素 C、巯基酶等,一般在这类生物分子的储存液中添加一定浓度的还原剂,例如 1 mmol/L 二硫苏糖醇(DTT)。

（2）温度:每种生物大分子都有其稳定的温度范围,温度升高 10 ℃,氧化反应约加快数倍,酶促反应速度增加 1～3 倍。因此,通常绝大多数样品都是低温保存,以抑制氧化、水解等化学反应和微生物的生成。

（3）水分:包括样品本身所带的水分和由空气中吸收的水分。水可以参加水解、酶解、水合和加合,加速样品的氧化、聚合、离解和霉变。

（4）光线:某些生物大分子可以吸收一定波长的光,使分子活化不利于样品保存,尤其日光中的紫外线能量大,对生物大分子制品影响最大,样品受光催化的反应有变色、氧化和分解等,通称光化作用。因此,样品通常都要避光保存。

（5）样品的 pH 值:保存液态样品时注意其稳定的 pH 值范围,通常可从文献和手册中查得或做实验求得。因此,正确选择保存液态样品的缓冲剂的种类和浓度十分重要。

（6）时间:生化和分子生物学样品不可能永久存活,不同的样品有其不同的有效期。因此,保存的样品必须写明日期,以便定期检查和处理。

现以保存蛋白质和酶的几种保存情况为例进行说明。

（1）低温下保存:由于多数蛋白质和酶对热敏感,通常 35～40 ℃ 以上就会失活,冷藏于冰箱一般只能保存一周左右,而且蛋白质和酶越纯越不稳定,溶液状态比固态更不稳定。因此,通常要保存于 −20～−5 ℃,如能在 −70 ℃ 下保存则最为理想。极少数酶可以耐热,如:核糖核酸酶可以短时煮沸;胰蛋白酶在稀 HCl 中可以耐受 90 ℃;蔗糖酶在 50～60 ℃ 可以保持 15～30 min 不失活。还有少数酶对低温敏感,如:鸟肝丙酮酸羧化酶 25 ℃ 稳定,低温下失活;过氧化氢酶要在 0～4 ℃ 保存,冰冻则失活;羧肽酶反复冻融会失活等。

（2）制成干粉或结晶保存:蛋白质和酶固态比在溶液中要稳定得多。固态干粉制剂放在干燥剂中可长期保存,如葡萄糖氧化酶干粉在 0 ℃ 下可保存 2 年,−15 ℃ 下可保存 8 年。通常,酶与蛋白质含水量(质量分数)大于 10%,在室温或低温下均易失活;含水量小于 5%时,37 ℃ 活性会下降。抑制微生物活性含水量要小于 10%;抑制化学活性含水量要小于

3%。此外,要特别注意酶在冻干时往往会部分失活。

(3) 在保护剂下保存:很早就有人观察到,在无菌条件下,室温保存了 45 年的血液,血红蛋白仅有少量改变,许多酶仍保留部分活性,这是因为血液中有蛋白质稳定剂的因素。为了长期保存蛋白质和酶,常常要加入某些稳定剂,例如:① 惰性的生化或有机物质,如糖类、脂肪酸、牛血清白蛋白、氨基酸、多元醇等,以保持稳定的疏水环境;② 中性盐,有一些蛋白质要求在高离子强度(1～4 mol/L 或饱和的盐溶液)的极性环境中才能保持活性。最常用的是 $MgSO_4$、$NaCl$ 和 NH_4SO_4 等,使用时要脱盐;③ 巯基试剂,一些蛋白质和酶的表面或内部含有半胱氨酸巯基,易被空气中的氧缓慢氧化为磺酸或二硫化物而变性,保存时可加入半胱氨酸或巯基乙醇。

总之,对样品的保存必须给予只够的重视,一些常用酶的保存条件可参见《生物化学制备技术》(苏拔贤主编)一书中的"一些酶保存的条件和稳定性"表,其他各种生物大分子和生物制剂的保存条件,可查阅有关的文献和酶学手册。

(六) 分离纯化方法的选择

能高效率地制备成功生物大分子,关键在于分离纯化方案的正确选择和各个分离纯化方法实验条件的充分探索。选择与探索的依据就是生物大分子与杂质之间的生物学和物理化学性质上的差异。由本章前述的生物大分子制备的各种特点可以看出,分离纯化方案必然是千变万化的。

制备生物大分子的方法可以粗略地分类如下:① 以分子大小和形态的差异为依据的方法,差速离心、区带离心、超滤、透析和凝胶过滤等;② 以溶解度的差异为依据的方法,盐析、萃取、分配层析、选择性沉淀和结晶等;③ 以电荷差异为依据的方法,电泳、电渗析和等电点沉淀、吸附层析和离子交换层析等;④ 以生物学功能专一性为依据的方法,亲和层析等。见表 2-4。

表 2-4 各种主要分离纯化方法的比较

方 法	原 理	优 点	缺 点	应 用 范 围
沉淀法	蛋白质的沉淀作用	操作简便、成本低廉、对蛋白质和酶有保护作用,重复性好	分辨力差,纯化倍数低,蛋白质沉淀中混杂大量盐分	蛋白质和酶的分级沉淀
有机溶剂沉淀	脱水作用和降低介电常数	操作简便,分辨力较强	对蛋白质或酶有变性作用,成本较高	各种生物大分子的分级沉淀
选择性沉淀	等电点、热变性、酸碱变性等沉淀作用	选择性较强,方法简便,种类较多	应用范围较窄	各种生物大分子的沉淀
结晶法	溶解度达到饱和,溶质形成规则晶体	纯化效果较好,可除去微量杂质,方法简单	样品的纯度、浓度都要很高,时间长	蛋白质或酶等

(续表)

方 法	原 理	优 点	缺 点	应 用 范 围
吸附层析	化学、物理吸附	操作简便	易受离子干扰	各种生物大分子的分离、脱色和去热源
离子交换层析	离子基团的交换	分辨力高,处理量较大	需酸碱处理树脂平衡洗脱时间长	能带电荷的生物大分子
凝胶过滤层析	分子筛的排阻效应	分辨力高,不会引起变性	各种凝胶介质昂贵,处理量有限制	相对分子质量有明显差别的可溶性生物大分子
分配层析	溶质在固定相和流动相中分配系数的差异	分辨力高,重复性较好,能分离微量物质	影响因子多,上样量太小	用于各种生物大分子的分析鉴定
亲和层析	生物大分子与配体之间有特殊亲和力	分辨力很高	一种配体只能用于一种生物大分子,局限性大	各种生物大分子
聚焦层析	等电点和离子交换作用	分辨力高	进口试剂昂贵	蛋白质和酶
固相酶法	待分离物与固相载体之间有特异亲和力	分辨力高,用于连续生产	有局限性	抗体、抗原、酶和底物
等电聚焦连续电泳	等电点的差异	分辨力很高,可连续制备	仪器试剂昂贵	蛋白质和酶
高速与超速离心	沉降系数或密度的差异	操作方便,容量大	离心机设备昂贵	各种生物大分子
超滤	相对分子质量大小的差异	操作方便,可连续生产	分辨力低,只能部分纯化	各种生物大分子
HPLC	凝胶过滤、离子交换、反向色谱等	分辨力很高,直接制备出纯品	制备柱和 HPLC 仪器昂贵	各种生物大分子

在分离纯化流程中,上游和下游的分离纯化方法的选择有明显的不同。

1. 上游分离纯化

特点: ① 粗提取液中物质成分十分复杂;② 欲制备的生物大分子浓度很低;③ 物理化学性质相近的物质很多;④ 希望能除去大部分与目的产物物理化学性质差异大的杂质。

对所选方法的要求: ① 要快速、粗放;② 能较大程度地缩小体积;③ 分辨力不必太高;

④ 负荷处理能力要大。

可选用的方法：吸附；萃取；沉淀法(热变性、盐析、有机溶剂沉淀等)；离子交换(批量吸附、柱交换)；亲和层析等。

2. 下游分离纯化

可选用的方法：吸附层析、盐析、凝胶过滤、离子交换层析、亲和层析、等电聚焦制备电泳和制备 HPLC 等。

要注意的一些问题：

(1) 盐析后要及时脱盐。

(2) 用凝胶过滤时如何缩小上样体积，因为凝胶层析柱的上样体积只能是柱床体积的 $1/10\sim1/6$，也可以使用串联柱以增大柱床体积。

(3) 必要时也可以重复使用同一种分离纯化方法，例如分级有机溶剂沉淀，分级盐析，连续两次凝胶过滤或离子交换层析等。

(4) 分离纯化步骤前后要有科学的安排和衔接，尽可能减少工序，提高效率。例如：吸附不可以放在盐析之后，以免大量盐离子影响吸附效率；离子交换要放在凝胶过滤之前，因为离子交换层析的上样量可以不受限制，只要不超过柱交换容量即可。

(5) 分离纯化后期，目的产物的纯度和浓度都大大提高，此时对于很多敏感的酶极易变性失活，因此操作步骤要连续、紧凑，尽可能在低温下(如在冷室中)进行。

(6) 得到最终产品后，必要时要立即冰冻干燥，分装并写明标签，$-20\ ℃$ 或 $-70\ ℃$ 保存。

第三章

生物化学基础实验

　　基础生物化学的实验旨在训练学生了解和掌握基本的生化实验方法和技术。本章所涉及的实验主要包括蛋白质、酶、多糖和核酸等生物大分子的定性定量分析，以及纸层析、离子交换层析、凝胶过滤层析、电泳、免疫化学、蛋白质免疫印迹和基因工程等常规生物化学实验技术。

实验一　糖的呈色反应和定性鉴定

▶目的要求
(1) 学习鉴定糖类及区分酮糖和醛糖的方法。
(2) 了解鉴定还原糖的方法及其原理。

一、莫利希(Molisch)反应——α-萘酚反应

▶实验原理
　　糖在浓硫酸或浓盐酸的作用下脱水形成糠醛及其衍生物，与 α-萘酚作用形成紫红色复合物，在糖液和浓硫酸的液面间形成紫环，因此又称紫环反应。自由存在和结合存在的糖均呈阳性反应。此外，各种糠醛衍生物、葡萄糖醛酸，以及丙酮、甲酸和乳酸均呈颜色近似的阳性反应。因此，阴性反应证明没有糖类物质的存在；而阳性反应，则说明有糖存在的可能性，但需要进一步通过其他糖的定性试验才能确定有糖的存在。

▶试剂配制
　　莫利希试剂：取 5 g α-萘酚用 95% 乙醇溶解至 100 mL，临用前配制，棕色瓶保存。
　　1% 葡萄糖溶液；1% 蔗糖溶液；1% 淀粉溶液。

▶操作方法
　　取 4 支试管，编号，分别加入各待测糖溶液 1 mL，其中 1 支用蒸馏水代替糖溶液，然后加两滴莫利希试剂，摇匀。倾斜试管，沿管壁小心加入 1 mL 浓硫酸，切勿摇动，小心竖直后仔细观察两层液面交界处的颜色变化，观察结果。

二、蒽酮反应

▶ **实验原理**

糖经浓酸作用后生成的糠醛及其衍生物与蒽酮(10-酮-9,10-二氢蒽)作用生成蓝绿色复合物。

▶ **试剂配制**

蒽酮试剂：取 0.2 g 蒽酮溶于 100 mL 浓硫酸中，当日配制。

待测糖溶液，同莫利希试验。

▶ **操作方法**

取 4 支试管，编号，均加入 1 mL 蒽酮溶液，再向各管滴加 2~3 滴待测糖溶液，其中 1 支用蒸馏水代替糖溶液，充分混匀，观察各管颜色变化并记录。

三、酮糖的 Seliwanoff 反应

▶ **实验原理**

该反应是鉴定酮糖的特殊反应。酮糖在酸的作用下比醛糖更易生成羟甲基糠醛。后者与间苯二酚作用生成鲜红色复合物，反应仅需 20~30 s。醛糖在浓度较高时或长时间煮沸，才产生微弱的阳性反应。

▶ **试剂配制**

Seliwanoff 试剂：0.5 g 间苯二酚溶于 1 L 盐酸(H_2O 与 HCl 的体积比为 2∶1)中，临用前配制。

1% 葡萄糖；1% 蔗糖；1% 果糖。

▶ **操作方法**

取 3 支试管，编号，各加入 Seliwanoff 试剂 1 mL，再依次分别加入待测糖溶液各 4 滴，混匀，同时放入沸水浴锅中，比较各管颜色的变化过程。

四、费林(Fehling)试验

▶ **实验原理**

费林试剂是含有硫酸铜和酒石酸钾钠的氢氧化钠溶液。硫酸铜与碱溶液混合加热，则生成黑色的氧化铜沉淀。若同时有还原糖存在，则产生黄色或砖红色的氧化亚铜沉淀。

为防止铜离子和碱反应生成氢氧化铜或碱性碳酸铜沉淀，在 Fehling 试剂中加入酒石酸钾钠，它与 Cu^{2+} 形成的酒石酸钾钠络合铜离子是可溶性的络离子，该反应是可逆的。平衡后溶液内保持一定浓度的氢氧化铜。费林试剂是一种弱的氧化剂，它不与酮和芳香醛发生反应。

▶ **试剂配制**

试剂甲：称取 34.5 g 五水硫酸铜($CuSO_4 \cdot 5H_2O$)溶于 500 mL 蒸馏水中。

试剂乙：称取 125 g NaOH 137 g 酒石酸钾钠溶于 500 mL 蒸馏水中，储存于具有橡皮塞

的玻璃瓶中。临用前,将试剂甲和试剂乙等量混合。

1% 葡萄糖溶液;1% 蔗糖溶液;1% 淀粉溶液。

▶ **操作方法**

取 3 支试管,编号,各加入费林试剂甲和乙 1 mL。摇匀后,分别加入 4 滴待测糖溶液,置沸水浴锅中加热 2～3 min,取出冷却,观察沉淀和颜色变化。

五、本尼迪克特试验

▶ **实验原理**

本尼迪克特(Benedict)试剂是费林试剂的改良。本尼迪克特试剂利用柠檬酸作为 Cu^{2+} 的络合剂,其碱性比费林试剂弱,灵敏度高,干扰因素少。

▶ **试剂配制**

本尼迪克特试剂:将 170 g 柠檬酸钠($Na_3C_6H_3O_7 \cdot 11H_2O$)和 100 g 无水碳酸钠溶于 800 mL 水中;另将 17 g 硫酸铜溶于 100 mL 热水中。将硫酸铜溶液缓缓倾入柠檬酸钠-碳酸钠溶液中,边加边搅,最后定容至 1 000 mL。该试剂可长期使用。

1% 葡萄糖溶液;1% 蔗糖溶液;1% 淀粉溶液。

▶ **操作方法**

取 3 支试管,编号,分别加入 2 mL 本尼迪克特试剂和 4 滴待测糖溶液,沸水浴锅中加热 5 min,取出后冷却,观察各管中的沉淀和颜色变化;注意与费林实验进行比较。

六、Barfoed 试验

▶ **实验原理**

在酸性溶液中,单糖和还原二糖的还原速度有明显差异。Barfoed 试剂为弱酸性。单糖在 Barfoed 试剂的作用下能将 Cu^{2+} 还原成砖红色的氧化亚铜,时间约为 3 min,而还原二糖则需 20 min 左右。因此,该反应可用于区别单糖和还原二糖。当加热时间过长,非还原性二糖经水解后也能呈现阳性反应。

▶ **试剂配制**

Barfoed 试剂:16.7 g 乙酸铜溶于近 200 mL 水中,加 1.5 mL 冰醋酸,定容至 250 mL 即可。

1% 葡萄糖溶液;1% 蔗糖溶液;1% 淀粉溶液。

▶ **操作方法**

取 3 支试管,编号,分别加入 2 mL Barfoed 试剂和 2～3 滴待测糖溶液,煮沸 2～3 min,放置 20 min 以上,比较各管的沉淀和颜色变化。

▶ **注意事项**

(1) Molisch 反应非常灵敏,0.001% 葡萄糖和 0.000 1% 蔗糖即能呈现阳性反应。因此,不可在样品中混入纸屑等杂物。当果糖浓度过高时,由于浓硫酸对它的焦化作用,将呈现红色及褐色而不呈紫色,需稀释后再做。加浓硫酸时一定要倾斜试管,小心加入。

（2）果糖与 Seliwanoff 试剂反应非常迅速,呈鲜红色,而葡萄糖所需时间较长,且只能产生黄色至淡黄色。戊糖亦与 Seliwanoff 试剂反应,戊糖经酸脱水生成糠醛,与间苯二酚缩合,生成绿色至蓝色产物。

（3）酮基本身没有还原性,只有在变成烯醇式后,才显示还原作用。

（4）糖的还原作用生成氧化亚铜沉淀的颜色取决于颗粒的大小,Cu_2O 颗粒的大小又取决于反应速度。反应速度快时,生成的 Cu_2O 颗粒较小,呈黄绿色;反应速度慢时,生成的 Cu_2O 颗粒较大,呈红色。溶液中还原糖的浓度可以从生成沉淀的量来估计,而不能依据沉淀的颜色来判断。

（5）Barfoed 反应产生的 Cu_2O 沉淀聚集在试管底部,溶液仍为深蓝色。应注意观察试管底部红色物质的出现。

思考题

（1）列表总结和比较本实验 6 种颜色反应的原理和应用。

（2）运用本实验的方法,设计 1 种鉴定未知糖的方案。

实验二　总糖和还原糖的测定(一)
——费林试剂热滴定法

▶ **目的要求**

掌握还原糖和总糖的测定原理,学习用直接滴定法测定还原糖的方法。

▶ **实验原理**

还原糖是指含有自由醛基(如葡萄糖)或酮基(如果糖)的单糖和某些二糖(如乳糖和麦芽糖)。在碱性溶液中,还原糖能将 Cu^{2+}、Hg^{2+}、Fe^{3+}、Ag^+ 等金属离子还原,而糖本身被氧化成糖酸及其他产物。糖类的这种性质常被用于糖的定性和定量测定。

本实验采用费林试剂热滴定法。费林试剂由甲、乙 2 种溶液组成。甲液含硫酸铜和亚甲基蓝(氧化还原指示剂);乙液含氢氧化钠,酒石酸钾钠和亚铁氰化钾。将一定量的甲液和乙液等体积混合时,硫酸铜与氢氧化钠反应,生成氢氧化铜沉淀:

$$2NaOH+CuSO_4 \rightleftharpoons Cu(OH)_2 \downarrow +Na_2SO_4$$

在碱性溶液中,所生成的氢氧化铜沉淀与酒石酸钠反应,生成可溶性的络合物酒石酸钾钠铜:

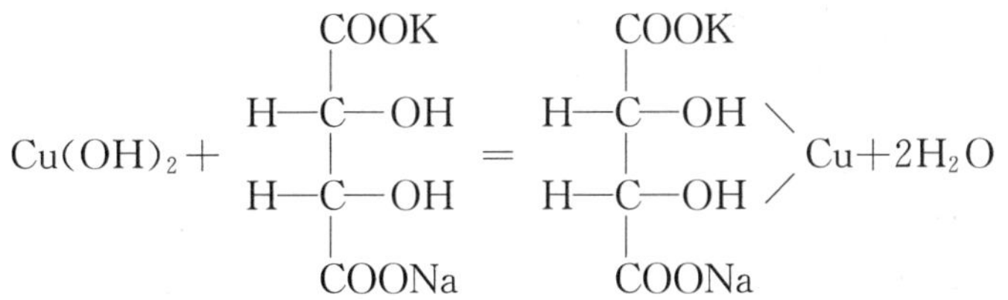

101

在加热条件下,用样液滴定,样液中的还原糖与酒石酸钾钠铜反应,酒石酸钾钠铜被还原糖还原,产生红色氧化亚铜沉淀,其反应式如下:

$$6\begin{array}{c}\text{COOK}\\|\\\text{H}-\text{C}-\text{OH}\\|\\\text{H}-\text{C}-\text{OH}\\|\\\text{COONa}\end{array}\text{Cu}+\begin{array}{c}\text{CHO}\\|\\(\text{CHOH})_4\\|\\\text{CH}_2\text{OH}\end{array}+6\text{H}_2\text{O}=6\begin{array}{c}\text{COOK}\\|\\\text{H}-\text{C}-\text{OH}\\|\\\text{H}-\text{C}-\text{OH}\\|\\\text{COONa}\end{array}+\begin{array}{c}\text{COOH}\\|\\(\text{CHOH})_3\\|\\\text{COOH}\end{array}+\text{Cu}_2\text{O}\downarrow+\text{H}_2\text{CO}_3$$

反应生成的氧化亚铜沉淀与费林试剂中的亚铁氰化钾(黄血盐)反应生成可溶性复盐,便于观察滴定终点。

$$\text{Cu}_2\text{O}+\text{K}_4\text{Fe(CN)}_6+\text{H}_2\text{O}\xrightarrow{\triangle}\text{K}_2\text{Cu}_2\text{Fe(CN)}_6+2\text{KOH}$$
(氧化亚铜)　　　　　　　　　　　　　　　　(淡黄色)

滴定时以亚甲基蓝为氧化-还原指示剂。因为亚甲基蓝氧化能力比二价铜离子弱,待二价铜离子全部被还原后,稍过量的还原糖可使蓝色的氧化型亚甲基蓝还原为无色的还原型的亚甲基蓝,即达滴定终点。根据样液量可计算出还原糖含量。

▶ **试剂和器材**

(一)试剂

费林试剂如下。

甲液:称取 15 g 硫酸铜($CuSO_4 \cdot 5H_2O$)及 0.05 g 亚甲基蓝,溶于蒸馏水中并稀释到 1 000 mL。

乙液:称取 50 g 酒石酸钾钠及 75 g NaOH,溶于蒸馏水中,再加入 4 g 亚铁氰化钾 $[K_4Fe(CN)_6]$,完全溶解后,用蒸馏水稀释到 1 000 mL,储存于具橡皮塞玻璃瓶中。

0.1%葡萄糖标准溶液:准确称取 1 000 g 经 98～100 ℃ 干燥至恒重的无水葡萄糖,加蒸馏水溶解后移入 1 000 mL 容量瓶中,加入 5 mL 浓盐酸(防止微生物生长),用蒸馏水稀释到 1 000 mL。

6 mol/L 盐酸:取 250 mL 浓盐酸(35%～38%)用蒸馏水稀释到 500 mL。

碘-碘化钾溶液:称取 5 g 碘,10 g 碘化钾溶于 100 mL 蒸馏水中。

6 mol/L 氢氧化钠:称取 120 g 氢氧化钠溶于 500 mL 蒸馏水中。

0.1%酚酞指示剂。

(二)材料

藕粉,淀粉。

(三)器材

试管 3.0×20 cm(1个);移液管 5 mL(2个);烧杯 100 mL(1个);250 mL 锥形瓶;调温电炉;滴定管 25 mL(1支)。

▶ **操作方法**

(一)样品中还原糖的提取

准确称取 1 g 藕粉,放在 100 mL 烧杯中,先以少量蒸馏水调成糊状,然后加入约 40 mL

蒸馏水,混匀,于 50 ℃ 恒温水浴锅中保温 20 min,不时搅拌,使还原糖浸出。过滤,将滤液全部收集在 50 mL 的容量瓶中,用蒸馏水定容至刻度,即为还原糖提取液。

（二）样品中总糖的水解及提取

准确称取 1 g 淀粉,放在大试管中,加入 6 mol/L HCl 10 mL、蒸馏水 15 mL,在沸水浴锅中加热 0.5 h,取出 1～2 滴置于白瓷板上,加 1 滴 I－KI 溶液检查水解是否完全。如已水解完全,则不呈现蓝色。水解毕。冷却至室温后加入 1 滴酚酞指示剂,以 6 mol/L NaOH 溶液中和至溶液呈微红色,并定容到 100 mL,过滤取滤液 10 mL 于 100 mL 容量瓶中,定容至刻度,混匀,即为稀释 1 000 倍的总糖水解液,用于总糖测定。

（三）空白滴定

准确吸取费林试剂甲液和乙液各 5.00 mL,置于 250 mL 锥形瓶中,加蒸馏水 10 mL。从滴定管滴加约 9 mL 葡萄糖标准溶液,加热使其在 2 min 内沸腾,准确沸腾 30 s,趁热以 2 s 加入 1 滴的速度继续滴加葡萄糖标准溶液,直至溶液蓝色刚好褪去为终点。记录消耗葡萄糖标准溶液的总体积。平行操作 3 次,取其平均值,按下式计算:

$$m_F = \rho \times V$$

式中: m_F 为 10 mL 费林试剂(甲液和乙液各 5.00 mL)相当于葡萄糖的质量,mg; ρ 为葡萄糖标准溶液的质量浓度,mg/mL; V 为标定时消耗葡萄糖标准溶液的总体积,mL。

（四）样品糖的定量测定

(1) 样品溶液预测定:吸取费林试剂甲液及乙液各 5.00 mL,置于 250 mL 锥形瓶中,加蒸馏水 10 mL,加热使其在 2 min 内沸腾,准确沸腾 30 s,趁热以先快后慢的速度从滴定管中滴加样品溶液,滴定时要保持溶液呈沸腾状态。待溶液由蓝色变浅时,以 2 s 加入 1 滴的速度滴定,直至溶液的蓝色刚好褪去为终点。记录样品溶液消耗的体积。

(2) 样品溶液测定:吸取费林试剂甲液及乙液各 5.00 mL,置于锥形瓶中,加蒸馏水 10 mL,加玻璃珠 3 粒,从滴定管中加入比与测试样品溶液消耗的总体积少 1 mL 的样品溶液,加热使其在 2 min 内沸腾,准确沸腾 30 s,趁热以 2 s 加入 1 滴的速度继续滴加样液,直至蓝色刚好褪去为终点。记录消耗样品溶液的总体积。平行操作 3 次,取其平均值。

（五）结果处理

$$还原糖的百分含量（以葡萄糖计）= \frac{m_F \times V_1}{m \times V \times 1\,000} \times 100\%$$

$$总糖的百分含量（以葡萄糖计）= \frac{m_F \times V_1}{m \times V \times 1\,000} \times 100\%$$

式中: m 为样品质量,g; m_F 为 10 mL 费林试剂(甲液和乙液各 5.00 mL)相当于葡萄糖的量,mg; V 为标定时平均消耗还原糖或总糖样品溶液的总体积,mL; V_1 为还原糖或总糖样品溶液的总体积,mL;1 000 为 mg 换算成 g 的系数。

▶ **注意事项**

(1) 费林试剂甲液和乙液应分别储存,用时才混合,否则酒石酸钾钠铜络合物长期在碱性条件下会慢慢分解析出氧化亚铜沉淀,使试剂有效浓度降低。

(2)滴定必须是在沸腾条件下进行,其原因如下:一是加快还原糖与 Cu^{2+} 的反应速度;二是亚甲基蓝的变色反应是可逆的,还原型的亚甲基蓝遇空气中的氧时会再被氧化为氧化型。此外,氧化亚铜极不稳定,易被空气中的氧所氧化。保持反应液沸腾可防止空气进入,避免亚甲基蓝和氧化亚铜被氧化而增加消耗量。

(3)滴定时不能随意摇动锥形瓶,更不能把锥形瓶从热源上取下来滴定,以防止空气进入反应溶液中。

思考题

(1)在费林试剂热滴定法中为什么用亚甲基蓝作为滴定终点的指示剂?

(2)用费林试剂热滴定法测定还原糖,为什么整个滴定过程必须使溶液处于沸腾状态?

(3)在费林试剂热滴定法中样品溶液预测定有何作用?

实验三　总糖和还原糖的测定(二)
——3,5-二硝基水杨酸法

▶**目的要求**

(1)掌握还原糖和总糖的测定原理。

(2)学习用比色法测定还原糖的方法。

▶**实验原理**

在 NaOH 和甘油存在时,3,5-二硝基水杨酸(DNS)与还原糖共热后被还原生成氨基化合物(图 3-1)。在过量的 NaOH 碱性溶液中此化合物呈橘红色,在 540 nm 波长处有最大吸收,在一定的浓度范围内,还原糖的量与光吸收值呈线性关系,利用比色法可测定样品中的含糖量。

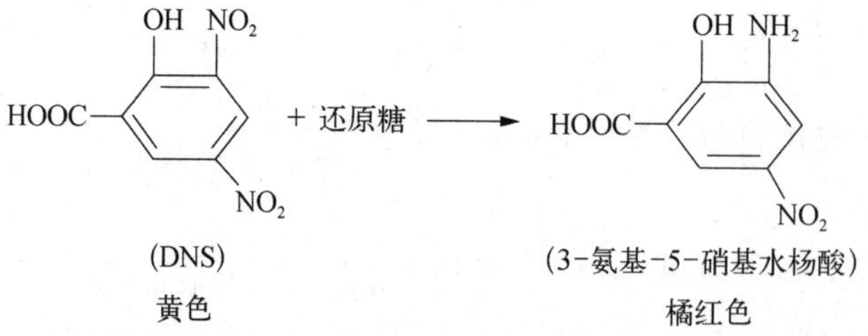

图 3-1　3,5-二硝基水杨酸与还原糖的反应

▶**试剂和器材**

(一)试剂

3,5-二硝基水杨酸(DNS)试剂:称取 6.5 g DNS 溶于少量热蒸馏水中,溶解后移入

1 000 mL 容量瓶中,加入 2 mol/L 氢氧化钠溶液 325 mL,再加入 45 g 丙三醇,摇匀,冷却后定容至 1 000 mL。

葡萄糖标准溶液:准确称取干燥恒重的葡萄糖 200 mg,加少量蒸馏水溶解后,以蒸馏水定容至 100 mL,即含 2.0 mg/mL 葡萄糖。

6 mol/L HCl:取 250 mL 浓 HCl(35%～38%)用蒸馏水稀释到 500 mL。

碘-碘化钾溶液:称取 5 g 碘,10 g 碘化钾溶于 100 mL 蒸馏水中。

6 mol/L NaOH:称取 240 g NaOH 溶于 1 000 mL 蒸馏水中。

0.1% 酚酞指示剂。

(二)材料

无糖藕粉,玉米淀粉。

(三)器材

试管 1.5 cm×15 cm(13 个),3.0 cm×20 cm(1 个);移液枪(量程 100～1 000 μL),移液管 10 mL(1 个);水浴锅;电磁炉;分光光度计。

▶ 操作方法

(一)葡萄糖标准曲线制作

取 6 支 1.5 cm×15 cm 试管,按表 3-1 加入 2.0 mg/mL 葡萄糖标准液和蒸馏水。

表 3-1　加 入 试 剂 量

试管号	葡萄糖标准液体积/mL	蒸馏水体积/mL	葡萄糖质量浓度/(mg/mL)	$A_{540\,nm}$ 值
1	0	1	0	
2	0.2	0.8	0.4	
3	0.4	0.6	0.8	
4	0.6	0.4	1.2	
5	0.8	0.2	1.6	
6	1	0	2	

在上述试管中分别加入 DNS 试剂 2.0 mL,于沸水浴锅中加热 2 min 进行显色,取出后用流动水迅速冷却,各加入蒸馏水 9.0 mL,摇匀,在 540 nm 波长处测定光吸收值。以葡萄糖质量浓度(mg/mL)为横坐标,光吸收值($A_{540\,nm}$值)为纵坐标,绘制标准曲线。

(二)样品中还原糖的提取

准确称取 1.0 g 无糖藕粉,放在 100 mL 烧杯中,先以少量蒸馏水调成糊状,然后加入约 30 mL 蒸馏水,混匀,于 50 ℃ 恒温水浴锅中保温 20 min,不时搅拌,使还原糖浸出。过滤后将滤液全部收集在 50 mL 的容量瓶中,用蒸馏水定容至刻度,即为还原糖提取液。

（三）样品总糖的水解及提取

准确称取 0.5 g 淀粉，放在大试管中，加入 6 mol/L 盐酸 10 mL，蒸馏水 15 mL，在沸水浴锅中加热 20 min，取出 1～2 滴置于白瓷板上，加 1 滴 I-KI 溶液检查水解是否完全。如已水解完全，则不呈现蓝色。水解毕，冷却至室温后加入 1 滴酚酞指示剂，以 6 mol/L 氢氧化钠溶液中和至溶液呈微红色，并定容到 100 mL，过滤取滤液 10 mL 于 100 mL 容量瓶中，定容至刻度，混匀，即为稀释 1 000 倍的总糖水解液，用于总糖测定。

（四）样品中含糖量的测定

取 7 支 1.5 cm×15 cm 试管，分别按表 3-2 加入试剂：

表 3-2　加入试剂量

试　　剂	蒸馏水	还　原　糖			总　　糖		
	编　　　　号						
	1	2	3	4	5	6	7
样品溶液体积/mL	1	1	1	1	1	1	1
3,5-二硝基水杨酸试剂体积/mL	2	2	2	2	2	2	2
$A_{540\,nm}$值							

加完试剂后，于沸水浴锅中加热 2 min 进行显色，取出后用流动水迅速冷却，各加入蒸馏水 9.0 mL，摇匀，在 540 nm 波长处测定光吸收值。测定后，取样品的光吸收平均值在标准曲线上查出相应的糖含量。

（五）计算

按下式计算出样品中还原糖和总糖的百分含量：

$$还原糖含量（以葡萄糖计）\% = \frac{\rho \times V}{m \times 1\,000} \times 100$$

$$总糖含量（以葡萄糖计）\% = \frac{\rho \times V}{m \times 1\,000} \times 100$$

式中：ρ 为还原糖或总糖提取液的浓度，mg/mL；V 为还原糖或总糖提取液的总体积，mL；m 为样品质量，g；1 000 为 mg 换算成 g 的系数。

▶ **注意事项**

（1）标准曲线制作与样品含糖量测定应同时进行，一起显色和比色。

（2）样品比色前一定要充分混匀。

思考题

（1）比色时为什么要设计空白管？

（2）糖测定过程中的干扰物质有哪些？如何除去？

实验四 粗脂肪的定量测定

▶ **目的要求**

（1）学习和掌握索氏提取器提取脂肪的原理和方法。

（2）学习和掌握用重量分析法对粗脂肪进行定量测定。

▶ **实验原理**

粗脂肪是指包括脂肪、游离脂酸、腊、磷脂、固醇和色素等脂溶性物质的总称。这类物质一般溶于乙醚、石油醚和苯及氯仿等，不溶于水或微溶于水。

索氏提取器由提取瓶、提取管和冷凝器三部分组成的。索氏提取器装置如图 3-2 所示。提取时，将待测样品包在脱脂滤纸内，放入提取管内。提取管内加入无水乙醚。加热提取瓶无水乙醚气化，由连接管上升进入冷凝器，凝成液体滴入提取管内，浸提样品中的脂类物质。待提取管内的无水乙醚液面达到一定高度，溶有粗脂肪的无水乙醚经虹吸管流入提取瓶。流入提取瓶的无水乙醚继续被加热汽化、上升和冷凝，滴入提取管内，如此循环往复，直到抽提完全为止。

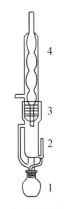

1—提取瓶；
2—虹吸管；
3—提取管；
4—冷凝管。

图 3-2
索氏脂肪
抽提器

本法利用乙醚在索氏提取器中提取样品中的脂肪，然后蒸发除去乙醚，干燥、称重，即可得样品中粗脂肪的百分含量。

▶ **试剂和器材**

（一）试剂

无水乙醚

（二）材料

花生仁

（三）器材

索氏提取器(50 mL)，分析天平，烘箱，电加热板，脱脂滤纸，脱脂棉，镊子，烧杯。

▶ **操作方法**

（一）样品处理

将干净的花生仁放在 80～100 ℃烘箱中烘 4 h。待冷却后，准确称取 2 g，置于研钵中研磨细，将样品及擦净研钵的脱脂棉一并用脱脂滤纸包扎好，勿使样品漏出。

（二）抽提

将洗净的索氏提取瓶，在 105 ℃烘箱内烘干至恒重，记录质量。将无水乙醚加到提取瓶内约为瓶容积的 1/2～2/3，再将样品包放入提取管内。把提取器各部分连接后，接口处不能漏气。用电热板加热回馏 2～4 h。控制电热板的温度，每小时回馏 3～5 次为宜。直到用滤纸检验提取管中的乙醚液无油迹为止。

提取完毕，取出滤纸包，再回馏一次，洗涤提取管。当提取管中的无水乙醚液面接近虹吸管口时,倒出无水乙醚。若提取瓶中仍有乙醚,继续蒸馏,直至提取瓶中无水乙醚完全蒸完。取下提取瓶,用吹风机在通风橱中将剩下的乙醚吹尽,再置入 105 ℃ 烘箱中烘干、恒重,记录质量。

（三）计算

按下式计算样品中粗脂肪的百分比含量。

$$粗脂肪的含量 = \frac{(W - W_0)}{样品重量} \times 100\%$$

式中：W_0 为接收瓶质量；W 为提取脂肪干燥后接收瓶质量。

▶ **注意事项**

（1）乙醚易燃、易爆,应注意规范操作。

（2）待测样品若是液体,应将一定体积的样品滴在脱脂滤纸上,在 60～80 ℃ 烘箱中烘干后,放入提取管内。

思考题

（1）做好本实验应注意哪些事项？

（2）索氏提取法为什么又称游离脂肪酸定量测定法？

实验五　食品油脂中过氧化值的测定

▶ **目的要求**

了解并掌握过氧化值测定的原理和方法。

▶ **实验原理**

过氧化值是衡量油脂中过氧化物含量的重要指标。过氧化值表示油脂自动氧化初期形成的氢过氧化物的数量,其值愈高,表明脂肪酸进行氧化的程度愈强。当过氧化值开始明显升高时,表明了油脂大量被氧化,油脂的稳定性降低,脂肪酸发生酸败。

本实验利用油脂中的过氧化物将 Fe^{2+} 氧化成 Fe^{3+},再与硫氰酸钾结合成橙红色硫氰酸铁络合物,于 500 nm 处测定吸光度,由 Fe^{3+} 标准曲线求得 Fe^{3+} 含量,然后根据换算系数计算出样品的过氧化值。

▶ **试剂和器材**

（一）试剂

氯化亚铁溶液：准确称取 0.35 g 氯化亚铁四水合物（$FeCl_2 \cdot 4H_2O$）于 100 mL 棕色容量瓶中,加水溶解后,加 2 mL 10 mol/L 盐酸溶液,用水稀释至满刻度（该溶液在 4 ℃ 冰箱内储存可稳定 1 年以上）。

Fe^{3+} 标准溶液（10 μg/mL）：精密称取铁粉 0.500 0 g 溶解于 50 mL 10 mol/L 盐酸溶液

中,加入 2 mL 30％ 过氧化氢溶液,加热煮沸 5 min,冷却后用水定容至 500 mL,吸取此溶液 1 mL 于 100 mL 容量瓶中,用氯仿-甲醇(7∶3) 定容至满刻度。

氯仿-甲醇(7∶3) 溶液。

30％硫氰酸钾溶液。

（二）测试样品

动植物油脂。

（三）器材

7504 型分光光度计,10 mL 具塞比色管,移液管。

▶ **操作方法**

（一）油脂提取

取样品适量,碾碎后用石油醚浸泡(浸泡时间根据含油脂量确定),过滤,用2％硫酸钠溶液洗涤石油醚提取液,通过无水硫酸钠过滤,用氮气除尽石油醚得油脂。

（二）制作标准曲线

取 9 支试管编号后,吸取 Fe^{3+} 标准溶液 0、0.5、1.0、1.5、2.0、2.5、3.0、3.5 和 4.0 mL 分别置于 10 mL 具塞比色管中,用氯仿-甲醇(体积比 7∶3) 定容至满刻度,加入 0.05 mL 30％硫氰酸钾溶液,摇匀后放置 5 min,于 500 nm 处,用 1 cm 比色皿测定吸光度,绘制标准曲线。

（三）样品测定

精密称取 0.02 g 油脂于 10 mL 具塞比色管中,用氯仿-甲醇(体积比 7∶3) 溶解后定容至满刻度,加入 0.05 mL 二氯化铁溶液,摇匀,加入 0.05 mL 30％ 硫氰酸钾溶液,摇匀后放置 5 min,以氯仿-甲醇(体积比 7∶3) 混合溶剂为参比溶液,于 500 nm 处,用 1 cm 比色皿测定吸光度,同时做空白管。

然后,从标准曲线上可查出样品中总胆固醇的含量。

（四）计算

$$X = \frac{A}{55.84 \times 2 \times m}$$

式中:X 为样品中的过氧化值,mmoL/kg;A 为从标准曲线求得的样品测定液中 Fe^{3+},μg; m 为样品质量,g;55.84 为铁相对原子质量;2 为校正因子。

▶ **注意事项**

（1）本实验选用石油醚作为油脂提取溶剂,沸点低、易挥发,测定结果稳定。

（2）在进行本方法的实验中,应特别注意防止 Fe^{3+} 的污染,避免使用金属器具。二氯化铁溶液中 Fe^{2+} 易被氧化成 Fe^{3+},随着存放时间的延长,空白值逐渐增高,应重新配制。

思考题

本实验操作中特别需要注意些什么？为什么？

实验六　油脂中酸值的测定

▶ **目的要求**

了解并掌握油脂中酸值测定的原理和方法。

▶ **实验原理**

油脂在储藏过程中,如水分、杂质含量高和温度高时,脂肪酶活性大,也会使植物油中游离脂肪酸含量增高。因此,测定油脂中酸值可以评价油脂品质的好坏,也可以判断储藏期间品质变化情况,还可以指导油脂碱炼工艺,提供需要的加碱量。

油脂中酸值是指中和 1 g 油脂中游离脂肪酸所需氢氧化钾的质量(以 mg 计)。这是检验油脂中游离脂肪酸含量的一项指标。

利用游离脂肪酸溶于有机溶剂的特性,用中性乙醚、乙醇混合液溶解油样及其中的游离脂肪酸,然后用标准碱液进行滴定,根据油样质量和消耗的碱液量计算油脂酸值。滴定反应式如下:

$$R—COOH+KOH \rightarrow R—COOK+H_2O$$

▶ **试剂和器材**

(一)试剂

95%中性乙醇:于 500 mL 95%乙醇中加 6~8 滴酚酞,用 0.5 mol/L 氢氧化钾溶液滴至刚显红色,再以 0.1 mol/L 的盐酸滴至红色刚褪为止。

0.1 mol/L 氢氧化钾-95%乙醇标准滴定溶液。

1%酚酞乙醇指示剂。

(二)测试样品

动植物油脂。

(三)器材

分析天平,三角瓶,滴定管。

▶ **操作方法**

(1)称取油脂样品 1 g(称准至 0.001 g),加入 70 mL 中性乙醇,置水浴锅上加热至沸,并充分搅拌,滴加酚酞溶液 3~4 滴,迅速以氢氧化钾标准溶液滴定至呈现粉红色 30 s 内不褪为止,即为终点。

(2)计算

按下式计算:

$$w = V \times c \times 56.1/m$$

式中:w 为酸值(KOH),mg/g;c 为氢氧化钾标准溶液的实际,mol/L;V 为滴定消耗的体积,mL;m 为样品的质量,g;56.1 为氢氧化钾的相对分子质量。

▶ **注意事项**

（1）若油脂颜色较深,可改用 2 g/L 碱性蓝 6B 乙醇溶液代替酚酞作为指示剂。该试剂在酸性介质中显蓝色,在碱性介质中显红色。如果油脂本身带红色,宜用 1‰百里酚酞乙醇溶液作指示剂;颜色深的油脂,应先在分液漏斗中用乙醇提取游离脂肪酸,与杂质色素分离后,再以碱性蓝作为指示剂,滴定抽出的脂肪酸。油脂颜色深时,酸值用电位法测定为佳。

（2）滴定终点的确定:滴定到溶液显红色后保持不褪色的时间,必须严格控制在 30 s 以内。如时间过长,稍过量的碱将使中性油脂皂化而红色褪去,从而多消耗碱。

思考题

在对油脂进行酸值指标测定的时候,为什么不直接采用 KOH 水溶液而是采用 KOH 乙醇溶液进行滴定?

实验七　脂肪碘值的测定

▶ **目的要求**

（1）学习脂肪碘值测定的原理和方法。

（2）了解测定脂肪碘值的意义。

▶ **实验原理**

在脂肪中,不饱和脂肪酸链上有不饱和键,可与卤素气体（Cl_2,Br_2,I_2）进行加成反应,不饱和键数目越多,加成的卤素量就越多,通常以"碘值"表示。在一定条件下,每 100 g 脂肪所吸收的碘的质量（以 g 计）称为该脂肪的"碘值"。碘值越高,表明不饱和脂肪酸的含量越高,它是鉴定和鉴别油脂的一个重要指标。

本实验使用溴化碘（IBr）进行碘值测定。IBr 的一部分与不饱和脂肪酸起加成作用,剩余部分与碘化钾作用放出碘,放出的碘用硫代硫酸钠滴定。具体反应式如下。

$$加成反应: -CH=CH- + IBr \longrightarrow \begin{array}{ccc} H & & H \\ | & & | \\ -C & - & C- \\ | & & | \\ I & & Br \end{array}$$

释放碘：$IBr + KI \longrightarrow KBr + I_2$

滴定：$I_2 + 2Na_2SO_4 \longrightarrow 2NaI + Na_2S_4O_6$

▶ **试剂和器材**

（一）试剂

Hanus 溴化碘溶液：取 12.2 g 碘,放入 1 500 mL 锥形瓶内,缓慢加入 1 000 mL 冰乙酸（99.5％）,边加边摇,同时在水浴锅中加热,使碘溶解。冷却后,加溴约 3 mL。储于棕色瓶中。

0.1 mol/L 标准硫代硫酸钠溶液：取结晶硫代硫酸钠 25 g,溶于经煮沸后冷却的蒸馏水

（无 CO_2）中。添加 Na_2CO_3 约 0.2 g（硫代硫酸钠溶液在 pH＝9～10 时最稳定）。稀释到 1 000 mL 后，用标准 0.1 mol/L 碘酸钾溶液按下法标定：

准确地量取 0.1 mol/L 碘酸钾溶液 20 mL、10% 碘化钾溶液 10 mL 和 1 mol/L 硫酸 20 mL，混合均匀。以 1% 淀粉溶液作为指示剂，用硫代硫酸钠溶液进行标定，按下面所列反应式计算硫代硫酸钠溶液的浓度后，用水稀释至 0.1 mol/L。

$$KIO_3＋5KI＋3H_2SO_4 \longrightarrow 3K_2SO_4＋3I_2＋3H_2O$$

$$I_2＋2Na_2S_2O_3 \longrightarrow 2NaI＋Na_2S_4O_6$$

纯四氯化碳；1% 淀粉溶液（溶于饱和氯化钠溶液中）；10% 碘化钾溶液。

（二）材料

花生油或猪油。

（三）器材

碘瓶（或带玻璃塞的锥形瓶），棕色、无色滴定管各 1 支，吸量管，量筒，天平。

▶ **操作方法**

准确地称取 0.3～0.4 g 花生油 2 份，置于 2 个干燥的碘瓶内，切勿使油粘在瓶颈或壁上。加入 10 mL 四氯化碳，轻轻摇动，使油全部溶解。用滴定管仔细地加入 25 mL 溴化碘溶液（Hanus 溶液），勿使溶液接触瓶颈。盖好瓶塞，在玻璃塞与瓶口之间加数滴 10% 碘化钾溶液封闭缝隙，以免碘挥发损失。在 20～30 ℃暗处放置 30 min，并不时轻轻摇动。放置30 min 后，立刻小心地打开玻璃塞，使塞旁碘化钾溶液流入瓶内，切勿丢失。用新配制的 10% 碘化钾 10 mL 和蒸馏水 50 mL 把玻璃塞和瓶颈上的液体冲洗入瓶内，混匀。用 0.1 mol/L 硫代硫酸钠溶液迅速滴定至浅黄色。加入 1% 淀粉溶液约 1 mL，继续滴定。将近滴定终点时，用力振荡，使碘由四氯化碳层全部进入水溶液内。再滴定至蓝色消失为止，即达滴定终点。

另做 2 份空白对照，除不加样品外，其余操作同上。滴定后，将废液倒入废液缸内，以便回收四氯化碳。

按下式计算碘值：

$$碘值 = \frac{(V_1－V_2)m_1 \times 100}{m}$$

式中：V_1 为滴定空白用去的 $Na_2S_2O_3$ 溶液的平均体积，mL；V_2 为滴定碘化后样品用去的 $Na_2S_2O_3$ 溶液的平均体积，mL；m 为样品的质量，g；m_1 为与 1 mL 0.1 mol/L 硫代硫酸钠溶液相当的碘的质量，g。

▶ **注意事项**

（1）碘瓶必须洗净，干燥，否则瓶中的油中含有水分，引起反应不完全。加入碘试剂后，如发现碘瓶中颜色变成浅褐色时，表明试剂不够，必须再添加 10～15 mL 试剂。

（2）如加入碘试剂后，液体变浊，这表明油脂在 CCl_4 中溶解不完全，可再加些 CCl_4。

（3）将近滴定终点时，用力振荡是本滴定成败的关键之一，否则容易滴过头或不足。如振荡不够,CCl₄层会出现紫色或红色。此时,应当用力振荡,使碘进入水层。

(4)淀粉溶液不宜加得过早。否则,滴定值偏高。

思考题

(1)测定碘值有何意义?液体油和固体脂碘值之间有何区别?

(2)加入溴化碘溶液后,为何要在暗处存放 30 min?

(3)在滴定过程中,淀粉溶液为何不能过早加入?

(4)滴定完毕放置一段时间后,溶液返回蓝色,否则表示滴定过量,为什么?

实验八　血清总胆固醇的测定

▶ **目的要求**

了解并掌握胆固醇测定的原理和方法。

▶ **实验原理**

血清胆固醇(chol)测定是动脉粥样硬化性疾病防治、临床诊断和营养研究的重要指标。正常人血清胆固醇含量为 $2.6 \sim 6.5$ mmol/L($100 \sim 250$ mg/mL)。

胆固醇是环戊烷多氢菲的衍生物,它不仅参与血浆蛋白的组成,而且也是细胞的必要结构成分,还可以转化成胆汁酸盐、肾上腺皮质激素和维生素 D 等。胆固醇在体内以游离胆固醇及胆固醇酯两种形式存在,统称总胆固醇。总胆固醇的测定有化学比色法和酶学方法两类。本实验采用前一种方法。

胆固醇及其酯在硫酸作用下与邻苯二甲醛产生紫红色物质,此物质在 550 nm 波长处有最大吸收。因此,可用比色法作为总胆固醇的定量测定。胆固醇含量在 10.3 mmol/L(400 mg/100 mL)以内时,与光吸收值呈良好线性关系。

本法不必离心,颜色产物也比较稳定。

▶ **试剂和器材**

(一)试剂

邻苯二甲醛试剂:称取邻苯二甲醛 50 mg,以无水乙醇溶至 50 mL 冷藏,有效期为 45 d。

混合酸:冰乙酸 100 mL 与浓硫酸 100 mL 混合。

标准胆固醇储存液(1 mg/mL):准确称取胆固醇 100 mg,溶于冰乙酸中,定容至 100 mL。

标准胆固醇工作液(0.1 mg/mL):将上述储存液以冰乙酸稀释 10 倍,即取 10 mL 用冰乙酸稀释至 100 mL。

(二)测试样品

0.1 mL 人血清以冰乙酸稀释至 4.00 mL。

(三)器材

试管 1.5 cm×15 cm(12 个);移液管 0.5 mL(5 个),10 mL(1 个),0.1 mL(1 个);分光光度计。

▶ **操作方法**

（一）制作标准曲线

取9支试管编号后，按表3-3顺序加入试剂。

表3-3　加入试剂量

试管号	体积/mL				相当于未知血清中总胆固醇量/mg%	A_{550}
	标准胆固醇工作液	冰乙酸	邻苯二甲醛试剂	混合酸		
0	0	0.40	0.20	4.00	0	
1	0.05	0.35	0.20	4.00	50	
2	0.10	0.30	0.20	4.00	100	
3	0.15	0.25	0.20	4.00	150	
4	0.20	0.20	0.20	4.00	200	
5	0.25	0.15	0.20	4.00	250	
6	0.30	0.10	0.20	4.00	300	
7	0.35	0.05	0.20	4.00	350	
8	0.40	0	0.20	4.00	400	

加毕，温和混匀，20～37 ℃下静置10 min，在550 nm波长处测定光吸收值。以总胆固醇量(mg%)为横坐标，光吸收值为纵坐标做出标准曲线。

（二）样品测定

取3支试管编号后，分别按表3-4加入试剂，与标准曲线同时作比色测定。

表3-4　试剂添加剂

试剂		对照	样品1	样品2
体积/mL	稀释的未知血清样品	0	0.40	0.40
	邻苯二甲醛试剂	0.20	0.20	0.20
	冰乙酸	0.40	0	0
	混合酸	4.00	4.00	4.00
A_{550}				

加毕，温和混匀，20～37 ℃下静置10 min，在550 nm下测定光吸收值。然后，从标准曲线上可查出样品中总胆固醇的含量。

▶ **注意事项**

(1) 本法在 20～37 ℃条件下显色。

(2) 混合酸黏度比较大,颜色容易分层,比色前一定要混匀。

思考题

(1) 本实验操作中特别需要注意些什么? 为什么?

(2) 酯类难溶于水,将它们均匀分散在水中则形成乳浊液,为什么正常人血浆和血清中含有酯类虽多,但却清澈透明?

实验九 总黄酮的提取和测定

▶ **目的要求**

学习黄酮类化合物的测定原理和方法。

▶ **实验原理**

黄酮类化合物是植物的重要次生代谢产物,也是一些保健品和中药材的有效成分之一。黄酮类化合物的定量方法常用的有 HPLC 法和分光光度法,在实际生产和科研过程中,对于黄酮单体的定量常采用 HPLC 法,而对总黄酮的测定,考虑到方法的简便、快捷及可行性,多采用在碱性介质中加铝盐显色的分光光度法。在碱性条件下,黄酮类化合物与铝盐形成络合物,在 500 nm 波长处有最大吸收峰。标准品选用芦丁。

▶ **试剂和器材**

(一) 试剂

芦丁标准品。

5％$NaNO_2$;10％$Al(NO_3)_3$;5％NaOH;70％乙醇。

(二) 材料

新鲜银杏叶。

(三) 器材

容量瓶 10 mL(7 个),25 mL(1 个),100 mL(2 个);吸管 0.5 mL(2 个),1 mL(2 个),2 mL(1 个),5 mL(1 个);分光光度计。

▶ **操作方法**

(一) 制作标准曲线

精密称取芦丁标准品 5 mg,用 70％乙醇溶解,定容于 25 mL 容量瓶中,摇匀,得 0.2 mg/mL 的标准溶液。

精确吸取标准溶液 0、0.2、0.4、0.6、0.8、1.0、1.2 mL,分别置于 10 mL 容量瓶中,加入 5％$NaNO_2$ 0.4 mL,摇匀,放置 6 min;加入 10％$Al(NO_3)_3$ 0.4 mL,摇匀,放置 6 min;加入 5％NaOH 4.0 mL,再加水至满刻度,摇匀,放置 15 min。以试剂空白作为参比溶液。用 1 cm 比

色皿,在 500 nm 波长处测定吸光度,绘制标准曲线。

(二)总黄酮的提取

把新鲜的银杏叶低温烘干,使水分小于 8%,制成干粉。精确称取干粉 1.0 g,置于 100 mL 容量瓶中,加入 70%乙醇 30 mL,浸泡 24 h。超声波提取 30 min,过滤,滤液用 70% 乙醇定容于 100 mL 容量瓶中,得到黄酮提取液,待用。

(三)测定

吸取黄酮提取液 1.00 mL,置于 10 mL 容量瓶中,加入 5% $NaNO_3$ 0.4 mL,摇匀,放置 6 min;加入 10% $Al(NO_3)_3$ 0.4 mL,摇匀,放置 6 min;加入 5% NaOH 4.0 mL,再加水至刻度,摇匀,放置 15 min。以试剂空白作为参比溶液。用 1 cm 比色皿,在 500 nm 波长处测定吸光度,由标准曲线法计算总黄酮含量。

▶ **注意事项**

对于某些热敏成分的提取,采用超声波破碎法效果较为理想。由于此过程是一个物理过程,浸提过程中无化学反应,被浸提的生物活性物质在一定时间内保持不变。

思考题

简述黄酮类化合物的生理作用。

实验十　蛋白质的两性性质及等电点的测定

▶ **目的要求**

(1) 了解蛋白质的两性性质。

(2) 掌握通过聚沉测定蛋白质等电点的方法。

▶ **实验原理**

蛋白质是两性电解质。蛋白质分子中可以解离的基团除 N 端 α-氨基与 C 端 α-羧基外,还有肽链上某些氨基酸残基的侧链基团,如酚基、巯基、胍基和咪唑基等基团,它们都能解离为带电基团。因此,在蛋白质溶液中存在着下列平衡:

$$\underset{\substack{\text{阳离子}\\ pH<pI}}{\overset{\substack{COOH\\ H_3\overset{+}{N}-C-H\\ R}}{}} \underset{\overset{H^+}{OH^-}}{\rightleftharpoons} \underset{\substack{\text{两性离子}\\ pH=pI}}{\overset{\substack{COO^-\\ H_3\overset{+}{N}-C-H\\ R}}{}} \underset{\overset{H^+}{OH^-}}{\rightleftharpoons} \underset{\substack{\text{阴离子}\\ pH>pI}}{\overset{\substack{COO^-\\ H_2N-C-H\\ R}}{}}$$

阳离子　　　　　两性离子　　　　阴离子

pH<pI　　　　　pH=pI　　　　　pH>pI

电场中:移向阴极　不移动　　　　移向阳极

调节溶液的 pH 值使蛋白质分子的酸性解离与碱性解离相等,即所带正负电荷相等,净电荷为零,此时溶液的 pH 值称为蛋白质的等电点。在等电点时,蛋白质溶解度最小,溶液的混浊度最大,配制不同 pH 值的缓冲液,观察蛋白质在这些缓冲液中的溶解情况即可确定蛋白质的等电点。

▶**试剂和器材**

(一)试剂

1 mol/L 乙酸:吸取 99.5% 乙酸(密度为 1.05 g/cm³)2.875 mL,加水至 50 mL。

0.1 mol/L 乙酸:吸取 1 mol/L 乙酸 5 mL,加水至 50 mL。

0.01 mol/L 乙酸:吸取 0.1 mol/L 乙酸 5 mL,加水至 50 mL。

0.2 mol/L NaOH:称取 NaOH 2.000 g,加水至 50 mL,配成 1 mol/L NaOH。

然后,量取 1 mol/L NaOH 10 mL,加水至 50 mL,配成 0.2 mol/L NaOH。

0.2 mol/L HCl:吸取 37.2%(密度为 1.19 g/cm³)HCl 4.17 mL,加水至 50 mL,配成 1 mol/L HCl。然后吸取 1 mol/L HCl 10 mL,加水至 50 mL,配成 0.2 mol/L HCl。

0.01% 溴甲酚绿指示剂:称取溴甲酚绿 0.005 g,加 0.29 mL 1 mol/L NaOH,然后加水至 50 mL。

(二)测试样品

0.5% 酪蛋白溶液:称取酪蛋白(干酪素)0.25 g 放入 50 mL 容量瓶中,加入约 20 mL 水,再准确加入 1 mol/L NaOH 5 mL,当酪蛋白溶解后,准确加入 1 mol/L 乙酸 5 mL,最后加水稀释定容至 50 mL,充分摇匀。

(三)器材

试管 1.5 cm×15 cm(8 个);移液管 1 mL(4 个),2 mL(4 个),10 mL(2 个);胶头滴管(2 个)。

▶**操作方法**

(一)蛋白质的两性反应

(1)取 1 支试管,加 0.5% 酪蛋白 1 mL,再加溴甲酚绿指示剂 4 滴,摇匀。此时溶液呈蓝色,无沉淀生成。

(2)用胶头滴管慢慢加入 0.2 mol/L HCl,边加边摇直到有大量的沉淀生成。此时,溶液的 pH 值接近酪蛋白的等电点。观察溶液颜色的变化。

(3)继续滴加 0.2 mol/L HCl,沉淀会逐渐减少以至消失。观察此时溶液颜色的变化。

(4)滴加 0.2 mol/L NaOH 进行中和,沉淀又出现。继续滴加 0.2 mol/L NaOH,沉淀又逐渐消失。观察溶液颜色的变化。

(二)酪蛋白等电点的测定

(1)取同样规格的试管 7 支,按表 3-5 精确地加入下列试剂。

表 3-5　试 剂 加 入 量

试　管　号	1	2	3	4	5	6	7
1.0 mol/L 乙酸体积/mL	1.6	0.8	0	0	0	0	0
0.1 mol/L 乙酸体积/mL	0	0	4	1	0	0	0

（续表）

试 管 号	1	2	3	4	5	6	7
0.01 mol/L 乙酸体积/mL	0	0	0	0	2.50	1.25	0.62
H_2O 体积/mL	2.40	3.20	0	3.00	1.50	2.75	3.38
溶液的 pH	3.5	3.8	4.1	4.7	5.3	5.6	5.9
混浊度							

（2）充分摇匀,然后向以上各试管依次加入 0.5% 酪蛋白 1 mL,边加边摇,摇匀后静置 5 min,观察各管的混浊度。

（3）用—、+、++、+++等符号表示各管的混浊度。根据混浊度判断酪蛋白的等电点。最混浊的一管的 pH 值即为酪蛋白的等电点。

▶**注意事项**

在测定等电点的实验中,要求各种试剂的浓度和加入量相当准确。

思考题

（1）该方法测定蛋白质等电点的原理是什么？

（2）解释蛋白质两性反应中颜色及沉淀变化的原因。

实验十一　蛋白质含量的定量测定(一)
——微量凯氏定氮法

▶**目的要求**

（1）学习微量凯氏定氮法的原理。

（2）掌握微量凯氏定氮法的操作方法。

▶**实验原理**

生物材料的含氮量测定在生物化学研究中具有一定的意义,如蛋白质的含氮量约为 16%,测出含氮量则可推知蛋白含量。生物材料总氮量的测定,通常采用微量凯氏定氮法。凯氏定氮法由于具有测定准确度高,可测定各种不同形态样品等优点,因而被公认为是测定食品、饲料、种子、生物制品和药品中蛋白质含量的标准分析方法。其原理如下。

（1）消化:有机物与浓硫酸共热,使有机氮全部转化为无机氮——硫酸铵。为加快反应,添加硫酸铜和硫酸钾的混合物;前者为催化剂,后者可提高硫酸沸点。这一步约需 30 min 至 1 h,视样品的性质而定。反应式如下:

有机物 $(C、H、O、N、P、S) + 浓 H_2SO_4 \longrightarrow (NH_4)_2SO_4 + CO_2 \uparrow + SO_2 \uparrow + H_3PO_4$

（2）加碱蒸馏：硫酸铵与 NaOH（浓）作用生成（NH$_4$）OH，加热后生成 NH$_3$，通过蒸馏导入过量酸中和生成 NH$_4$Cl 而被吸收。

$$(NH_4)_2SO_4 + 2NaOH \longrightarrow 2(NH_4)OH + Na_2SO_4$$

$$(NH_4)OH \longrightarrow NH_3\uparrow + H_2O$$

$$NH_3 + HCl \longrightarrow NH_4Cl$$

（3）滴定：用过量标准 HCl 吸收 NH$_3$，剩余的酸可用标准 NaOH 滴定，由所用 HCl 物质的量减去滴定耗去的 NaOH 物质的量，即为被吸收的 NH$_3$ 物质的量。此法为回滴法，采用甲基红卫指示剂。

$$HCl + NaOH \longrightarrow NaCl + H_2O$$

本法适用于 0.2～2.0 mg 的氮量测定。图 3-3 给出了微量凯氏蒸馏装置示意图。

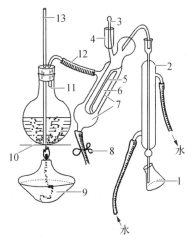

1—锥形瓶；2—冷凝管；3—棒状玻璃塞；
4—玻璃杯；5—反应室中插管；6—反应室；
7—反应室外壳；8—夹子；9—热源；
10—石棉网；11—烧瓶；12—橡皮管；
13—玻璃管。

图 3-3　微量凯氏蒸馏装置示意图

▶ **试剂和器材**

（一）试剂

浓硫酸；30％过氧化氢溶液；10 mol/L 氢氧化钠；0.01 mol/L 的标准盐酸；标准硫酸铵（氮含量为 0.3 mg/mL）。

催化剂：硫酸铜与硫酸钾按质量比为 1：4 混合，研细。

指示剂：0.1％甲基红乙醇溶液。

（二）测试样品

牛血清白蛋白。

（三）器材

微量凯氏定氮仪；移液管 1 mL（3 个），2 mL（1 个）；微量滴定管 5 mL（1 个）；烧杯 200 mL（2 个）；量筒 10 mL（1 个）；三角烧瓶 150 mL（4 个）；凯氏烧瓶 50 mL（4 个），吸耳球（1 个）；电炉；分析天平。

▶ **操作方法**

（一）样品处理

称取牛血清白蛋白 50 mg，加入 2 个凯氏烧瓶中，另 2 个凯氏烧瓶为空白对照，不加样品。分别在每个凯氏烧瓶中加入约 500 mg 硫酸钾-硫酸铜混合物，再加 5 mL 浓硫酸。

（二）消化

将以上 4 个凯氏烧瓶置于通风橱中电炉上加热。在消化开始时应控制火力，不要使液体冲到瓶颈。待瓶内水分蒸完，硫酸开始分解并放出 SO$_2$ 白烟后，适当加强火力，继续消化，使瓶内液体微微沸腾,维持 2～3 h。待消化液变成褐色后,为了加速完成消化,可将烧瓶取下,待其稍冷,将 30%过氧化氢溶液 1～2 滴加到烧瓶底部消化液中,再继续消化,直到消化液由淡黄色变成透明淡蓝绿色,消化即完成。冷却后将瓶中的消化液倒入 50 mL 容量瓶中,并以蒸馏水洗涤烧瓶数次,将洗液并入容量瓶中,定容备用。

(三)蒸馏

(1) 蒸馏器的洗涤:蒸气发生器中盛有加有数滴 H_2SO_4 的蒸馏水和数粒沸石。加热后,产生的蒸汽经储液管、反应室至冷凝管,冷凝液体流入接收瓶。每次使用前,需用蒸汽洗涤 10 min 左右(此时可用一个小烧杯承接冷凝水)。将一只盛有 5 mL 2%硼酸液和 1～2 滴指示剂的锥形瓶置于冷凝管下端,使冷凝管管口插入液体中,继续蒸馏 1～2 min,如硼酸液颜色不变,表明仪器已洗净。

(2) 消化样品及空白的蒸馏:取 50 mL 锥形瓶数个,各加 25 mL 0.01 mol/L 标准 HCl 和 1～2 滴指示剂,用表面皿覆盖备用。

取 2 mL 稀释消化液,由小漏斗加入反应室。将一个装有 0.01 mol/L 标准 HCl 和指示剂的锥形瓶放在冷凝管下,使冷凝器管口下端浸没在液体内。

用小量筒取 5 mL 10 mol/L NaOH 溶液,倒入小漏斗,让 NaOH 溶液缓慢流入反应室。尚未完全流尽时,加紧夹子,向小漏斗加入约 5 mL 蒸馏水,同样缓缓放入反应室,并留少量水在漏斗内作为水封。加热水蒸气发生器,沸腾后,关闭收集器活塞。使蒸汽冲入蒸馏瓶内,反应生成的 NH_3 逸出被吸收。待氨蒸馏完全,移动锥形瓶使液面离开冷凝管口约 1 cm,并用少量蒸馏水冷凝管口。取下锥形瓶,以 0.01 mol/L NaOH 标准溶液滴定。记下所耗去的体积。

(3) 蒸馏后蒸馏器的洗涤:蒸馏完毕后,移取热源,夹紧蒸汽发生器和收集器间的橡皮管,此时由于收集器温度突然下降,即可将反应室残液吸至收集器。

(4) 标准样品的测定:在蒸馏样品及空白前,为了练习蒸馏和滴定操作,可用标准硫酸铵试做实验 2～3 次。

标准硫酸铵的含氮量是 0.3 mg/mL,每次实验取 2.0 mL。

(四)计算

$$样品的含氮量(mg/mL) = \frac{(V_A - V_B) \times 0.01 \times 14 \times N}{V}$$

若测定的蛋白质含氮部分只是蛋白质(如血清),则:

$$样品中蛋白质含量(mg/mL) = \frac{(V_A - V_B) \times 0.01 \times 14 \times 6.25 \times N}{V}$$

式中:V_A 为滴定空白用去的 NaOH 平均体积,mL;V_B 为滴定样品用去的 NaOH 平均体积,mL;V 为样品的体积,mL;0.01 为 NaOH 的浓度,mol;14 为氮的相对原子质量;6.25 为系数(蛋白质的平均含氮量为 16%,由凯氏定氮法测出含氮量,再乘以系数 6.25 即为蛋白质量);N 为样品的稀释倍数。

▶ **注意事项**

（1）必须仔细检查凯氏定氮仪的各个连接处，保证不漏气。

（2）凯氏定氮仪必须事先反复清洗，保证洁净。

（3）小心加样，切勿使样品沾污口部、颈部。

（4）消化时，须斜放凯氏烧瓶（45°左右）。火力先小后大，避免黑色消化物溅到瓶口、瓶颈壁上。

（5）蒸馏时，小心加入消化液。加样时最好将火力拧小或撤去。蒸馏时，切记避免火力不稳，否则将发生倒吸现象。

（6）蒸馏后应及时清洗定氮仪。

思考题

（1）测定标准硫酸铵和空白的目的是什么？

（2）如何证明蒸馏器洗涤干净？

（3）在实验中加入硫酸钾-硫酸铜混合物的作用是什么？

实验十二　蛋白质含量的定量测定（二）
——双缩脲法

▶ **目的要求**

学习双缩脲法测定蛋白质的原理和方法。

▶ **实验原理**

具有 2 个或 2 个以上肽键的化合物皆有双缩脲反应。在碱性溶液中双缩脲与铜离子结合形成复杂的紫好色复合物。而蛋白质及多肽的肽键与双缩脲的结构类似，也能与 Cu^{2+} 形成紫红色络合物，其最大光吸收峰在 540 nm 处。其颜色深浅与蛋白质浓度成正比，而与蛋白质的相对分子质量及氨基酸的组成无关，该法测定蛋白质的质量浓度范围适于 1～10 mg/mL。双缩脲法常用于蛋白质的快速测定。

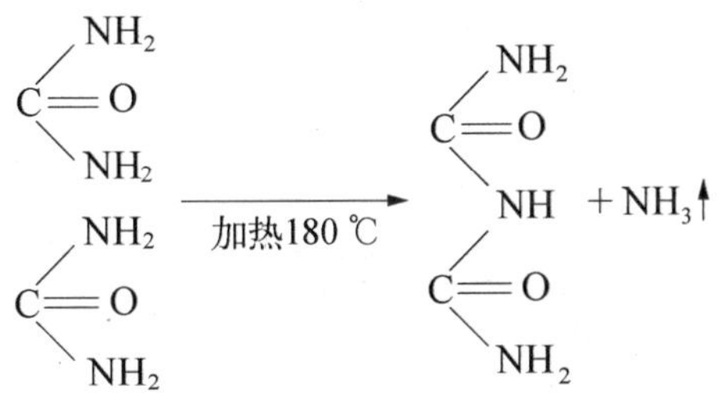

紫红色铜双缩脲复合物分子结构如下：

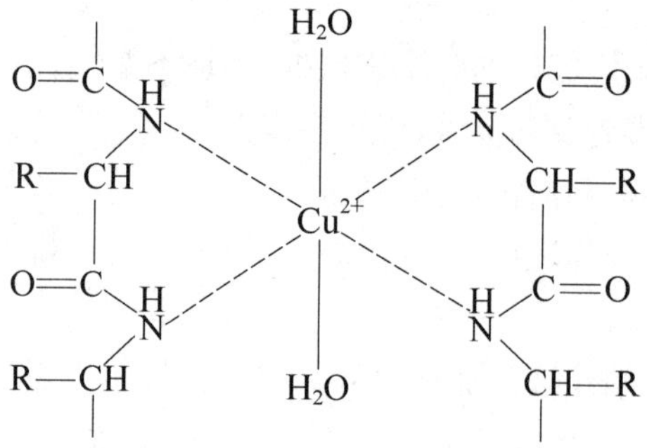

▶ **试剂和器材**

（一）试剂

双缩脲试剂：取 1.5 g 五水硫酸铜（$CuSO_4 \cdot 5H_2O$）和 6.0 g 的酒石酸钾钠（$NaKC_4H_4O_6 \cdot 4H_2O$）溶于 500 mL 蒸馏水中，在搅拌下加入 300 mL 10％NaOH 溶液，用水稀释至 1 000 mL。

（二）标准和待测蛋白质溶液

（1）标准蛋白溶液：10 mg/mL 结晶牛血清白蛋白溶液或相同浓度的酪蛋白溶液（用 0.05 mol/L 氢氧化钠溶液配制）。作为标准用的蛋白质要预先用微量克氏定氮法测定蛋白质含量，根据其纯度称量，配制成标准溶液。

（2）待测蛋白质溶液：人血清（稀释 10 倍）。测试其他蛋白质样品应稀释适当倍数，使其浓度在标准曲线测试范围内。

（三）器材

试管 1.5 cm×15 cm(16 个)，铝试管架，移液枪（量程 100～1 000），移液管 5 mL；恒温水浴锅；7504 型分光光度计，玻璃比色皿。

▶ **操作方法**

（一）制作标准曲线

取 6 支试管，按表 3-6 进行操作。

表 3-6 试 剂 加 入 量

试　　剂	试　　管　　号					
	1	2	3	4	5	6
标准蛋白液体积/mL	0	0.2	0.4	0.6	0.8	1.0
蒸馏水体积/mL	1.0	0.8	0.6	0.4	0.2	0.0
双缩脲试剂体积/mL	4.0	4.0	4.0	4.0	4.0	4.0
充分混匀后，室温（20～25 ℃）下放置 30 min						
$A_{540\,nm}$值						

测定溶液的 $A_{540\,nm}$ 值,重复读数 2 次取平均值,即 $A_{540\,nm}$ 值为纵坐标,蛋白质含量为横坐标,绘制标准曲线。

(二)样品测定

取 2 支试管,按表 3-7 进行操作。

表 3-7 试 剂 加 入 量

试 剂	试 管 号	
	1	2
血清稀释液体积/mL	0	0.5
蒸馏水体积/mL	1.0	0.5
双缩脲试剂体积/mL	4.0	4.0
充分混匀后,室温(20~25 ℃)下放置 30 min		
$A_{540\,nm}$ 值		

此表中的 1 号管与制作标准曲线 1 号管一样,都是空白对照,可以不用重复操作。

(三)计算

取 2 组测定的平均值计算:

$$血清样品蛋白质含量(mg/100\ mL) = \frac{Y \times N}{V} \times 100\%$$

$$固体样品蛋白质含量 = \frac{Y \times N}{c} \times 100\%$$

式中:Y 为标准曲线查得蛋白质的质量浓度,mg/mL;N 为稀释倍数;V 为血清样品所取的体积,mL;c 为样品原质量浓度,mg/mL。

▶ **注意事项**

(1)须于显色后 30 min 内比色测定。

(2)各管由显色到比色的时间应尽可能一致,为了减少实验误差,样品测定与标准曲线同时操作。

(3)有大量脂肪性物质同时存在时,会产生浑浊的反应混合物,这时可用乙醇或石油醚使溶液澄清后离心,取上清液再测定。

(4)混匀要温和,避免产生气泡,影响读数。

思考题

干扰本实验的因素有哪些?

实验十三 蛋白质含量的定量测定(三)
——紫外光(UV)吸收测定法

▶目的要求

(1) 了解紫外光吸收法测定蛋白质含量的原理。

(2) 掌握紫外光分光光度计的使用方法。

▶实验原理

蛋白质分子中所含酪氨酸和色氨酸残基的苯环含有共轭双键,使蛋白质在 280 nm 波长处有最大吸收峰。在一定浓度范围内,蛋白质溶液的光吸收值($A_{280\,nm}$值)与其含量成正比关系,可用作定量测定。

紫外光吸收法测定蛋白质含量的优点是迅速、简便,不消耗样品,低浓度盐类不干扰测定。因此,该法被广泛应用在柱层析分离中蛋白质洗脱情况的检测。此法有 2 个缺点:

(1) 对于测定那些与标准蛋白质中酪氨酸和色氨酸含量差异较大的蛋白质,有一定的误差。

(2) 若样品中核酸等吸收紫外光的物质,会出现较大的干扰。

不同的蛋白质和核酸的紫外光吸收是不同的,即使经过校正,测定结果也还存在一定的误差。但是,可作为初步定量的依据。该法可测定蛋白质量浓度应在 0.1~1.0 mg/mL。

▶试剂和器材

(一) 标准和待测蛋白质溶液

(1) 标准蛋白溶液:结晶牛血清蛋白,预先经微量凯氏定氮法测定蛋白氮含量,根据其纯度配制成 1 mg/mL 蛋白溶液。

(2) 待测蛋白质溶液:人血清,使用前稀释 100 倍。

(二) 器材

试管 1.5 cm×15 cm(9 个),试管架,移液枪(量程 100~1 000 μL),移液管 5 mL(2 个);7504 型分光光度计,石英比色皿。

▶操作方法

(一) 制作标准曲线

取 8 支试管编号,按表 3-8 分别向每支试管加入各种试剂,用封口膜封住试管口,温和颠倒摇匀。选用光程为 1 cm 的石英比色杯,在 280 nm 波长处分别测定各管溶液的 $A_{280\,nm}$ 值。以 $A_{280\,nm}$ 值为纵坐标,蛋白质浓度为横坐标,绘制标准曲线。

表 3-8　试剂加入量

试　剂	试　管　号							
	1	2	3	4	5	6	7	8
标准蛋白质溶液体积/mL	0	0.5	1.0	1.5	2.0	2.5	3.0	4.0
蒸馏水体积/mL	4.0	3.5	3.0	2.5	2.0	1.5	1.0	0
$A_{280\,nm}$ 值								

（二）样品测定

取 1 支试管，吸取待测蛋白质溶液 1 mL，蒸馏水 3 mL，加入试管摇匀，按上述方法在 280 nm 波长处测定光吸收值，并从标准曲线上查出待测蛋白质的浓度，并计算出人血清样品的蛋白质含量。

▶ **注意事项**

（1）由于各种蛋白质含有不同量的酪氨酸和苯丙氨酸，显色的深浅往往随不同的蛋白质而变化。因而本测定法通常只适用于测定蛋白质的相对浓度（相对于标准蛋白质）。此外，蛋白溶液中存在核酸或核苷酸时也会影响紫外吸收法测定蛋白质含量的准确性。

（2）颠倒混匀要温和，避免产生气泡，影响读数。

（3）样品溶液比较少，润洗比色皿时注意用量，防止测定时样品量不够，无法读数。

（4）计算结果时要考虑人血清样品的实际稀释倍数。

思考题

若样品中含有核酸类杂质，应该如何校正实验结果？

实验十四　蛋白质含量的定量测定（四）
——考马斯亮蓝染色法

▶ **目的要求**

学习考马斯亮蓝（coomassie brilliant blue）法测定蛋白质浓度的原理和方法。

▶ **实验原理**

考马斯亮蓝法测定蛋白质浓度，是利用蛋白质-染料结合的原理，定量测定微量蛋白浓度的快速、灵敏的方法。这种蛋白质测定法具有超过其他几种方法的突出优点，因而正在得到广泛的应用。这一方法是目前灵敏度最高的蛋白质测定法。

考马斯亮蓝 G-250 染料在酸性溶液中与蛋白质结合,使染料的最大吸收峰(λ_{max})的位置,由 465 nm 变为 595 nm,溶液的颜色也由棕黑色变为蓝色。通过测定 595 nm 处光吸收的增加量可知与其结合蛋白质的量。研究发现,染料主要是与蛋白质中的碱性氨基酸(特别是精氨酸)和芳香族氨基酸残基相结合。

考马斯亮蓝法的突出优点如下:

(1) 灵敏度高,据估计比 Lowry 法(Folin-酚法)约高 4 倍,其最低蛋白质检测量可达 1 μg。这是因为蛋白质与染料结合后产生的颜色变化很大,蛋白质-染料复合物有更高的消光系数,因而光吸收值随蛋白质浓度的变化比 Lowry 法要大得多。

(2) 测定快速、简便,只需加一种试剂。完成一个样品的测定,只需要 5 min 左右。由于染料与蛋白质结合的过程大约只要 2 min 即可完成,其颜色可以在 1 h 内保持稳定,且在 5～20 min 时颜色的稳定性最好。因而完全不用像 Lowry 法那样费时和需要严格地控制时间。

(3) 干扰物质少。如干扰 Lowry 法的 K^+、Na^+、Mg^{2+} 离子、Tris 缓冲液、糖和蔗糖、甘油、巯基乙醇和 EDTA 等均不干扰此测定法。

此法的缺点如下:

(1) 由于各种蛋白质中的精氨酸和芳香族氨基酸的含量不同,因此考马斯亮蓝法用于不同蛋白质测定时有较大的偏差,在制作标准曲线时通常选用 γ-球蛋白为标准蛋白质,以减少这方面的偏差。

(2) 仍有一些物质干扰此法的测定,主要的干扰物质有去污剂、Triton X-100 和十二烷基硫酸钠(SDS)等。

▶ **试剂与器材**

(一) 试剂

考马斯亮蓝试剂:

考马斯亮蓝 G-250 100 mg 溶于 50 mL 95%乙醇中,加入 100 mL 85%磷酸,用蒸馏水稀释至 1 000 mL。

(二) 标准和待测蛋白质溶液

(1) 标准蛋白质溶液:结晶牛血清蛋白,预先经微量凯氏定氮法测定蛋白氮含量,根据其纯度用 0.15 mol/L NaCl 配制成 1 mg/mL 蛋白溶液。

(2) 待测蛋白质溶液:人血清,使用前用 0.15 mol/L NaCl 稀释 200 倍。

(三) 器材

试管 1.5 cm×15 cm(8 个),试管架,移液枪(量程 100～1 000 μL);5 mL(1 个);恒温水浴锅;分光光度计。

▶ **操作方法**

(一) 制作标准曲线

取 7 支试管,按表 3-9 平行操作。

表 3-9　试剂加入量

试　剂	试　管　号						
	1	2	3	4	5	6	7
标准蛋白溶液体积/mL	0	0.01	0.02	0.03	0.04	0.05	0.06
0.15 mol/L NaCl 体积/mL	0.1	0.09	0.08	0.07	0.06	0.05	0.04
考马斯亮蓝试剂体积/mL	5 mL						
摇匀,1 h 内以 1 号管为空白对照,在 595 nm 处比色							
$A_{595\,nm}$ 值							

绘制标准曲线：以 $A_{595\,nm}$ 值为纵坐标,以标准蛋白含量为横坐标,在坐标纸上绘制标准曲线。

（二）未知样品蛋白质浓度测定

测定方法同上,取合适的未知样品体积,使其测定值在标准曲线的直线范围内。根据所测定的 $A_{595\,nm}$ 值,在标准曲线上查出其相当于标准蛋白的量,从而计算出未知样品的蛋白质质量浓度（mg/mL）。

▶ **注意事项**

（1）在试剂加入后的 5～20 min 内测定光吸收值,因为在这段时间内颜色是最稳定的。

（2）在测定中,蛋白-染料复合物会有少部分吸附于比色杯壁上,测定完后可用乙醇将蓝色的比色杯洗干净。

思考题

（1）该法与其他几种常用蛋白质定量测定方法的优缺点。

（2）根据所给的条件和要求,选择一种或几种常用蛋白质定量方法测定蛋白质的浓度：

　　① 样品不易溶解,但要求结果较准确。

　　② 要求在短时间内测定大量样品。

　　③ 要求很迅速地测定一系列试管中溶液的蛋白质浓度。

实验十五　蛋白质含量的定量测定（五）
——BCA 法

▶ **目的要求**

了解并掌握 BCA 法测定蛋白质浓度的原理和步骤。

▶ **实验原理**

二喹啉甲酸（bicinchoninic acid，BCA）法是 Lowry 测定法的一种改进方法,是近来广为应用的蛋白定量方法。其原理与 Lowry 法蛋白定量相似,即在碱性条件下蛋白质分子中的肽键能与 Cu^{2+} 络合生成络合物,同时将 Cu^{2+} 还原成 Cu^+。二喹啉甲酸及其钠盐是一种溶于水的化合物,在碱性条件下,可以和 Cu^+ 结合形成稳定的紫蓝色复合物,在 562 nm 处有高的光吸收值,并且化合物颜色的深浅与蛋白质浓度成正比,据此可测定蛋白质浓度。

与 Lowry 法相比,BCA 法操作更简单,试剂及其形成的颜色复合物稳定性更好,几乎没有干扰物质的影响,灵敏度高(微量检测可达到 0.5 $\mu g/mL$),应用更加灵活。

▶ **试剂和器材**

(一)试剂

试剂 A:含 1%BCA 二钠盐、2%无水碳酸钠、0.4%氢氧化钠、0.95 碳酸氢钠,将上述试剂 pH 值调至 11.25。

试剂 B:4%硫酸铜。

BCA 工作液:试剂 A 1 mL+试剂 B 20 mL 混合。

蛋白质标准液:准确称取 150 mg 小牛血清白蛋白溶于 100 mL 蒸馏水中。

(二)测试样品

人血清(稀释 200 倍)。

(三)器材

试管 1.5 cm×15 cm(11 个);试管架;移液枪(量程 100~1 000 μL),移液管 5 mL(1 个);恒温水浴锅;分光光度计。

▶ **操作方法**

(一)制作标准曲线

取 6 支试管,按表 3-10 进行操作。

表 3-10 试 剂 加 入 量

试 剂	试 管 号					
	1	2	3	4	5	6
标准蛋白液体积/mL	0	0.2	0.4	0.6	0.8	1.0
蒸馏水体积/mL	1	0.8	0.6	0.4	0.2	0
BCA 工作液体积/mL	2.0	2.0	2.0	2.0	2.0	2.0
充分混匀后,室温下放置 30 min						
$A_{562\,nm}$ 值						

取两组测定的 $A_{562\,nm}$ 值的平均值,即以 $A_{562\,nm}$ 值为纵坐标,以蛋白质浓度为横坐标,绘制标准曲线。

（二）样品测定

取 3 支试管，按表 3-11 进行操作。

表 3-11 试 剂 加 入 量

试 剂	试 管 号		
	1	2	3
血清稀释液体积/mL	0	1	1
蒸馏水体积/mL	1.0	0	0
BCA 工作液体积/mL	2.0	2.0	2.0
充分混匀后，室温下放置 30 min			
$A_{562\,nm}$ 值			

（三）计算

取 2 组测定的平均值计算：

$$血清样品蛋白质含量(mg/100\ mL) = \frac{Y \times N}{V} \times 100\%$$

式中：Y 为标准曲线查得的蛋白质浓度，mg/mL；N 为稀释倍数；V 为血清样品所取的体积，mL；c 为样品原浓度，mg/mL。

▶ **注意事项**

（1）蛋白标准请在全部溶解后先混匀，再稀释成一系列不同浓度的蛋白标准。标准品曲线配制时，如果吸量不准确或者加样枪不精确会造成标准曲线相关系数减小，可根据需要使用倍比梯度稀释的方法来配制，或者使用精确度高的加样枪。

（2）BCA 法测定蛋白浓度不受绝大部分样品中的化学物质的影响，但螯合剂（EDTA、EGTA）、还原剂（DTT、巯基乙醇）和脂类会对检测结果有一定影响。

思考题

试比较 BCA 法与 Lowry 法的优缺点？

实验十六 影响酶促反应的因素
——温度、pH 值和抑制剂

▶ **目的要求**

通过本实验了解 pH 值、温度、抑制剂对酶活力的影响。

▶ **实验原理**

酶作为生物催化剂与一般催化剂一样呈现温度效应,酶促反应开始时,反应速度随温度的升高加快。达到最大反应速度时的温度称为某种酶的最适温度。由于绝大多数酶是有活性的蛋白质,当达到最适温度后,继续升高温度,则会引起蛋白质变性,酶促反应速度反而逐步下降,以致完全停止。

酶的最适温度不是一个常数,它与作用时间有关。测定酶活性均在酶促反应最适温度下进行。大多数动物来源的酶最适温度为 37~40 ℃,植物来源的酶最适温度为 50~60 ℃。

酶的催化活性与环境 pH 值有密切关系,通常各种酶只在一定 pH 值范围内才具有活性,酶活性最高时的 pH 值,称为酶的最适 pH 值。高于或低于此 pH 值时酶的活性逐渐降低。

酶的最适 pH 值不是一个特征物理常数,对于同一个酶,其最适 pH 值因缓冲液和底物的性质不同而有差异。

在酶促反应过程中,抑制剂对酶的抑制作用可分为可逆抑制和不可逆抑制。可逆抑制有根据抑制剂和底物的关系分为 3 种类型:竞争性抑制、非竞争性抑制和反竞争性抑制。

在本实验中,胰蛋白酶的最适温度为 37 ℃,最适 pH 值为 8.1。胰蛋白酶的抑制剂为苯甲脒,其抑制方式为竞争性抑制。

▶ **试剂和器材**

(一) 试剂

5% 三氯乙酸溶液。

1 mmol/L 苯甲脒溶液:称取 19.25 g 苯甲脒,用少量水溶解,定容至 100 mL。

1% 酪蛋白溶液:取 1 g 酪蛋白,加 0.1 mol/L 氢氧化钠溶液 10 mL、水 40 mL,置 60 ℃水浴锅加热至溶解,放置室温后,加水稀释成 100 mL,并调 pH 值至 8.0。

0.1 mol/L 硼酸缓冲液:

A 液:0.1 mol/L 硼酸(H_3BO_3),称取 6.18 g H_3BO_3 溶于 1 000 mL 水中。

B 液:0.025 mol/L 硼砂($Na_2B_4O_7 \cdot 10H_2O$),称取 9.54 g 硼砂($Na_2B_4O_7 \cdot 10H_2O$)溶于 1 000 mL 水中。

pH 值等于 7.4 的硼酸缓冲液:90 mL A 液 + 10 mL B 液。

pH 值等于 8.0 的硼酸缓冲液:70 mL A 液 + 30 mL B 液。

pH 值等于 9.0 的硼酸缓冲液:20 mL A 液 + 80 mL B 液。

(二) 材料

胰蛋白酶溶液:50~200 μg/mL,用 0.1 mol/L,pH=8.0 硼酸缓冲液配制。可用粗提的猪胰蛋白酶,用量根据实际测得的比活值而定。

(三) 仪器

试管 1.5 cm×15 cm(15 个);移液枪(量程 100~1 000 μL);移液管 2 mL(3 个),5 mL(5 个);量筒 100 mL(1 个),恒温水浴锅;冰浴(0 ℃);胶头滴管。

▶ **操作方法**

（一）温度对酶活力的影响

取 3 支试管，按表 3-12 操作。

表 3-12　试 剂 加 入 量

试　　剂	试　管　号		
	1	2	3
胰蛋白酶溶液体积/mL	0.2	0.2	0.2
蒸馏水体积/mL	0.8	0.8	0.8
温度预处理 5 min/℃	0	37	70
1％酪蛋白溶液体积/mL	1.0	1.0	1.0
混匀后，置各相应温度保温 10 min，加入 3.0 mL 5％三氯乙酸溶液终止反应			
$A_{280\,nm}$ 值			

空白管：先在试管中加入 1.0 mL 1％酪蛋白溶液和 3.0 mL 5％三氯乙酸溶液，摇匀后，再加入 0.2 mL 酶液，0.8 mL 蒸馏水，在 37 ℃保温 10 min。

将样品管和空白管分别离心（3 000 g，5 min），取上清液于 280 nm 处测定各管的光吸收值，并进行比较。

（二）pH 值对酶活力的影响

取 3 支试管，按表 3-13 操作。

表 3-13　试 剂 加 入 量

试　　剂	试　管　号		
	1	2	3
胰蛋白酶溶液体积/mL	0.2	0.2	0.2
pH＝7.4 硼酸缓冲液体积/mL	0.8	0	0
pH＝8.0 硼酸缓冲液体积/mL	0	0.8	0
pH＝9.0 硼酸缓冲液体积/mL	0	0	0.8
混匀，37 ℃水浴锅中保温 2 min			
1％酪蛋白溶液体积/mL	1.0	1.0	1.0
迅速混匀，37 ℃水浴锅中继续保温 10 min，加入 3.0 mL 5％三氯乙酸溶液终止反应			
$A_{280\,nm}$ 值			

空白管:先在试管中加入 1.0 mL 1‰酪蛋白溶液和 3.0 mL 5‰三氯乙酸溶液,摇匀后,再加入 0.2 mL 酶液,0.8 mL 蒸馏水,在 37 ℃保温 10 min。

将样品管和空白管分别离心(3 000 g,5 min),取上清液于 280 nm 处测定各管的光吸收值,并进行比较。

（三）抑制剂对酶活力的影响

取 3 支试管,按表 3-14 操作。

表 3-14　试　剂　加　入　量

试　　剂	试　管　号	
	1	2
1‰酪蛋白溶液体积/mL	1.0	1.0
1 mmol/L 苯甲脒溶液体积/mL	0	0.1
蒸馏水体积/mL	0.8	0.7
混匀,37 ℃水浴锅中保温 2 min		
胰蛋白酶溶液体积/mL	0.2	0.2
迅速混匀,37 ℃水浴锅中继续保温 2 min,加入 3.0 mL 5‰三氯乙酸溶液终止反应		
$A_{280\,nm}$ 值		

空白管:先在试管中加入 1.0 mL 1‰酪蛋白溶液和 3.0 mL 5‰三氯乙酸溶液,摇匀后,再加入 0.2 mL 酶液,0.8 mL 蒸馏水,在 37 ℃保温 10 min。

将样品管和空白管分别离心(3 000 g,5 min),取上清液于 280 nm 处测定各管的光吸收值,并进行比较。

▶ **注意事项**

（1）由于胰蛋白酶活力不同,因此进行实验 1、2、3 应随时检查反应进行情况。如反应进行得太快,应适当稀释酶液;反之,则应减少酶溶液的稀释倍数。

（2）胰蛋白酶溶液浓度不能过高,因为酶本身也是蛋白在 280 nm 处也有光吸收值,酶浓度太高会影响读数,尤其是抑制剂实验。

（3）注意不要在检查反应程度时使各管溶液混杂。

思考题

（1）何谓酶的最适温度和最适 pH 值?

（2）说明温度、pH 值和抑制剂对酶反应速度的影响。

实验十七　底物浓度对酶促反应速度的影响
——米氏常数的测定

▶ **目的要求**

(1) 了解底物浓度对酶促反应的影响。

(2) 掌握测定米氏常数 K_m 的原理和方法。

▶ **实验原理**

酶促反应速度与底物浓度的关系可用米氏方程来表示：

$$v = \frac{V[s]}{K_m + [s]}$$

式中：v 为反应初速度，$\mu mol/min$；V 为最大反应速度，$\mu mol/min$；$[s]$ 为底物浓度，mol/L；K_m 为米氏常数，mol/L。

这个方程表明当已知 K_m 及 V 时，重点关注酶反应速度与底物浓度之间的定量关系。K_m 等于酶促反应速度达到最大反应速度一半时所对应的底物浓度，是酶的特征常数之一。不同的酶 K_m 不同，同一种酶与不同底物反应 K_m 也不同，K_m 可近似地反映酶与底物的亲和力大小：K_m 大，表明亲和力小；K_m 小，表明亲和力大。测 K_m 是酶学研究的一个重要方法。大多数纯酶的 K_m 为 $0.01 \sim 100$ mmol/L。

Linewaeaver-Burk 绘图法（双倒数绘图法）是用实验方法测 K_m 的最常用的简便方法：

$$\frac{1}{v} = \frac{K_m}{V} \cdot \frac{1}{[S]} + \frac{1}{V}$$

实验时可选择不同的 $[S]$，测对应的 v；以 $\frac{1}{v}$ 对 $\frac{1}{[S]}$ 绘图，得到一条斜率为 $\frac{K_m}{V}$ 的直线，其截距 $\frac{1}{[S]}$ 则为 $-\frac{1}{K_m}$，由此可求出 K_m（截距的负倒数）。

本实验以胰蛋白酶消化酪蛋白为例，采用 Linewaeaver-Burk 双倒数绘图法测定 K_m 值。胰蛋白酶催化蛋白质中碱性氨基酸（L-精氨酸和 L-赖氨酸）的羧基所形成的肽键水解。水解时有自由氨基生成，可用甲醛滴定法判断自由氨基增加的数量而跟踪反应，求得反应初速度。

▶ **试剂和器材**

（一）试剂

40 g/L 酪蛋白溶液（pH 值等于 8.5）：取 40 g 酪蛋白溶于约 900 mL 热水中，加 20 mL 1 mol/L NaOH 连续振荡，微热直至溶解，以 1 mol/L HCl 或 1 mol/L NaOH 调 pH 值至 8.5，定容至 1 L。

10 g/L、20 g/L、30 g/L 酪蛋白溶液由 40 g/L 酪蛋白溶液（pH 值等于 8.5）稀释得到，即

生成 4 种不同[S]的酪蛋白标准溶液。

中性甲醛溶液：75 mL 分析纯甲醛加 15 mL 0.25％酚酞乙醇溶液，以 0.1 mol/L NaOH 滴至微红，密闭于玻璃瓶中。

0.25％酚酞：2.5 g 酚酞以 50％乙醇溶解，定容至 1 L。

标准 0.1 mol/L NaOH 溶液。

（二）材料

胰蛋白酶溶液：称取 1 g 胰蛋白酶溶于 25 mL 蒸馏水中，用玻棒搅拌使其充分溶解，放入冰箱保存。

（三）器材

三角烧瓶 50 mL（8 个），三角烧瓶 150 mL（4 个）；移液管 5 mL（1 个），10 mL（5 个）；量筒 100 mL（4 个）；25 mL 碱式滴定管及滴定台，蝴蝶夹；恒温水浴锅；滴管。

▶ 操作方法

（1）先取 4 个干净的 50 mL 三角瓶，加入 5 mL 中性甲醛溶液与 1 滴酚酞，以 0.1 mol/L 标准 NaOH 滴定至微红色，4 个瓶颜色应当一致，分别编号 1 号、2 号、3 号、4 号。

（2）量取 10 g/L 酪蛋白 50 mL，加入一个 150 mL 三角瓶，37 ℃保温 10 min，同时胰蛋白酶液也在 37 ℃保温 10 min，然后吸取 5 mL 酶液加到酪蛋白液中（注意同时计时），充分混合后立即取出 10 mL 反应液（定为 0 时样品）加入含甲醛的 1 号三角瓶中，加 10 滴酚酞；以 0.1 mol/L NaOH 滴定至微弱而持续的微红色。记下耗去的 0.1 mol/L 标准 NaOH 体积（以 mL 计）。

（3）在 2 min、4 min、6 min 时，分别取出 10 mL 反应液，加入 2 号、3 号、4 号三角瓶，同上操作，记下耗去 NaOH 的体积（以 mL 计）。

以滴定度（即耗去的 NaOH 体积）对时间绘图，得一条直线，其斜率即初速度为 v_{10}（对应于 10 g/L 的酪蛋白浓度）。

然后分别量取 20 g/L、30 g/L、40 g/L 的酪蛋白溶液，重复上述操作，分别测出初速度 v_{20}、v_{30}、v_{40}。

利用上述结果，以 $1/v$ 对 $1/[S]$ 绘图，即求出 V 与 K_m。

▶ 注意事项

（1）实验表明，反应速度只在最初一段时间内保持恒定，随着反应时间的延长，酶促反应速度逐渐下降。原因有多种，如底物浓度降低、产物浓度增加而对酶产生抑制作用并加速逆反应的进行，酶在一定 pH 值及温度下部分失活等。因此，研究酶的活力以酶促反应的初速度为准。

（2）本实验是一个定量测定方法，为获得准确的实验结果，应尽量减少实验操作中带来的误差。因此，配制各种底物溶液时应用同一母液进行稀释，保证底物浓度的准确性。各种试剂的加量也应准确，并严格控制准确的酶促反应时间。滴定终点颜色尽量保持一致。

（3）本实验用到大量甲醛，因此实验过程中注意保持教室良好通风，装有甲醛的烧杯、三角瓶应随时加盖，防止摄入大量甲醛。

（4）将实验废液回收到废液桶里。

思考题

（1）试述底物浓度对酶促反应速度的影响。

（2）在什么条件下，测定酶的 K_m 可以作为鉴定酶的一种手段？为什么？

（3）米氏方程中的 K_m 有何实际应用？

实验十八　胰蛋白酶活力的测定

▶ 目的要求

（1）了解酶的活性与比活性的概念。

（2）掌握测定胰蛋白酶活力的方法。

▶ 实验原理

胰蛋白酶能催化蛋白质的水解，对于由碱性氨基酸（精氨酸、赖氨酸）的羧基与其他氨基酸的氨基所形成的键具有高度的专一性。此外还能催化由碱性氨基酸和羧基形成的酰胺键或酯键，其高度专一性仍表现为对碱性氨基酸一端的选择。胰蛋白酶对这些键的敏感性按由强到弱的次序为酯键、酰胺键和肽键。因此，可利用含有这些键的酰胺或酯类化合物作为底物来测定胰蛋白酶的活力。目前，常用苯甲酰-L-精氨酸-对硝基苯胺（简称 BAPA）和苯甲酰-L-精氨酸-β-萘酰胺（简称 BANA）测定酰胺酶活力。用苯甲酰-L-精氨酸乙酯（简称 BAEE）和对甲苯磺酰-L-精氨酸甲酯（简称 TAME）测定酯酶活力。本实验以 BAEE 为底物，用紫外光吸收法测定胰蛋白酶活力。酶活力单位的规定常因底物及测定方法而异。

▶ 试剂和器材

（一）试剂

底物溶液的配制：在每毫升 0.05 mol/L、pH 值为 8.0 的 Tris-HCl 缓冲液中加入 0.34 mg BAEE 和 2.22 mg 的氯化钙。

0.001 mol/L 盐酸。

（二）材料

胰蛋白酶（用 0.001 mol/L 盐酸配制）。

（三）仪器

水浴锅；分光光度计。

▶ 操作方法

以苯甲酰 L-精氨酸乙酯（缩写为 BAEE）为底物，用紫外光吸收法进行测定。苯甲酰L-精氨酸乙酯在波长 253 nm 下的紫外光吸收远远弱于苯甲酰 L-精氨酸（英文缩写为 BA）。在胰蛋白酶的催化下，随着酯键的水解，苯甲酰 L-精氨酸逐渐增多，反应体系的紫外光吸收宜随之相应增加。

取 2 个光程为 1 cm 的带盖石英比色杯,分别加入 25 ℃预热过的 2.8 mL 底物溶液。向一个比色杯中加入 0.2 mL 0.001 mol/L HCl,作为空白,校正仪器的 253 nm 处为光吸收值零点。再在另一比色杯中加入 0.2 mL 待测酶液(用量一般为 10 μg 结晶的胰蛋白酶),立即混匀并计时,30 s 读数一次,共读 3~4 min。控制 ΔA_{253} 每分钟变化在 0.05~0.10 为宜。

绘制酶促反应动力学曲线,从曲线上求出反应起始点吸光度随时间的变化率(即初速度)。

胰蛋白酶活力单位的定义规定为:以 BAEE 为底物反应液,在 pH 值为 8.0,温度为 25 ℃,反应体积为 3.0 mL,光径为 1 cm 的条件下,测定 ΔA_{253},每分钟使 ΔA_{253} 增加 0.001,反应液中所加入的酶量为 1 个 BAEE 单位。

$$\text{胰蛋白酶溶液的活力单位(BAEE 单位/mL)} = \frac{\Delta A_{253}/\min}{0.001 \times \text{酶液加入体积}} \times \text{稀释倍数}$$

$$\text{胰蛋白酶比活力(BAEE 单位/mg)} = \frac{\text{酶液活力}}{\text{胰酶浓度(mg/mL)} \times \text{酶液加入体积}}$$

▶ **注意事项**

首先要探究得到胰蛋白酶浓度,使得反应速度适中,得到有效的数据。

实验十九　肌糖原的酵解作用

▶ **目的要求**

(1) 了解酵解作用在糖代谢过程中的地位及生理意义。

(2) 学习鉴定糖酵解作用的原理和方法。

▶ **实验原理**

在动物、植物、微生物等许多生物机体内,糖的无氧分解几乎都按完全相同的过程进行。本实验以动物肌肉组织中肌糖原的酵解过程为例。肌糖原的酵解作用,即肌糖原在缺氧的条件下,经过一系列的酶促反应,最后转变成乳酸的过程。肌肉组织中的肌糖原首先磷酸化,经过产生己糖磷酸酯、丙糖磷酸酯、甘油磷酸酯等一系列中间产物,最后生成乳酸。该过程可综合成下列反应式:

$$\frac{1}{n}(C_6H_{10}O_5)_n + H_2O \longrightarrow 2CH_3CHOHCOOH$$

肌糖原的酵解作用是糖类供给组织能量的一种方式。当机体突然需要大量的能量,而又供氧不足(如剧烈运动)时,则糖原的酵解作用可暂时满足能量消耗的需要。在有氧条件下,组织内糖原的酵解作用受到抑制,而有氧氧化则为糖代谢的主要途径。

糖原酵解作用的实验,一般使用肌肉糜或肌肉提取液。在用肌肉糜时,必须在无氧条件下进行;而用肌肉提取液,则可在有氧条件下进行。因为催化酵解作用的酶系统全部存在于肌肉提取液中,而催化呼吸作用(即三羧酸循环和氧化呼吸链)的酶系统,则集中在线粒体中。

糖原或淀粉的酵解作用,可由乳酸的生成来观测。在除去蛋白质与糖后,乳酸可以与硫酸共热变成乙醛,后者再与对羟基联苯反应产生紫罗兰色物质,根据颜色的显现而加以鉴定。

该法比较灵敏,每毫升溶液含 $1\sim5\ \mu g$ 乳酸即给出明显的颜色反应。若有大量糖类和蛋白质等杂质存在,则严重干扰测定,因此实验中应尽量除净这些物质。另外,测定时所用的仪器应严格地洗干净。

▶ **试剂和器材**

(一)试剂

对羟基联苯试剂:称取对羟基联苯 1.5 g,溶于 100 mL 0.5% NaOH 溶液,配成 1.5% 的溶液。若对羟基联苯颜色较深,应用丙酮或无水乙醇重结晶。放置时间较长后,会出现针状结晶,应摇匀后使用。

0.5% 糖原溶液(或淀粉溶液);20% 三氯乙酸溶液;氢氧化钙(粉末);浓硫酸;饱和硫酸铜溶液;1/15 mol/L 磷酸缓冲液(pH 值等于 7.4)。

(二)材料

兔肌肉糜。

(三)器材

试管 1.5 cm×15 cm(8 个)及试管架;移液管 5 mL(2 个),2 mL(1 个),移液枪(量程 $100\sim1\ 000\ \mu L$);滴管;量筒 10 mL(4 个);玻璃棒;恒温水浴锅;沸水浴锅。

▶ **操作方法**

(一)制备肌肉糜

将兔杀死后,放血,立即割取背部和腿部肌肉,在低温条件下用剪刀尽量把肌肉剪碎成肌肉糜。应注意在临用前制备。

(二)肌肉糜的糖酵解

取 4 支试管,编号后各加入新鲜肌肉糜 0.5 g。1、2 号管为样品管,3、4 号管为空白管。向 3、4 号空白管内加入 20% 三氯乙酸 3 mL,用玻璃棒将肌肉糜充分打散、搅匀,以沉淀蛋白质和终止酶的反应。然后,分别向 4 支试管内各加入 3 mL 磷酸缓冲液和 1 mL 0.5% 糖原溶液(或 0.5% 淀粉溶液)。用玻璃棒充分搅匀,加 1 mL 液体石蜡隔绝空气,并将 4 支试管同时放入 37 ℃ 恒温水浴锅中保温。

1 h 后,取出试管,先把隔绝空气的液体石蜡吸出,而后向 1、2 号管内加入 20% 三氯乙酸 3 mL,混匀。将各试管内容物分别过滤,弃去沉淀。量取每个样品的滤液 5 mL,分别加入已编号的试管中,然后向每管内加入饱和硫酸铜溶液 1 mL,混匀,再加入 0.5 g 氢氧化钙粉末,用玻璃棒充分搅匀后,放置 30 min,并不时搅动内容物,使糖沉淀完全。将每个样品分别过滤,弃去沉淀。

(三)乳酸的测定

取 4 支洁净、干燥的试管,编号,每支试管加入浓硫酸 2 mL,将试管至于冷水浴锅中,分别用小滴管取每个样品的滤液 1 滴或 2 滴,逐滴加入已冷却的上述浓硫酸溶液中(注意滴管大小尽可能一致),随加随摇动试管,避免试管内的溶液局部过热。

将试管混合均匀后,放入沸水浴锅中煮 5 min,取出后冷却,再加入对羟基联苯试剂 2 滴,勿将对羟基联苯试剂滴到试管壁上,混匀试管内容物,比较和记录各试管溶液的颜色深浅,并加以解释。

▶ 注意事项

(1) 对羟基联苯试剂一定要经过纯化,使其呈白色。

(2) 在乳酸测定中,试管必须洁净、干燥,防止污染影响结果。

思考题

(1) 人体和动植物体中糖的储存形式是什么?实验时,为什么可以用淀粉代替糖原?

(2) 试述糖酵解作用的生理意义。

实验二十　氨基转换作用

▶ 目的要求

(1) 了解转氨酶在代谢过程中的重要作用。

(2) 学习应用纸层析法鉴定氨基转换反应。

▶ 实验原理

体内α-氨基酸的α-氨基在氨基转换酶的作用下,移换至α-酮酸的过程,称氨基转换作用。此类酶各有一定的特异性,普遍存在于动物各组织中。

本实验是将谷氨酸与丙酮酸在肌肉糜中谷氨酸-丙酮酸氨基转换酶(简称谷-丙转氨酶)的作用下进行氨基转化反应,然后用纸层析法检查反应体系中丙氨酸的生成。其反应式如下:

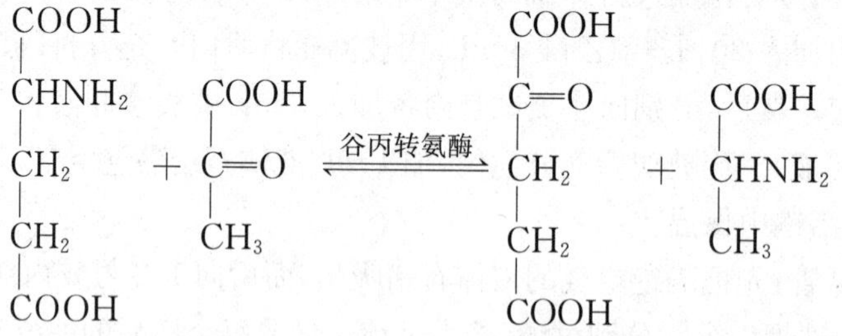

L-谷氨酸　丙酮酸　α-酮戊二酸　L-丙氨酸

由于谷氨酸、丙酮酸在肌肉糜中可随其他代谢途径分解和转化,影响氨基转换过程的观察,因此在反应体系中添加碘醋酸(或溴乙酸)以抑制谷氨酸和丙酮酸的其他代谢过程。

▶ 试剂和器材

(一) 试剂

1%谷氨酸溶液(用 1% KOH 溶液调到中性);1%丙酮酸钠溶液(用 1% KOH 溶液调

到中性）；0.1％ KHCO₃ 溶液；0.025％ 溴乙酸溶液（用 1％ KOH 溶液调到中性）；2％ HAc 溶液；0.1％标准谷氨酸溶液；0.1％标准丙氨酸溶液；1％ KOH 溶液。

展开剂：水饱和苯酚溶液。2 份酚加 1 份水混合放入分液漏斗，振荡。静置 24 h 后分层，取下层酚置棕色瓶中备用。

显色剂：0.1％茚三酮的正丁醇溶液。

（二）材料

肌肉糜提取液：取兔子肌肉 1 g，置研钵中，加 0.9％ 氯化钠溶液 3 mL，在低温下研磨成细浆，把研磨好的提取液倒入 2 个 1.5 mL 的带盖塑料离心管（通称 EP 管）中，离心 2 min（8 000 r/min），弃去沉淀，得肌肉糜提取液。

（三）器材

试管 1.5 cm×15 cm（4 个）；研钵（或玻璃匀浆器）；移液枪（量程 100～1 000 μL）；点样毛细管；烧杯；恒温水浴锅；培养皿 9 cm（2 个）；直径 13 cm 圆形滤纸；手术剪；喉头喷雾器；吹风机。

▶ 操作方法

（一）转氨酶作用

（1）取 2 支干净试管（编号 1、2），向每个试管各加 0.5 mL 1％谷氨酸溶液，0.5 mL 1％丙酮酸钠溶液，0.5 mL 0.1％ KHCO₃ 和 0.25 mL 0.025％溴乙酸，混匀。然后，分别加入肌肉糜提取液 0.5 mL，混匀，将其中 1 支试管立即在沸水浴锅中加热 2～3 min 作为对照。用塞子塞住另 1 支试管，置于 45 ℃水浴锅中保温 40 min。

（2）保温完毕，取出试管。向每只试管中各加 2％ HAc 溶液 4 滴，再置于沸水浴锅中 2 min，使蛋白质完全沉淀。过滤收集滤液待用或分别吸取 1 mL 反应液到 2 个 1.5 mL 的带盖塑料离心管中，以 12 000 r/min 离心 1 min，上清液点样。

（二）层析验证

（1）取培养皿 1 个，将水饱和苯酚溶液倒入皿中保持约 0.5 cm 高，取一张圆形滤纸，找到圆心，并以圆心约 1 cm 为半径画一圆作为底线，在此底线上，用铅笔点 4 个等距离的圆点并标明 1、2、3、4；用手术剪在圆心转出一直径为 2 mm 的小孔。

（2）用点样毛细管分别吸取以上 2 种上清液及标准谷氨酸、标准丙氨酸，依次点在标明号码的原点处，以吹风机吹干，再重新点样 2～4 次。注意斑点不能太大，一般直径约 0.3 cm 为宜。另取一条滤纸卷成实心筒状，直径约 2.5 mm，将此小筒插入滤纸中心小孔（不可突出纸面之上），使层析滤纸通过此小筒与苯酚溶液相连。然后将滤纸平放在盛饱和酚的培养皿上。另取一大小相同的培养皿盖在滤纸上，此时酚溶液即由滤纸中心孔向四周扩散。

（3）当酚溶液扩展的直径约 8 cm 时（约 1 h），取出滤纸。用铅笔画下酚溶液扩展边缘，用吹风机吹干。用喷雾器喷以 0.1％茚三酮溶液，再用热风吹干。用铅笔圈下各显色点。测定各显色点的 R_f 值，并解释。

（三）计算公式

$$R_f = \frac{原点至斑点中心的距离}{原点至溶剂前沿的距离}$$

表 3 - 15 测 量 数 据

项　　目	原点至斑点中心的距离/mm	原点至溶剂前沿的距离/mm	R_f值
标准谷氨酸			
标准丙氨酸			
反应管斑点 1			
反应管斑点 2			
对照管			

R_f值是氨基酸的特征常数,通过计算得到 R_f值,与标准氨基酸的值进行比较来判断转氨反应是否有丙氨酸生成。

▶ **注意事项**

(1) 因为手上有很多氨基酸,所以接触滤纸一定要戴手套。

(2) 苯酚强腐蚀性,切勿徒手接触,如不慎接触及时用流水冲洗,用酒精棉球擦拭。

(3) 滤纸要保持平整,不能有折痕,因为折痕会影响展层效果。

(4) 苯酚、正丁醇都是有机溶剂,只能用铅笔在滤纸做标记。

(5) 教室里保持通风。

思考题

(1) 什么叫转氨作用?

(2) 转氨作用在蛋白质的合成与分解及糖、脂肪代谢中有何作用?

实验二十一　脂肪酸 β-氧化

▶ **目的要求**

(1) 了解脂肪酸的 β-氧化作用。

(2) 掌握测定 β-氧化作用的方法和原理。

▶ **实验原理**

在肝脏中,脂肪酸经 β-氧化作用生成乙酰辅酶 A。2 分子乙酰辅酶 A 可缩合生成乙酰乙酸。乙酰乙酸可脱羧生成丙酮,也可还原生成 β-羟丁酸。乙酰乙酸、β-羟丁酸和丙酮总称为酮体。

本实验用新鲜肝糜与丁酸保温,生成的丙酮在碱性条件下,与碘生成碘仿。反应式如下:

$$2NaOH + I_2 \longrightarrow NaOI + NaI + H_2O$$

$$CH_3COCH_3 + 3NaOI \longrightarrow CHI_3（碘仿）+ CH_3COONa + 2NaOH$$

剩余的碘,可以用标准硫代硫酸钠滴定。

$$NaOI + NaI + 2HCl \longrightarrow I_2 + 2NaCl + 2H_2O$$

$$I_2 + 2Na_2S_2O_3 \longrightarrow Na_2S_4O_6 + 2NaI$$

根据滴定样品与滴定对照所消耗的硫代硫酸钠溶液体积之差,可以计算由丁酸氧化生成丙酮的量。

▶ **试剂和器材**

（一）试剂

0.1%淀粉溶液;0.9%氯化钠溶液;15%三氯乙酸溶液;10%氢氧化钠溶液。

10%盐酸溶液:浓盐酸一般浓度(体积分数)为35%～37%,取浓盐酸277.8 mL定容到1 000 mL。

0.5 mol/L丁酸溶液:取5 mL丁酸溶于100 mL 0.5 mol/L氢氧化钠溶液中。

0.1 mol/L碘溶液:称取12.7 g碘和约25 g碘化钾溶于水中,稀释到1 000 mL,混匀,用标准0.05 mol/L硫代硫酸钠溶液标定。

标准0.01 mol/L硫代硫酸钠溶液:临用时将已标定的0.05 mol/L硫代硫酸钠溶液稀释成0.01 mol/L。

1/15 mol/L pH值为7.6的磷酸盐缓冲液:1/15 mol/L磷酸氢二钠溶液86.8 mL与1/15 mol/L磷酸二氢钠溶液13.2 mL混合。

（二）材料

新鲜猪肝。

（三）器材

锥形瓶50 mL(2个);移液管5 mL(5个),2 mL(4个);微量滴定管5 mL(1个);漏斗;恒温水浴锅。

▶ **操作方法**

（一）肝糜的制备

称取肝组织5 g置于研钵中。加少量0.9%氯化钠溶液,研磨成细浆。再加入0.9%氯化钠溶液至总体积为10 mL。

（二）β-氧化作用

取2个50 mL锥形瓶,各加入3 mL 1/15 mol/L pH=7.6磷酸盐缓冲液。向其中一个锥形瓶中加入2 mL正丁酸,另一个锥形瓶作为对照,不加正丁酸。然后,各加入2 mL肝组织糜。混匀,置于37 ℃恒温水浴锅中保温。

（三）沉淀蛋白质

保温1 h后,取出锥形瓶,各加入3 mL 15%三氯乙酸溶液,在对照瓶内追加2 mL正丁酸,混匀,静置 15 min 后过滤。将滤液分别收集在 2 个试管中。

（四）酮体的测定

吸取 2 种滤液各 2 mL 分别放入另 2 个锥形瓶中,再各加 3 mL 0.1 mol/L 碘溶液和 3 mL 10％氢氧化钠溶液。摇匀后,静置 10 min。加入 3 mL 10％盐酸溶液中和。然后,用 0.01 mol/L 标准硫代硫酸钠溶液滴定剩余的碘。滴定至浅黄色时,加入 3 滴淀粉溶液作为指示剂。摇匀,并继续滴到蓝色消失。记录滴定样品与对照所用的硫代硫酸钠溶液的体积（以 mL 计）,并按下式计算样品中的丙酮含量。

（五）计算

$$肝脏中的丙酮含量(\text{mmol/g}) = (A-B) \times C_{\text{Na}_2\text{S}_2\text{O}_3} \times \frac{1}{6}$$

式中：A 为滴定对照所消耗的 0.01 mol/L 硫代硫酸钠溶液的体积,mL;B 为滴定样品所消耗的 0.01 mol/L 硫代硫酸钠溶液的体积,mL;$C_{\text{Na}_2\text{S}_2\text{O}_3}$ 为标准硫代硫酸钠溶液的浓度,mol/L。

▶ **注意事项**

(1) 肝糜必须新鲜,放置过久则失去氧化脂肪酸的能力。

(2) 加盐酸溶液中和时一定要准确量取,确保酸碱中和。

思考题

(1) 什么是酮体?

(2) 本实验如何计算样品中的丙酮含量?

实验二十二　酵母 RNA 的提取及组分鉴定

▶ **目的要求**

(1) 了解并掌握稀碱法提取 RNA 的原理和方法。

(2) 了解核酸的组分并掌握其鉴定方法。

▶ **实验原理**

由于 RNA 的来源和种类很多,因而提取制备方法也各异,一般有苯酚法、去污剂法和盐酸胍法。其中,苯酚法又是实验室最常用的。组织匀浆用苯酚处理并离心后,RNA 即溶于上层被酚饱和的水相中,DNA 和蛋白质则留在酚层中。向水层加入乙醇后,RNA 即以白色絮状沉淀析出,此法能较好地除去 DNA 和蛋白质。上述方法提取的 RNA 具有生物活性。工业上常用稀碱法和浓盐法提取 RNA,用这 2 种方法所提取的核酸均为变性的 RNA,主要用作制备核苷酸的原料,其工艺比较简单。浓盐法使用 10％左右氯化钠溶液,90 ℃提取 3～4 h,迅速冷却,提取液经离心后,上清液用乙醇沉淀 RNA。稀碱法用稀碱使酵母细胞裂解,然后用酸中和,除去蛋白质和菌体后的上清液用乙醇沉淀 RNA 或调 pH 值至 2.5 利用等电点沉淀。

酵母含 RNA 达 2.67％～10.0％,而 DNA 含量仅为 0.03％～0.516％,为此,提取 RNA 多以酵母为原料。

RNA 含有核糖、嘌呤碱、嘧啶碱和磷酸各组分。加硫酸煮可使 RNA 水解,从水解液中可用定糖、定磷和加银沉淀等方法测出上述组分的存在。

▶ **试剂和器材**

(一)试剂

0.04 mol/L NaOH 溶液;95％乙醇;1.5 mol/L 硫酸;浓氨水;0.1 mol/L 硝酸银。

酸性乙醇溶液:30 mL 乙醇加 0.3 mL HCl。

三氯化铁浓盐溶液:将 2 mL 10％三氯化铁(FeCl$_3$·6H$_2$O)溶液加入 400 mL 浓 HCl。

苔黑酚(3,5-二羟基甲苯)乙醇溶液:称取 6 g 苔黑酚溶于 95％乙醇 100 mL。

定磷试剂:

17％硫酸:将 17 mL 浓硫酸(相对密度为 1.084)缓缓倾入 83 mL 水中。2.5％钼酸铵: 2.5 g 钼酸铵溶于 100 mL 水中。

10％抗坏血酸溶液:10 g 抗坏血酸溶于 100 mL 水,用棕色瓶保存溶液。临用时将 3 种溶液和水按下列比例混合。

17％硫酸、2.5％钼酸铵、10％抗坏血酸、水的体积比为 1∶1∶1∶2。

(二)材料

干酵母粉。

(三)器材

移液管 2.0 mL(1 个),试管 3.0 cm×20 cm(1 个),1.5 cm×15 cm(3 个);移液枪(量程 100～1 000 μL);量筒 10 mL(1 个),50 mL(1 个);滴管;水浴锅;低速离心机;研钵;天平。

▶ **操作方法**

(一)酵母 RNA 提取

称 5 g 干酵母粉悬浮于 30 mL 0.04 mol/L NaOH 溶液中并在研钵中研磨均匀。悬浮液转入大试管,沸水浴锅加热 30 min,冷却,转入离心管。3 000 r/min 离心 10 min 后,将上清慢慢倾入 10 mL 酸性乙醇,边加边搅动。加毕,静置,待 RNA 沉淀完全后,3 000 r/min 离心 5 min。弃去上清液。用 95％乙醇洗涤沉淀 2 次,第 1 次洗涤后 3 000 r/min 离心 5 min,第 2 次洗涤后过滤,将沉淀转移到滤纸上,沉淀在空气中干燥。称量所得 RNA 粗品的质量,计算:

$$干酵母粉 RNA 含量 = \frac{RNA 重(g)}{干酵母粉重(g)} \times 100\%$$

(二)RNA 组分鉴定

将所提取的核酸转移到试管中,加入 1.5 mol/L 硫酸 5 mL,沸水浴锅加热 10 min 制成水解液,然后进行组分鉴定。

(1)嘌呤碱:取水解液 1 mL 加入过量浓氨水。然后,加入 1 mL 0.1 mol/L 硝酸银溶液,观察有无嘌呤碱银化合物沉淀。

(2)核糖:取水解液 1 mL,三氯化铁浓盐酸溶液 2 mL 和苔黑酚乙醇溶液 0.2 mL。放沸水浴锅中 10 min。注意观察核糖是否变成绿色。

（3）磷酸：取水解液 1 mL,加定磷试剂 2 mL。在水浴锅中加热观察溶液是否变成蓝色。

思考题

（1）为什么用稀碱溶液可以使酵母细胞裂解？

（2）如何从酵母中提取到较纯的 RNA？

实验二十三 质粒 DNA 的微量制备

▶ 目的要求

（1）了解质粒的特性及其在分子生物学研究中的作用。

（2）掌握碱裂解法分离、纯化质粒 DNA 的方法。

▶ 实验原理

质粒(plasmid)是一种双链的共价闭环状的 DNA 分子,它是染色体外能够稳定遗传的因子。质粒具有复制和控制机构,能够在细胞质中独立自主地进行自身复制,并使子代细胞保持它们恒定的拷贝数。目前,质粒已广泛地用作基因工程中目的基因地运载工具——载体。从大肠杆菌中提取质粒 DNA,是一种分子生物学最基本的方法。

质粒 DNA 分离纯化方法有多种,但其原理和步骤大同小异。本实验着重介绍碱裂解法制备微量 DNA。

在 EDTA 存在的条件下,用溶菌酶破坏细菌细胞壁,同时经过 NaOH 和阴离子去污剂 SDS 处理,使细胞膜崩解,从而使菌体充分地裂解。此时,细菌染色体 DNA 缠绕附着在细胞膜碎片上,离心时易被沉淀出来。而质粒 DNA 则留在上清液内,其中还含有可溶性蛋白质、核糖核蛋白和少量染色体 DNA,在实验中加入蛋白质水解酶和核糖核酸酶,可以使它们分解,通过碱性酚(pH=8.0)和氯仿-异戊醇混合液的抽提可以除去蛋白质。异戊醇的作用是降低表面张力,可以减少抽提过程中产生的泡沫,并能使离心后水层、变性蛋白层和有机层维持稳定。含有质粒 DNA 的上清液用乙醇或异丙醇沉淀,获得质粒 DNA。

在实验过程中,由于细菌裂解后受到剪切力或核酸降解酶的作用,染色体 DNA 容易被切断成为各种大小不同的碎片而与质粒 DNA 共同存在。因此,采用乙醇沉淀法得到的 DNA 除含有质粒 DNA 外,还可能有少部分染色体 DNA 和 RNA,必要时可进一步纯化。

▶ 试剂和器材

（一）试剂

（1）LB 液体培养基：胰蛋白胨 10 g/L,酵母提取物 5 g/L,NaCl 10 g/L,用 NaOH 调节 pH 值至 7.0,121 ℃,20 min;高压灭菌。

（2）TEG 缓冲液(solution Ⅰ)(pH 值为 8.025 的 mmol/L Tris-HCl, 10 mmol/L EDTA,50 mmol/L 葡萄糖,4 mg/mL 溶菌酶)：称取 0.3 g Tris 加入 0.1 mol/L HCl 溶液

14.6 mL,先配制成 pH 值为 8.0 的 Tris-HCl 缓冲液 100 mL,再加入 0.37 g EDTA・Na$_2$・2H$_2$O 和 0.99 g 葡萄糖,临用前加入 400 mg 溶菌酶。

（3）碱裂解液（solution Ⅱ）（0.2 mmol/L NaOH,1% SDS）：称取 0.8 g NaOH 和 1 g SDS 定容至 100 mL。

（4）乙酸钾溶液（solution Ⅲ）（pH 值为 8.0,[K$^+$]＝3 mol/L,[Ac$^-$]＝5 mol/L）：取 60 mL,5 mol/L KAc 加入 11.5 mL 冰乙酸和 28.5 mL 蒸馏水。

（5）1 mol/L pH 值为 8.0 Tris-HCl 缓冲液：Tris 121.14 g/L,将盐酸 pH 值调至 8.0。

（6）酚/氯仿（按体积 1∶1）溶液配制：

① 将商品苯酚置 65 ℃水浴锅中缓缓加热融化,取 200 mL 融化酚加入等体积的 1 mol/L Tris-HCl pH 值为 8.0 的缓冲液和 0.2 g（0.1%）8-羟基喹啉,于分液漏斗内剧烈振荡,避光静置使其分相。

② 弃去上层水相,再用 0.1 mol/L Tris-HCl 缓冲液（pH 值为 8.0）与有机相等体积混匀,充分振荡,静置分相,留取有机相。

③ 配制氯仿/异戊醇混合液：将 24 份氯仿与 1 份异戊醇混合均匀。

④ 等体积的酚和氯仿/异戊醇溶液混合。放置后,上层若出现水相,可吸出弃去。有机相置棕色瓶内低温保存。

（7）TE 缓冲液（10 mmol/L,pH 值为 8.0 的 Tris-HCl,1 mmol/L EDTA）：称取 0.12 g Tris,加适量蒸馏水溶解,用 1 mol/L 盐酸调 pH 值至 8.0 并定容至 100 mL,加入 0.037 g EDTA・Na$_2$・2H$_2$O,临用前加入核糖核酸酶（RNase）。为了使 RNase 制剂中混杂的 DNase 失活,临用前在 80 ℃处理 10 min。

（8）无水乙醇及 70%乙醇。

（二）材料

携带 pBR322 质粒的大肠杆菌。按照试剂盒使用说明提取质粒 DNA。

（三）器材

试管,Eppendorf 管,移液器,高速台式离心机,冰块,接种环,旋涡振荡器。

▶ 操作方法

1. 培养细菌扩增质粒

将携带 pBR322 质粒的大肠杆菌接种于 2~5 mL 含氨苄青霉素的 LB 液体培养基中,37 ℃摇床培养 16 h 左右。

2. 收集菌体和裂解细菌

（1）取 1.5 mL 培养液置 Eppendorf 管内,以 12 000 r/min 离心 1 min,弃去上清液,保留菌体沉淀。如菌量不足可再加入培养液,重复离心,收集菌体。

（2）将菌体沉淀悬浮于预冷的 250 μL TEG 缓冲液内,吸打或振荡至彻底悬浮菌体,看不见菌团。

（3）加入 250 μL 新鲜配制的碱裂解液,加盖,立即温和颠倒离心管 4~6 次混匀,室温放置 1~2 min。

3. 分离纯化质粒DNA

(1) 加入 350 μL 冷却的乙酸钾溶液。加盖后,立即温和颠倒离心管 5～10 次充分混匀。

(2) 以 12 000 r/min 离心 10 min,乙酸钾能沉淀 SDS 与蛋白质的复合物,并使过量的 SDS-Na⁺ 转化为溶解度很低的 SDS-K⁺ 一起沉淀下来。离心后,上清液若仍混浊,应混匀后再冷至 0 ℃,重复离心。上清液转移至另一干净的 Eppendorf 管内。(如用柱式质粒小量抽提试剂盒,按以下操作。将上清全部小心移入吸附柱,8 000 r/min 离心 2 min。倒掉收集管中的液体,将吸附柱放入同一个收集管中。向吸附柱中加入 500 μL 洗涤液,10 000 r/min 离心 1 min。倒掉收集管中的液体,将吸附柱放入同一个收集管中。重复洗涤一次。然后,将空吸附柱和收集管放入离心机,10 000 r/min 离心 2 min。打开柱子的盖子自然晾干 10 min。将吸附柱放入干净的 1.5 mL 离心管中,在吸附柱中央加入 50 μL TE 缓冲液,室温静置 2 min,10 000 r/min 离心 2 min。将所得到的质粒DNA溶液置于 −20 ℃ 保存或用于后续实验)

(3) 加入等体积的酚/氯仿饱和溶液,反复振荡,以 12 000 r/min 离心 2 min,小心吸取上层水相溶液,转移到另一个 Eppendorf 管中。

(4) 上述溶液中加入约两倍体积的预冷无水乙醇,混合摇匀,于冰上放置 10 min。4 ℃ 下离心,12 000 r/min 离心 5 min,弃去上清液,并将 Eppendorf 管倒置在干滤纸上,空干管壁黏附的溶液。

(5) 加入 1 mL 70% 冷乙醇,洗涤沉淀物,离心,弃去上清液,尽可能除净管壁上的液珠,放置干燥或真空干燥,即得质粒DNA制品。

(6) 将 DNA 沉淀溶于 20 μL TE 缓冲液,置 −20 ℃ 保存,备用。

▶ **注意事项**

(1) 细菌培养过程要求无菌操作。细菌培养液、配试剂用的蒸馏水、试管和 Eppendorf 离心管等有关用具和某些试剂经高压灭菌处理。

(2) 制备质粒的过程中,所有操作必须缓和,不要剧烈振荡,以避免机械剪切力对 DNA 的断裂作用。

(3) 加入乙酸钾溶液后,可用小玻璃棒轻轻搅开团状沉淀物,防止质粒 DNA 可能被包埋在沉淀物内,不易释放出来。

(4) 用酚/氯仿混合液除去蛋白效果比单独使用更好,为充分除去残余的蛋白质,可以进行多次抽提,直至两相间无絮状蛋白沉淀。

(5) 提取的各部操作尽量在低温条件(如冰浴)下进行。

思考题

(1) 碱法提取质粒的过程中,EDTA、溶菌酶、NaOH、SDS、乙酸钾、酚/氯仿等试剂的作用是什么?

(2) 质粒提取过程中,应注意哪些操作? 为什么?

实验二十四　质粒 DNA 限制性酶切及琼脂糖凝胶电泳的分离鉴定

▶ **目的要求**

(1) 了解 DNA 的限制性内切酶酶切的基本原理。

(2) 掌握琼脂糖凝胶电泳的基本操作技术。

▶ **实验原理**

（一）DNA 的限制性内切酶酶切分析

限制性内切酶能特异地结合于一段被称为限制性酶识别序列的 DNA 序列之内或其附近的特异位点上，并切割双链 DNA。它可分为Ⅰ、Ⅱ、Ⅲ类。Ⅰ类和Ⅲ类酶在同一蛋白质分子中兼有切割和修饰（甲基化）作用且依赖于 ATP 的存在。Ⅲ类酶结合于识别位点并随机切割识别位点不远处的 DNA，而Ⅲ类酶在识别位点上切割 DNA 分子，然后从底物上解离。Ⅱ类由两种酶组成：一种为限制性内切核酸酶（限制酶），它切割某一特异的核苷酸序列；另一种为独立的甲基化酶，它修饰同一识别序列。Ⅱ类中的限制性内切酶在分子克隆中得到了广泛应用，它们是重组 DNA 的基础。绝大多数Ⅱ类限制酶识别长度为 4～6 个核苷酸的回文对称特异核苷酸序列（如 $EcoR$ Ⅰ识别 6 个核苷酸序列：$5' - G \downarrow AATTC - 3'$），有少数酶识别更长的序列或简并序列。Ⅱ类酶切割位点在识别序列中，有的在对称轴处切割，产生平末端的 DNA 片段（如 Sma Ⅰ：$5' - CCC \downarrow GGG - 3'$）；有的切割位点在对称轴一侧，产生带有单链突出末端的 DNA 片段称黏性末端，如 $EcoR$ Ⅰ切割识别序列后产生两个互补的黏性末端。

$$5' \cdots G \downarrow AATTC \cdots 3' \rightarrow 5' \cdots G \quad AATTC \cdots 3'$$

$$3' \cdots CTTAA \uparrow G \cdots 5' \rightarrow 3' \cdots CTTAA \quad G \cdots 5'$$

DNA 限制性内切酶酶切图谱又称为 DNA 的物理图谱，它由一系列位置确定的多种限制性内切酶酶切位点组成，以直线或环状图式表示。在 DNA 序列分析、基因组的功能图谱绘制、DNA 的无性繁殖、基因文库的构建等工作中，建立限制性内切酶图谱都是不可缺少的环节，近年来发展起来的 RFLP（限制性片段长度多态性）技术更是建立在其基础上。

（二）凝胶电泳

琼脂糖凝胶电泳是分离鉴定和纯化 DNA 片段的标准方法。该技术操作简便快速，可以分辨用其他方法（如密度梯度离心法）所无法分离的 DNA 片段。当用低浓度的荧光嵌入染料溴化乙啶（Ethidium bromide，EB）染色，在紫外光下至少可以检出 1～10 ng 的 DNA 条带，从而可以确定 DNA 片段在凝胶中的位置。此外，还可以从电泳后的凝胶中回收特定的 DNA 条带，用于以后的克隆操作。

琼脂糖主要在 DNA 制备电泳中作为一种固体支持基质，其密度取决于琼脂糖的浓度。

在电场中,在中性 pH 值下带负电荷的 DNA 向阳极迁移,其迁移速率由下列多种因素决定。

(1) DNA 的分子大小:线状双链 DNA 分子在一定浓度琼脂糖凝胶中的迁移速率与 DNA 相对分子质量对数成反比,分子越大则所受阻力越大,也越难在凝胶孔隙中蠕行,因而迁移得越慢。

(2) 琼脂糖浓度:一个给定大小的线状 DNA 分子,其迁移速度在不同浓度的琼脂糖凝胶中各不相同。DNA 电泳迁移率的对数与凝胶浓度呈线性关系。凝胶浓度的选择取决于 DNA 分子的大小。分离小于 0.5 kb 的 DNA 片段所需胶浓度是 1.2%~1.5%,分离大于 10 kb 的 DNA 分子所需胶浓度为 0.3%~0.7%,DNA 片段大小间于两者之间则所需胶浓度为 0.8%~1.0%。

(3) DNA 分子的构象:当 DNA 分子处于不同构象时,它在电场中移动距离不仅和相对分子质量有关,还和它本身构象有关。相同相对分子质量的线状、开环和超螺旋 DNA 在琼脂糖凝胶中移动速度是不一样的,超螺旋 DNA 移动最快,而线状双链 DNA 移动最慢。如在电泳鉴定质粒纯度时,发现凝胶上有数条 DNA 带难以确定是质粒 DNA 不同构象引起的还是因为含有其他 DNA 引起的,可从琼脂糖凝胶上将 DNA 带逐个回收,用同一种限制性内切酶分别水解,然后电泳,如在凝胶上出现相同的 DNA 图谱,则为同一种 DNA。

(4) 电源电压:在低电压时,线状 DNA 片段的迁移速率与所加电压成正比。但是,随着电场强度的增加,不同相对分子质量的 DNA 片段的迁移率将以不同的幅度增长,片段越长,由场强升高引起的迁移率升高幅度也越大。因此,电压增加,琼脂糖凝胶的有效分离范围将缩小。要使大于 2 kb 的 DNA 片段的分辨率达到最大,所加电场强度不得超过 5 V/cm。

(5) 嵌入染料的存在:荧光染料溴化乙啶(EB)或者 Goldview 用于检测琼脂糖凝胶中的 DNA,染料会嵌入堆积的碱基对之间并拉长线状和带缺口的环状 DNA,使其刚性更强,还会使线状 DNA 迁移率降低 15%。

(6) 离子强度影响:电泳缓冲液的组成及其离子强度影响 DNA 的电泳迁移率。在没有离子存在(如误用蒸馏水配制凝胶)时,电导率最小,DNA 几乎不移动,在高离子强度的缓冲液中(如误加 10×电泳缓冲液),则电导率很高并明显产热,严重时会引起凝胶熔化或 DNA 变性。

▶ **试剂和器材**

(一) 试剂

10×TBE 缓冲溶液(0.89 mol/L Tris-0.89 mol/L 硼酸-0.025 mol/L EDTA 缓冲溶液):取 108 g Tris,55 g 硼酸和 9.3 g EDTA(EDTANa$_2$ · 2H$_2$O)溶于水,定容至 1 000 mL,调 pH 值至 8.3。作为电泳缓冲溶液时,应稀释 20 倍。

6×电泳加样缓冲液:0.25% 溴酚蓝,40%(质量与体积比 w/v)蔗糖水溶液,储存于 4 ℃。

商品核酸染料试剂:4S green PLUS

(二) 材料

λDNA(购买或自行提取纯化);重组 pUC19 质粒;*Eco*R Ⅰ酶及其酶切缓冲液;*Hind* Ⅲ

酶及其酶切缓冲液；DNA 相对分子质量标准品；琼脂糖（Agarose）。

（三）器材

EPS300 数显式稳压稳流电泳仪，水平电泳槽 HE-90，台式高速离心机，恒温水浴锅，微量移液枪，微波炉，天能凝胶成像系统套。

▶ **操作方法**

（一）DNA 酶切反应

（1）用微量移液枪向灭菌的 Eppendorf 管分别加入 DNA 1 μg 和相应的限制性内切酶反应 10×缓冲液 2 μL，再加入去离子水使总体积为 19 μL，将管内溶液混匀后加入 1 μL 酶液，使酶切反应液总体积为 20 μL，用手指轻弹管壁使溶液混匀，也可用微量离心机甩一下，使溶液集中在管底。

（2）混匀反应体系后，将 Eppendorf 管置于适当的支持物上（如插在泡沫塑料板上），在 37 ℃水浴锅中保温 1～2 h，使酶切反应完全。

（3）每管加入 2 μL 的 0.1 mol/L EDTA（pH=8.0），混匀，以停止反应，置于冰箱中保存备用。

（二）DNA 相对分子质量标准的制备

采用 *EcoR* Ⅰ 或 *Hind* Ⅲ 酶解所得的 λDNA 片段来作为电泳时的相对分子质量标准。λDNA 为长度约 50 kb 的双链 DNA 分子，其商品溶液质量浓度为 0.5 mg/mL，酶解反应操作如上述。*Hind* Ⅲ切割 DNA 后得到 8 个片段，长度分别为 23.1、9.4、6.6、4.4、2.3、2.0、0.56 和 0.12 kb。*EcoR* Ⅰ切割 DNA 后得到 6 个片段，长度分别为 21.2、7.4、5.8、5.6、4.9 和 2.5 kb。

（三）琼脂糖凝胶的制备

（1）取 10×TBE 缓冲液 10 mL 加水至 200 mL，配制成 0.5×TBE 稀释缓冲液，待用。

（2）胶液的制备：称取 0.4 g 琼脂糖，置于 200 mL 锥形瓶中，加入 50 mL 0.5×TBE 稀释缓冲液，放入微波炉里加热至琼脂糖全部熔化，取出摇匀，此为 0.8%琼脂糖凝胶液。

（3）胶板的制备：将制胶盘、制胶盘架清洗干净，将制胶盘放到制胶盘架里，置于水平支持物上，插上样品梳子用力按压下去。向冷却至 50～60 ℃的琼脂糖胶液中加入核酸染料溶液（100 mL 胶液加入 10 μL 染料），混匀后倒胶，短胶 25 mL 一块，倒胶时的温度不可太低，否则凝固不均匀，速度也不可太快，否则容易出现气泡。待胶完全凝固后拨出梳子，注意不要损伤梳底部的凝胶，胶连着制胶盘取出，放入水平电泳槽内，注意加样孔在负极，然后向槽内加入 0.5×TBE 稀释缓冲液至液面恰好没过胶板上表面。

（4）加样：取 10 μL 酶解液与 2 μL 6×加样缓冲液混匀，用微量移液枪小心加入样品槽中。每加完一个样品要更换枪头，以防止互相污染，注意上样时要小心操作，避免损坏凝胶或将样品槽底部凝胶刺穿。

（5）电泳：加完样后，接通电源。控制电压保持在 100～120 V，电流在 40 mA 以上。当溴酚蓝条带移动到距凝胶前沿约 2 cm 时，停止电泳。

（6）观察和拍照：把凝胶捞出放到凝胶成像系统暗箱中观察，肉眼可辨 DNA 的荧光条带，拍照，见图 3-4。

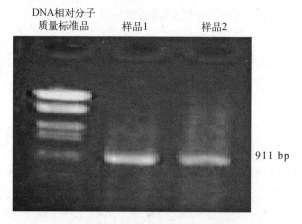

DNA相对分子
质量标准品　　　　样品1　　　　样品2

911 bp

图 3-4　琼脂糖凝胶电泳图谱

▶ **注意事项**

(1) 酶切时所加的 DNA 溶液体积不能太大,否则 DNA 溶液中其他成分会干扰酶反应。

(2) 酶活力通常用酶单位(U)表示,酶单位的定义如下:在最适反应条件下,1 h 完全降解 1 μg λDNA 的酶量为一个单位,但是许多实验制备的 DNA 不像 λDNA 那样易于降解,需适当增加酶的使用量。反应液中加入过量的酶是不合适的,除考虑成本外,酶液中的微量杂质可能干扰随后的反应。

(3) 市场销售的酶一般浓度很大,为节约起见,使用时可事先用酶反应缓冲液进行稀释。另外,酶通常保存在 50% 的甘油中,在实验中,应将反应液中甘油浓度(体积分数)控制在 1/10 之下,否则,酶活性将受影响。

(4) 观察 DNA 离不开紫外光透射仪,可是紫外光对 DNA 分子有切割作用。从胶上回收 DNA 时,应尽量缩短光照时间并采用长波长紫外光灯(300~360 nm),以减少紫外光切割 DNA。

(5) 戴手套操作。

思考题

(1) 如果 DNA 酶切、电泳后发现 DNA 未被切动,可能是什么原因?

(2) 琼脂糖凝胶电泳中 DNA 分子迁移率受哪些因素的影响?

实验二十五　牛乳中酪蛋白的制备

▶ **目的要求**

学习从牛乳中分离纯化酪蛋白的原理和方法。

▶ **实验原理**

牛乳中主要含有酪蛋白和乳清蛋白 2 种蛋白质。其中,酪蛋白占了牛乳蛋白质的 80%。酪蛋白是白色、无味的物质。不溶于水、乙醇及有机溶剂,但溶于碱溶液。牛乳在 pH 值为

4.7 时酪蛋白等电聚沉后剩余的蛋白质统称为乳清蛋白。乳清蛋白不同于酪蛋白,其粒子的水合能力强、分散性高,在乳中呈高分子状态。

本法利用等电点时溶解度最低的原理,将牛乳的 pH 值调至 4.7 时,酪蛋白就沉淀下来。用乙醇洗涤沉淀物,乙醚除去脂类杂质后便可得到纯的酪蛋白。酪蛋白含量约为 35 g/L。

▶ **试剂和器材**

(一)试剂

95% 乙醇;无水乙醚;乙醇-乙醚(体积比为 1∶1)混合液;冰乙酸。

0.2 mol/L pH＝4.7 醋酸-醋酸钠缓冲液 3 000 mL:

A 液:称取 NaAc·3H$_2$O 54.44 g,定容至 2 000 mL。

B 液:称取优级纯醋酸(含量大于 99.8%)12.0 g 定容至 1 000 mL。

取 A 液 1 770 mL,B 液 1 230 mL 混合即得 pH 值为 4.7 的醋酸-醋酸钠缓冲液 3 000 mL。

(二)材料

市售牛奶制品。

(三)器材

低速台式离心机,精密 pH 试纸(3.8～5.4)或酸度计,50 mL 量筒,恒温水浴锅,100 mL 烧杯,10 mL 带盖塑料离心管,移液枪(量程为 100～1 000 μL),温度计,天平。

▶ **操作方法**

(1) 将 20 mL 牛奶加热至 40 ℃。在搅拌下慢慢加入预热至 40 ℃、pH 值为 4.7 的醋酸缓冲液 20 mL。加少量冰乙酸调节 pH 值至 4.7,用精密试纸或酸度计检测。

将上述悬浮液冷却至室温,倒入 4 个 10 mL 带盖塑料离心管里,两两平衡,对称放到离心机里,离心 15 min(3 000 r/min)。弃去上清液,得酪蛋白粗制品。

(2) 分别在 4 个在离心管里加入 3 mL 水,洗涤沉淀,搅拌沉淀打散,然后把 4 个离心管里的溶液合并成 2 个管,离心 5 min(3 000 r/min),弃去上清液。

(3) 在沉淀中加入 2 mL 乙醇,搅拌片刻,离心 5 min(3 000 r/min)弃上清。

(4) 用乙醇-乙醚混合液(1 mL 乙醇＋1 mL 乙醚)洗沉淀 2 次;最后用乙醚洗沉淀 2 次,2 mL/管。

(5) 将沉淀从离心管转移出来,摊开在表面皿上,风干;得酪蛋白纯品。

(6) 准确称重,计算酪蛋白含量(g/100 mL 牛乳),并与理论含量为 3.5 g/100 mL 牛乳相比较,求出实际产率。

▶ **注意事项**

(1) 该实验利用等电点沉淀原理,所以调 pH 值步骤一定要准确。

(2) 第一次离心,可先离心 2 min 停下来看一下是否有沉淀,然后再继续离心 13 min。

(3) 实验时保证实验室空气流畅,以防被乙醚麻醉。

(4) 将实验废液回收至氕废液桶里。

思考题

制备高产率纯酪蛋白的关键是什么?

实验二十六　果蔬维生素 C 含量测定及其分析

▶ **目的要求**

要求学生在已掌握生物化学基础知识、基本理论和基本实验技能的基础上,在教师指导下,根据实验室条件,完成选题、设计实验、准备实验、实施实验和撰写实验论文等全过程。培养动手操作能力,分析解决问题的能力和创新思维。

▶ **实验原理**

维生素 C 是人类营养中最重要的维生素之一,缺少它时会产生坏血病。因此,它又称为抗坏血酸(ascorbic acid)。维生素 C 对物质代谢的调节具有重要的作用。近年来,发现它还有增强机体对肿瘤的抵抗力,阻断化学致癌物的作用。

维生素 C 主要存在于新鲜水果及蔬菜中。水果中以猕猴桃中的含量最多,在柠檬、橘子和橙子中含量也非常丰富;蔬菜以辣椒中的含量最丰富,在番茄、甘蓝、萝卜和青菜中含量也十分丰富,野生植物以刺梨中的含量最丰富,每 100 g 中含 2 800 mg,有"维生素 C 王"之称。维生素 C 为无色晶体,味酸,溶于水及乙醇,不耐热,在碱性溶液中极不稳定,在日光照射后易被氧化破坏,有微量铜、铁等重金属离子存在时更易氧化分解,干燥条件下较为稳定。故维生素 C 制剂应放在干燥、低温和避光处保存;在烹调蔬菜时,不宜烧煮过度并应避免接触碱和铜器。

维生素 C 具有很强的还原性。它可分为还原型和脱氢型。还原型抗坏血酸能还原染料 2,6 -二氯酚靛酚(DCPIP),本身则氧化为脱氢型。在酸性溶液中,2,6 -二氯酚靛酚呈红色,还原后变为无色。因此,当用此染料滴定含有维生素 C 的酸性溶液时,维生素 C 尚未全部被氧化前,则滴下的染料立即被还原成无色。一旦溶液中的维生素 C 全部被氧化时,则滴下的染料立即使溶液变成粉红色(图 3 - 5)。因此,当溶液从无色变成微红色时即表示溶液中的维生素 C 全部被氧化,此时即为滴定终点。如无其他杂质干扰,样品提取液所还原的标准染料量与样品中所含还原型抗坏血酸量成正比。

▶ **试剂和器材**

(一)试剂

2% 草酸溶液:将草酸 2 g 溶于 100 mL 蒸馏水中。

1% 草酸溶液:将草酸 1 g 溶于 100 mL 蒸馏水中。

标准抗坏血酸溶液(1 mg/mL):准确称取 100 mg 纯抗坏血酸(应为洁白色,如变为黄色则不能用)溶于 1% 草酸溶液中,并定容至 100 mL,储于棕色瓶中,冷藏。最好临用前配制。

0.1% 2,6 -二氯酚靛酚溶液:250 mg 2,6 -二氯酚靛酚溶于 150 mL 含有 52 mg $NaHCO_3$ 的热水中,冷却后加水稀释至 250 mL,储于棕色瓶中冷藏(4 ℃)约可保存一周。每次临用时,以标准抗坏血酸溶液标定。

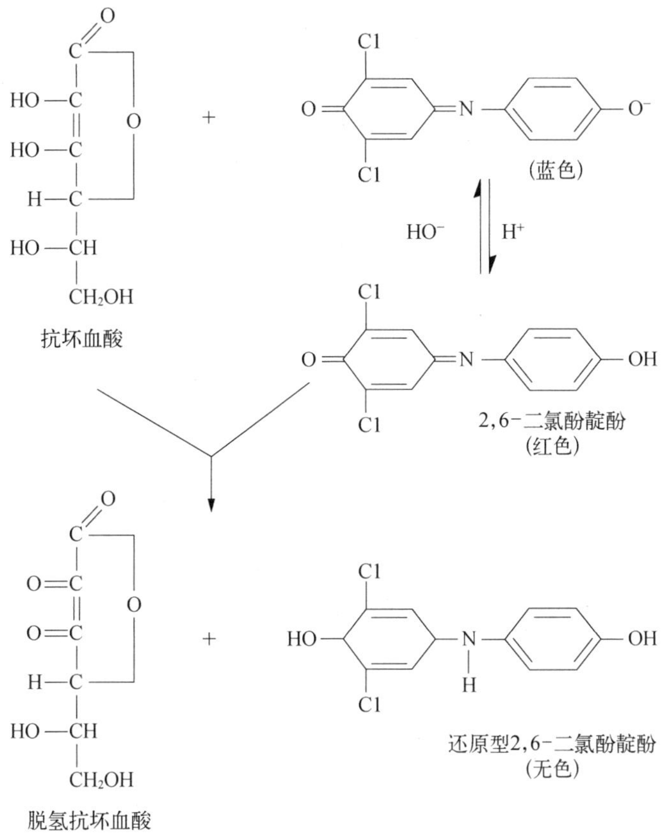

图 3-5　2,6-二氯酚靛酚法测定维生素 C 含量的原理图示

（二）材料

实验室提供橘子和卷心菜；其他可根据学生自己选定的主题，自备材料。

（三）器材

锥形瓶 50 mL（5 个）；移液管 10 mL（2 个）；容量瓶 100 mL（1 个），250 mL（1 个），50 mL（5 个）；微量滴定管 5 mL（1 个）；研钵；漏斗；纱布。

▶**操作方法**

（一）提取

用水洗干净整株新鲜蔬菜或整个新鲜水果，用纱布或吸水纸吸干表面水分。各称取 20 g，根据实验设计需要处理样品（如加热、浸泡等），然后各加入 20 mL 2% 草酸，根据实验设计需要处理样品，然后用研钵研磨，4 层纱布过滤，滤液备用。纱布包裹的样品可用少量 2% 草酸反复洗几次，合并滤液，滤液总体积定容至 50 mL。

（二）标准液滴定

准确吸取标准抗坏血酸溶液 1 mL 置 50 mL 锥形瓶中，加 9 mL 1% 草酸，用微量滴定管以 0.1% 2,6-二氯酚靛酚溶液滴定至淡红色，并保持 15 s 不褪色，即达终点。由所用染料的体积计算出 1 mL 染料相当于多少毫克抗坏血酸。另取 10 mL 1% 草酸作为空白对照滴定。

（三）样品滴定

准确吸取滤液 3 份，每份 10 mL，分别放入 3 个锥形瓶内，滴定方法同前。

（四）计算

$$维生素 C 含量(mg/100 g 样品) = \frac{(V_A - V_B) \times C \times T}{D \times W} \times 100\%$$

式中：V_A 为滴定样品所耗用的染料的平均体积，mL；V_B 为滴定空白对照所耗用的染料的平均体积，mL；C 为样品提取液的总体积，mL；D 为滴定时所取的样品提取液体积，mL；T 为 1 mL 染料能氧化抗坏血酸质量(由操作二计算出)，mg；W 为待测样品的质量，g。

▶ **注意事项**

（1）某些水果、蔬菜(如橘子、西红柿等)浆状物泡沫太多，可加数滴丁醇或辛醇消泡。

（2）整个操作过程要迅速，防止样品中还原型抗坏血酸被氧化。滴定过程一般不超过 2 min。滴定所用的染料不应小于 1 mL 或大于 4 mL。如果样品含维生素 C 太高或太低时，可酌情增减样液用量或改变提取液稀释度。

（3）提取的浆状物如不易过滤，亦可离心，留取上清液进行滴定。

思考题

（1）为了测得准确的维生素 C 含量，在实验过程中都应注意哪些操作步骤？为什么？

（2）根据选定的主题，收集整理实验数据、分析实验结果，撰写论文。

实验二十七　蛋白质相对分子质量的测定
——SDS-聚丙烯酰胺凝胶电泳法

▶ **目的要求**

（1）学会 SDS-聚丙烯酰胺凝胶电泳法原理。

（2）掌握用 SDS-聚丙烯酰胺凝胶电泳法测定蛋白质相对分子质量的操作技术。

▶ **实验原理**

聚丙烯酰胺凝胶电泳是以聚丙烯酰胺凝胶为载体的一种区带电泳。该凝胶由丙烯酰胺(Acr)和交联剂 N，N-甲叉双丙烯聚酰胺(Bis)聚合而成。聚丙烯酰胺凝胶电泳利用电泳和分子筛的双重作用分离物质。

Acr 和 Bis 单独存在或混合在一起时是稳定的，但在具有自由基团体系时就能聚合。引发自由基团的方法有化学法和光化学法 2 种。化学法的引发剂是过硫酸铵(AP)，催化剂是四甲基乙二胺(TEMED)；光化学法是以光敏感物核黄素来代替过硫酸铵，在紫外光照射下引发自由基团。采用不同浓度的 Acr、Bis、Ap 和 TEMED 使之聚合，产生不同孔径的凝胶。因此，可按分离物质的大小、形状来选择凝胶浓度。

聚丙烯酰胺凝胶电泳(PAGE)有圆盘(disc)和垂直板(vertical slab)型之分,但两者的原理完全相同。由于垂直板形具有板薄,易冷却、分辨率高和操作简单,以及便于比较与扫描的优点,而被大多数实验室采用。

SDS 是十二烷基硫酸钠(sodium dodecyl sulfate)的简称,它是一种阴离子表面活性剂,加入电泳系统中能使蛋白质的氢键、疏水键打开,并结合到蛋白质分子上(在一定条件下,大多数蛋白质与 SDS 的结合情况为 1.4 g SDS 结合 1 g 蛋白质),使各种蛋白质-SDS 复合物都带上相同密度的负电荷,其数量远远超过了蛋白质分子原有的电荷量,从而掩盖了不同种类蛋白质原有的电荷差别。这样就使电泳迁移率只取决于分子大小这一因素,于是根据标准蛋白质相对分子质量的对数和迁移率所绘的标准曲线,可求得未知物的相对分子质量。

▶ **试剂和器材**

(一)试剂

30%丙烯酰胺储存液:30 g Acr,0.8 g Bis,用无离子水溶解后定容至 100 mL,不溶物过滤去除后置棕色瓶储于冰箱。

分离胶缓冲液(Tris-HCl 缓冲液 pH 值为 8.8):取 1 mol/L 盐酸 48 mL,Tris 36.3 g,用无离子水溶解后定容至 100 mL。

浓缩胶缓冲液(Tris-HCl 缓冲液 pH 值为 6.8):取 1 mol/L 盐酸 48 mL,Tris 5.98 g,用无离子水溶解后定容至 100 mL。

电泳缓冲液(Tris-甘氨酸缓冲液 pH 值为 8.3):称取 Tris 6.0 g,甘氨酸 28.8 g,SDS 1.0 g,用无离子水溶解后定容至 1 L。

样品溶解液:取 SDS 100 mg,巯基乙醇 0.1 mL,甘油 1 mL,溴酚蓝 2 mg,0.2 mol/L,pH 值为 7.2 的磷酸缓冲液 0.5 mL,加重蒸馏水至 10 mL(遇液体样品浓度增加一倍配制)。用来溶解标准蛋白质及待测固体。

染色液:0.25 g 考马斯亮蓝 R-250,加入 454 mL 50%甲醇溶液和 46 mL 冰乙酸即可。

脱色液:75 mL 冰乙酸,875 mL 水与 50 mL 甲醇混匀。

10%过硫酸铵溶液;10%SDS 溶液;商品试剂 TEMED。

(二)材料

标准蛋白 Marker:溶菌酶($M_r=14\ 300$)、胰凝乳蛋白酶原($M_r=25\ 000$)、胃蛋白酶($M_r=35\ 000$)、卵清蛋白($M_r=43\ 000$)、血清白蛋白($M_r=67\ 000$)等。按每种蛋白 $0.5\sim1$ mg/mL 配制。可配成单一蛋白质标准液,也可配成混合蛋白质标准液;BSA 小牛血清白蛋白溶液。

(三)器材

VE180 微型垂直板电泳槽一套;EPS300 数显式稳压稳流电泳仪;移液枪(量程为 $100\sim1\ 000\ \mu L$),移液枪(量程为 $20\sim200\ \mu L$),移液枪(量程为 $1\sim10\ \mu L$);烧杯 100 mL(2 个);细长头的吸管;塑料盒,微波炉。

▶ **操作方法**

（一）安装玻璃板并检漏

（1）先将垂直槽短玻璃片与垂直槽隔条玻璃片清洗干净，然后短玻璃片压在隔条玻璃片上，垂直安装在垂直槽制胶支架上，注意观察底部是否平整。

（2）把装有玻璃板的垂直槽制胶支架固定到垂直槽制胶固定架上：先把制胶支架的玻璃片对齐底部红色防漏胶条，用点力气往下压。同时，另外一只手将垂直槽制胶固定架的红色夹子打开，把隔条玻璃片夹住。

（3）加水检漏：用移液枪吸 2 mL 蒸馏水，加入 2 个玻璃片的薄缝中，观察液面是否下降。如果液面下降说明漏水，需要重新安装检漏。如果液面不下降，说明不漏，将固定架倒过来把检漏的水倒净。

（二）制备凝胶板

（1）分离胶制备：取 100 mL 烧杯，按表 3-16 分离胶所示，依次加入各成分后，立即用 1 mL 移液枪套上蓝枪头搅拌混匀（一旦加入催化剂 TEMED 后，凝胶就开始聚合），迅速在 2 个玻璃板的间隙中灌注分离胶溶液，注意留出浓缩胶所需空间。并在其上覆盖一层水或异丁醇溶液，用于隔绝空气，使胶面平整。将凝胶垂直放置于室温下分离胶聚合（约 30 min）后，分离胶凝固，可看到水与凝固的胶面有折射率不同的界限。倒掉上层水，并用滤纸吸去多余的水。

（2）浓缩胶制备：取 100 mL 烧杯，按表 3-16 浓缩胶所示，依次加入各成分后，立即用 1 mL 移液枪套上蓝枪头搅拌混匀（一旦加入催化剂 TEMED 后，凝胶就开始聚合），迅速在分离胶上灌注浓缩胶溶液，直至灌满并立即在浓缩胶溶液中插入干净的电泳梳，小心避免混入气泡。将凝胶垂直放置于室温下聚合（约 10 min）。

表 3-16 分离胶与浓缩胶成分

分　离　胶				
水	30%丙烯酰胺	Tris 缓冲液(pH＝8.8)	10%过硫酸铵	TEMED
2 mL	2.5 mL	1.5 mL	60 μL	10 μL
浓　缩　胶				
水	30%丙烯酰胺	Tris 缓冲液(pH 值为 6.8)	10%过硫酸铵	TEMED
1.8 mL	0.4 mL	0.75 mL	50 μL	10 μL

（3）安装胶板：先量取 500 mL 1×电泳缓冲液备用，把制好胶的玻璃片从制胶固定架上拿下来，短玻璃朝着电极架，2 块胶卡在电极架上，再安装在槽内固定架上，然后放到槽底壳里，往内槽倒入 1×电泳缓冲液，直到液面高于短玻璃片，低于隔条玻璃片。此时，可以拔掉加样梳子，观察加样孔是否平整。

（三）样品处理

各标准蛋白及待测蛋白都用样品溶解液溶解，使质量浓度为 0.5 mg/mL，沸水浴锅中加热 3 min，冷却至室温备用。处理好的样品液如经长期存放，使用前应在沸水浴锅中加热 1 min，以消除亚稳态聚合。

（四）加样

一般加样体积为 10～15 μL（即 2～10 μg 蛋白质）。如样品较稀，可增加加样体积。用移液枪（量程为 1～10 μL）小心地将样品通过缓冲液加到凝胶凹形样品槽底部，待所有凹形样品槽内都加了样品，即可开始电泳。

（五）电泳

将 EPS300 数显式稳压稳流电泳仪接通电源，打开开关，设置恒压 80 V。待样品进入分离胶时，将电压调至 120 V。当蓝色染料迁移至底部时，将电流调回到零，关闭电源。取出玻璃板，用垂直槽剥胶铲轻轻将一块玻璃撬开移去，在胶板一端切除一角作为标记，将胶板移至塑料盒中染色。

（六）染色及脱色

先用蒸馏水漂洗 1 次，加蒸馏水没过凝胶，微波炉加热至微沸；把水倒掉，加考马斯亮蓝快速染色液，微波炉加热至微沸，染料回收，用水漂洗浮色，再加蒸馏水没过凝胶，微波炉加热至微沸脱色，直到蛋白区带清晰，即可计算相对迁移率，如图 3-6 所示。

（七）结果处理

测量由点样孔至溴酚蓝及蛋白质带的距离，计算相对迁移率

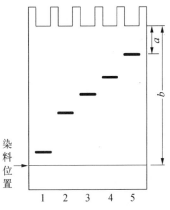

图 3-6　标准蛋白在 SDS-凝胶上的示意图

$$R_f = \frac{样品移动距离（mm）}{溴酚蓝移动距离（mm）}$$

以标准蛋白相对分子质量的对数为纵坐标，相对迁移率为横坐标，制作标准曲线。根据样品蛋白质的相对迁移率，从标准曲线上查出其相对分子质量。

▶ **注意事项**

（1）Acr 和 Bis 均为神经毒剂，对皮肤有刺激作用，操作时应戴手套和口罩，纯化应在通风橱内进行。

（2）玻璃板表面应光滑洁净，否则在电泳时会造成凝胶板与玻璃板之间产生气泡。

（3）用 SDS-凝胶电泳法测定相对分子质量时，每次测量样品必须同时绘制标准曲线，而不得利用另一次电泳的标准曲线。

（4）因 SDS 可吸附考马斯亮蓝染料，染色前先用蒸馏水清洗凝胶，洗去 SDS，可使染色及脱色时间缩短，并使蛋白带染色而背景不染色。

（5）若样品为水溶液，则需将样品溶解液的浓度提高一倍，然后与等体积样品溶液混合。

思考题

(1) 用 SDS-凝胶电泳法测定蛋白质相对分子质量时为什么要用巯基乙醇?

(2) 是否所有的蛋白质都能用 SDS-凝胶电泳法测定其相对分子质量? 为什么?

实验二十八　不同相对分子质量蛋白质的分离

——凝胶柱层析法

▶ **目的要求**

(1) 了解凝胶柱层析的原理及应用。

(2) 掌握凝胶柱层析的基本操作技术。

▶ **实验原理**

凝胶层析又称为凝胶过滤,是一种按相对分子质量大小分离物质的层析方法。该方法是把样品加到充满着凝胶颗粒的层析柱中,然后用缓冲液洗脱。大分子不能进入凝胶颗粒中的静止相中,只留在凝胶颗粒之间的流动相中,因此以较快的速度首先流出层析柱,而小分子则能自由出入凝胶颗粒中,并很快在流动相和静止相之间形成动态平衡,因此就要花费较长的时间流经柱床,从而使不同大小的分子得以分离。

凝胶过滤柱层析所用的基质是具有立体网状结构、筛孔直径一致,且呈珠状颗粒的物质。这种物质可以完全或部分排阻某些大分子化合物于筛孔之外,而对某些小分子化合物则不能排阻,但可让其在筛孔中自由扩散、渗透。任何一种被分离的化合物被凝胶筛孔排阻的程度可用分配系数 K_{av}(被分离化合物在内水和外水体积中的比例关系)表示。K_{av} 的大小与凝胶床的总体积(V_t)、外水体积(V_o)及分离物本身的洗脱体积(V_e)有关,即

$$K_{av} = \frac{(V_e - V_o)}{(V_t - V_o)}$$

在限定的层析条件下,V_t 和 V_o 都是恒定值,而 V_e 却是随着分离物相对分子质量的变化而变化的。分离物相对分子质量大,K_{av} 小;反之,则 K_{av} 增大。

通常选用蓝色葡聚糖 2000 作为测定外水体积的物质。该物质相对分子质量大(为 200 万),呈蓝色,它在各种型号的葡聚糖凝胶中都被完全排阻,并可借助其本身颜色,采用肉眼或分光光度仪检测(210 nm、260 nm 或 620 nm)洗脱体积(即 V_o)。但是,在测定激酶等蛋白质的相对分子质量时,不宜用蓝色葡聚糖 2000 测定外水体积,因为它对激酶有吸附作用,所以有时用巨球蛋白代替。测定内水体积(V_i)的物质,可选用硫酸铵、N-乙酰酪氨酸乙酯,或者其他与凝胶无吸附力的小分子物质。

本实验使用血红蛋白(相对分子质量为 64 500 左右)和二硝基氟苯-鱼精蛋白(DNP-鱼精蛋白的相对分子质量为 12 000 左右)的混合物,通过 Sephadex G-25 层析后达到分离。

▶ **试剂和器材**

（一）试剂

0.9% NaCl；10% $NaHCO_3$；95% 乙醇。

pH 值为 7.0 的凝酸缓冲液（20 mmol/L 磷酸二氢钠、20 mmol/L 磷酸氢二钠的体积分别为 31 mL、69 mL）。

（二）材料

血红蛋白溶液（Hb）：取抗凝血（肝素）2 mL，离心弃去上层血浆。用 0.9% NaCl 洗血细胞数次（颠倒混匀，离心，弃去上清液），使离心后上清液几乎无淡黄色为止。于洗净的红细胞中加入 5 倍体积的蒸馏水摇匀，离心去沉淀（破碎的细胞膜等）即为 Hb 稀释液备用。

DNP-鱼精蛋白溶液：取鱼精蛋白 0.15 g 溶于 10% $NaHCO_3$ 溶液 1.5 mL 中（此时该蛋白质溶液 pH 值应为 8.5～9.0）。另取二硝基氟苯 0.15 g，溶于微热的 95% 乙醇 3 mL 中，待其充分溶解后立即倾入上述蛋白质溶液中。将此管置于沸水浴锅中煮沸 5 min，注意防止乙醇沸腾溢出。冷却后加 2 倍体积的 95% 乙醇，可见黄色的 DNP-鱼精蛋白沉淀。离心（3 000 r/min）5 min，弃去上清液，沉淀用 95% 乙醇洗 2 次，所得沉淀用 1 mL 蒸馏水溶解，即为 DNP-鱼精蛋白溶液，备用。

（三）器材

15 cm 层析柱（1 个）；吸管 1 mL（1 个）；滴管；玻璃棒；恒流泵；铁架台。

▶ **操作方法**

（一）凝胶的溶胀

取 3 克葡聚糖凝胶（Sephadex G‑25）干粉，浸泡于蒸馏水中充分溶胀（室温 6 h），或者于沸水浴锅中煮沸 1 h 后冷却。充分溶胀后的凝胶以倾斜法除去表面悬浮的小颗粒，如此反复洗涤 2～3 次，最后加入等体积 pH 值为 7.0 磷酸缓冲液备用。

（二）装柱

取直径 1 cm，长 15 cm 的玻璃层析柱，垂直固定在铁架台上，将层析柱下端的止水螺丝旋紧，向柱中加入 5～7 cm 高的磷酸缓冲液，调节流速为 10 s 1 滴；待柱中剩下约 0.5 cm 磷酸缓冲液时，关掉恒流泵，把溶胀好的糊状凝胶一次性倒入柱中，自然沉降 20 min，在此过程中可以看到凝胶均匀地沉降到柱的底部并不断地上升。20 min 后，用镊子小心在胶面上放置圆片滤纸，用滴管补加缓冲液（注意随时添加缓冲液，防止柱床干裂）。同时，开启恒流泵，控制一定的流速，使柱中的凝胶一直处在溶液中。若分次装入凝胶，需用玻璃棒轻轻搅动柱床上层凝胶，以免出现界面分层。装柱长度至少 10 cm。

（三）平衡

用磷酸缓冲液冲洗洗脱，平衡 20 min。注意在任何时候不要使液面低于凝胶表面，否则可能有气泡混入，影响液体在柱内的流动。

（四）样品制备

取 DNP-鱼精蛋白溶液 3 滴和 Hb 溶液 1 滴混合，即为上柱样品。

（五）上样

待层析柱上缓冲液几乎全部进入凝胶时，关掉恒流泵，用滴管将上述样品沿柱内壁小心加到床表面，注意尽量不使平整的床表面搅动，然后打开恒流泵，让样品进入柱床。待其将进入柱床时，关掉恒流泵，用滴管小心加入磷酸缓冲液至柱顶。

（六）洗脱

旋紧柱顶，将进液管接入洗脱液瓶中，用缓冲液进行洗脱，控制缓冲液在约每 10 s 1 滴的流速，观察并记录 Hb 和 DNP-鱼精蛋白在层析柱中的位置，并解释之。

待所有有色条带完全流出柱子后，继续洗柱 5 min。停止恒流泵，卸下柱子，旋下柱顶螺旋，将凝胶倒回小烧杯中并取出滤纸片。

▶ **注意事项**

（1）根据层析柱的容积和所选用的凝胶溶胀后柱床容积，计算所需凝胶干粉的质量，用洗脱缓冲液使其充分溶胀。

（2）层析柱粗细必须均匀，柱管大小可根据试剂需要选择。一般来说，细长的柱分离效果较好。若样品量多，最好选用内径较粗的柱，但此时分离效果稍差。柱管内径太小时，会发生"管壁效应"，即柱管中心部分的组分移动慢，而管壁周围的移动快。柱越长，分离效果越好，但柱过长，实验时间长，样品稀释度大，分离效果反而不好。

（3）保证各接头不漏气，连接用的小乳胶管不要有破损，否则造成漏气、漏液。

（4）装柱要均匀，不要过松也不要过紧，最好也在要求的操作压下装柱，流速不宜过快，避免因此而压紧凝胶。但也不要过慢，使柱装得太松，导致层析过程中，凝胶床高度下降。

（5）始终保持柱内液面高于凝胶表面，否则水分挥发，凝胶变干。

思考题

根据实验中遇到的各种问题，总结做好本实验的经验与教训。

实验二十九　氨基酸的分离与鉴定
——双向纸层析法

▶ **目的要求**

（1）学习双向纸层析的原理。

（2）掌握纸层析法分离混合氨基酸的操作方法。

▶ **实验原理**

纸层析是以滤纸作为支持物，用一定的溶剂系统展开，使混合样品达到分离分析的层析方法。其一般操作是将样品溶解在适当溶剂中，点样在滤纸的一端；再选用适当的溶剂系统，从点样的一端通过毛细现象向另一端展开，展开完毕，取出滤纸晾干或烘干，再以适当的显色剂或紫外光灯、荧光灯下观察其图谱。样品经展开后某一物质在纸层析谱上的位置常

用比移值 R_f 来表示。

$$R_f = \frac{\text{原点至纸层析斑点中心点的距离}}{\text{原点至溶剂前沿的距离}}$$

纸层析可看作是溶质(样品)在固定相与流动相之间的连续抽提,由于溶质在两相之间的分配系数不同而达到分离。一定的物质在两相间有固定的分配系数,因而在恒定条件(液剂、pH 值、温度)下,各物质有固定的 R_f 值,据此可达到分析鉴定的目的。

滤纸纤维可吸收 20％～25％的水分,且其中 6％～7％以氢键形式与纤维素上羟基结合,一般条件下难脱去。因此,纸层析实际上是以水相作为固定相,展开的溶剂作流动相。

纸层析操作按溶剂展开方向可分为上行、下行和径向 3 种。氨基酸分离一般用上行法。上行法又分单向(成分较为简单的样品)和双向(单向时斑点重叠分离不开,于是在其垂直方向用另一种溶剂系统展层)。双相层析谱可分辨十几种以上的样品。

层析溶剂要求:

(1) 被分离物质在该溶剂系统中 R_f 在 0.05～0.8,各组分之 R_f 相差最好能大于 0.05,以免斑点重叠。

(2) 溶剂系统中任一组分与被分离物之间不能起化学反应。

(3) 被分离物质在溶剂系统中的分配较恒定,不随温度而变化,且易迅速达到平衡,这样所得斑点较圆整。

本实验采用 8 种混合氨基酸为样品,用酸性和碱性 2 种溶剂进行双向层析,以茚三酮为显色剂,可获得分离清晰的层析图谱,如图 3-7 所示。

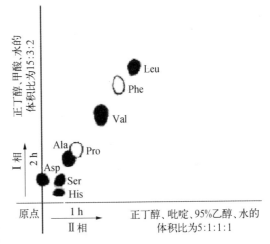

图 3-7　8 种混合氨基酸双向层析图谱

▶ **试剂和器材**

(一) 试剂

0.1％(质量与体积之比 w/v)茚三酮丙酮溶液。

溶剂系统:第一相为正丁醇、88％甲酸、水的体积比为 15：3：2;
　　　　　第二相为正丁醇、吡啶、95％乙醇、水的体积比为 5：1：1：1。

(二) 测试样品

标准氨基酸混合溶液:亮氨酸、缬氨酸、苯丙氨酸、脯氨酸、丙氨酸、天冬氨酸、组氨酸、丝氨酸各 100 mg 溶于 50 mL 0.01 mol/L 盐酸中;8 种单个氨基酸溶液。

(三) 器材

层析缸 25 cm×40 cm(2 个);培养皿 9 cm(2 个);喉头喷雾器;点样毛细管;电吹风;烘箱。层析滤纸 12 cm×12 cm;铅笔,手术剪,尺。

▶ **操作方法**

(一)点样

取一张层析滤纸(12 cm×12 cm),在距纸边 1.2 cm 处画一条基线;再将纸转 90°,距纸边 1.2 cm 处画一条线与上线垂直。以毛细管吸取混合氨基酸溶液,点与两条线交点处(图 3-8),点的直径控制在 2 mm 左右,不可过大。待样品干燥后再点一次。滤纸上点样斑点干燥后,把滤纸卷成圆筒形,纸的两边以铬丝相连,但不可重叠相碰。

(二)展层

在层析缸中平稳地放入装有第一相层析溶剂的培养皿。将圆筒形滤纸放入,点样一段接触溶剂,以点样处不浸入溶剂为准。待溶剂自下而上均匀展开,约 2 h 后溶剂到达距纸边 0.5 cm 处取出滤纸,悬挂于室温中,用电吹风充分吹尽溶剂。然后,裁去未走过溶剂的滤纸边缘,将滤纸转 90°,卷成如前圆筒状,放入盛第二相溶剂的层析缸内展开(操作同上,图 3-8),约 1 h 后溶剂展开到距纸边 0.5 cm 时取出,用电吹风吹尽溶剂使其干燥。

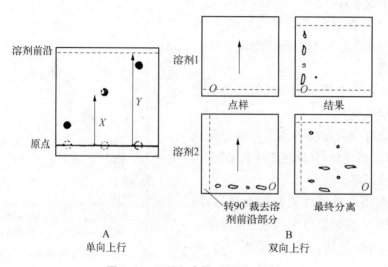

图 3-8 纸层析点样、展层示意图

注:X、Y 分别为原点至斑点中心和溶剂前沿的距离;O 为点样原点。

(三)显色

用喷雾器将茚三酮均匀地喷在滤纸上,然后悬滤纸于 65 ℃烘箱内,烘 20 min,即可看到紫红色氨基酸斑点,将图谱上的斑点用铅笔圈出。用直尺量出各斑点中心与原点的距离,以及溶剂前沿与原点的距离,求出各氨基酸的 R_f。将各显色斑点的 R_f 与标准氨基酸的 R_f 比较,可得知该斑点的准确成分。

▶ **注意事项**

(1) 烘箱加热温度不可过高,且不可有氨的干扰,否则图谱背景会泛红。

(2) 第一相溶剂最好在使用前再按比例混合,否则会引起酯化,影响层析效果。

(3) 整个实验操作应戴手套进行。

(4) 展层剂吡啶、正丁醇均为有机溶剂挥发性强、味道重挥发性强,实验过程保持实验室通风。

(5) 实验结束后回收相关试剂至废液桶中。

思考题

(1) 酸性与碱性溶剂系统对氨基酸极性基团的解离各有何影响?

(2) 为什么展层时要用 2 种溶剂系统?

实验三十 离子交换层析法分离氨基酸

▶ **目的要求**

(1) 学习采用离子交换树脂分离氨基酸的基本原理。

(2) 掌握离子交换柱层析法的基本操作技术。

▶ **实验原理**

离子交换层析法主要是根据物质的解离性质的差异而选用不同的离子交换剂进行分离的方法。各种氨基酸分子的结构不同,在同一 pH 值时与离子交换树脂的亲和力有差异,因此可依据亲和力从小到大的顺序被洗脱液洗脱下来,达到分离的效果。

▶ **试剂和器材**

(一) 试剂与材料

苯乙烯磺酸钠型树脂(强酸 1×8,$100 \sim 200$ 目);2 mol/L 盐酸溶液;2 mol/L 氢氧化钠溶液。

标准氨基酸溶液:天冬氨酸、赖氨酸和组氨酸均配制成 2 mg/mL 的 0.1 mol/L 的盐酸溶液。

混合氨基酸溶液:将 3 种标准氨基酸溶液按体积比 1∶2.5∶10 的比例混合。

柠檬酸-氢氧化钠-盐酸缓冲液(pH 值为 5.8,钠离子浓度为 0.45 mol/L):取柠檬酸 ($C_6O_7H_8 \cdot H_2O$)14.25 g,氢氧化钠 9.30 g 和浓盐酸 5.25 mL 溶于少量水后,定容至 500 mL,冰箱保存。

显色剂:2 g 水合茚三酮溶于 75 mL 乙二醇单甲醚中,加水至 100 mL。

(二) 器材

20 cm×1 cm 层析管;恒压洗脱瓶;部分收集器;分光光度计。

▶ **操作方法**

(一) 树脂的处理

将干的强酸型树脂用蒸馏水浸泡过夜,使之充分溶胀。用 4 倍体积的 2 mol/L 的盐酸浸泡 1 h,倾去清液,洗至中性。再用 2 mol/L 的氢氧化钠处理,做法同上。最后,用欲使用的缓冲液浸泡。

(二) 装柱

取直径 1 cm、长度 10～12 cm 的层析柱。将柱垂直置于铁架上。自顶部注入上述经处理的树脂悬浮液,关闭层析柱出口,待树脂沉降后,放出过量溶液,再加入一些树脂,至树脂沉降至 8~10 cm 的高度即可。

(三)氨基酸的洗脱

用 pH 值为 5.8 的柠檬酸缓冲液冲洗平衡交换柱。调节体积流量为 0.5 mL/min,流出液达到床体积的 4 倍时即可上样。由柱上端仔细加入氨基酸的混合液 0.25~0.5 mL,同时开始收集流出液。当样品液弯月面靠近树脂顶端时,即刻加入 0.5 mL 柠檬酸缓冲液冲洗加样品处。待缓冲液弯月面靠近树脂顶端时,再加入 0.5 mL 缓冲液。如此重复 2 次,然后用滴管小心注入柠檬酸缓冲液(切勿搅动床面),并将柱与洗脱瓶和部分收集器相连。开始用试管收集洗脱液,每管收集 1 mL,共收集 60~80 支管。

(四)氨基酸的鉴定

向各管收集液中加 1 mL 水合茚三酮显色剂并混匀,在沸水浴锅中准确加热 15 min 后冷却至室温,再加入 1.5 mL 的 50%乙醇溶液。放置 10 min。以收集液第 2 管为空白,测定 570 nm 波长的光吸收值,以光吸收值为纵坐标,以洗脱液体积为横坐标绘制洗脱曲线。以已知 3 种氨基酸的纯溶液样品,按上述方法和条件分别操作,将得到的洗脱液曲线与混合氨基酸的洗脱曲线对照,可确定 3 个峰的大致位置及各峰为何种氨基酸。

思考题

根据氨基酸的解离性质,分析该实验条件下氨基酸从层析柱洗脱下来的顺序。

实验三十一 等电聚焦电泳法测定蛋白质的等电点

▶ **目的要求**

(1)学习等电聚焦的原理。

(2)掌握聚丙烯酰胺等电聚焦电泳操作技术。

▶ **实验原理**

所有的氨基酸均为两性物质,即它们至少含有一个羧基(carboxyl)及一个氨基(α-amino)。这些可游离的基团随着 pH 值变化可以 3 种形式存在,即正电荷(cation)、两性离子(zwitterion)及负电荷(anion),在酸性溶液中带正电荷,在碱性溶液中带负电荷。若氨基酸在某一 pH 值下,其净电荷为 0,且在电场中不移动时,称此 pH 值为它的 pI 值(等电点)。因为净电荷为零,净电斥力不存在的缘故,大部分蛋白质在等电点的 pH 值下,其溶解度最小。相反地,当溶液的 pH 值低于或高于 pI 值,所有蛋白质分子所带净电荷为同性,彼此之间有相斥力,不会聚集。所以,将 pH 调到等电点的大小,则大部分的蛋白质将会沉淀,这种现象可以应用于估算某蛋白质的等电点;另外,也可以应用在电泳,达到分离蛋白质混合物的目的,这种方法称为等电聚焦电泳(isoelectric focusing),简称为 IEF(图 3-9)。

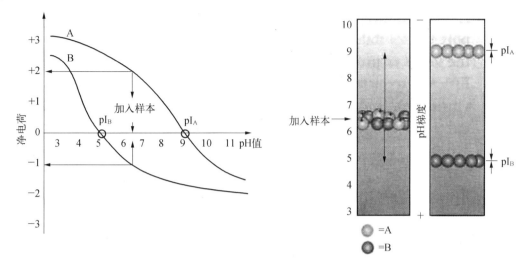

图 3‑9　等电聚焦电泳示意图

图 3‑9 左以 A、B 两种蛋白质为例,绘出它们的净电荷曲线图,横轴代表环境中的 pH 值,纵轴代表蛋白质的净电荷,在 pH 值为 6.5 时,A 带有 2 个正电荷,B 带有 1 个负电荷。使 A 与 B 的净电荷为 0 的 pH 值分别为 9 和 5,这就是它们的"等电点"。

IEF 是在具有 pH 梯度环境中进行的电泳。将蛋白质置于不同 pH 梯度的胶体进行电泳,它会朝着与自身所带电荷相反的电极方向移动,直到抵达等电点(pI)相同的 pH 值处才停止,如果它移到别的 pH 值处,会因为带电而再次移动到与它 pI 相符的 pH 值处。

IEF‑PAGE 操作简单,只要一般电泳设备就可进行,电泳时间短、分辨率高、应用范围广,可用于分离蛋白质及测定 pI,也可用于临床鉴别诊断、农业、食品研究等各种领域。

▶ **试剂和器材**

(一)试剂

Acr‑Bis 储存液:29.1 g Acr,0.9 g Bis,用无离子水溶解后定容至 100 mL,不溶物过滤去除后置棕色瓶储于冰箱。

等电点标准蛋白(pH 值为 3～10)试剂盒,临用前稀释至 0.1～0.3 mg/mL。

适合于 pH 值为 3～10 范围的电极溶液:

A——阴极电极溶液(1 mol/L NaOH):称 NaOH(AR)4 g,加去离子水使其溶解,冷却至室温再定容至 100 mL;

B——阳极电极溶液(1 mol/L H_3PO_4):取 H_3PO_4(85%)6.7 mL,加去离子水定容至 100 mL。

固定液:称取磺基水杨酸 3.5 g,三氯乙酸 10 mL,甲醇 35 mL,加去离子水至 100 mL。

染色液:称取考马斯亮蓝 R250 0.1 g,冰乙酸 10 mL,甲醇 35 mL,加去离子水使其完全溶解,在定容至 100 mL,过滤后置棕色瓶保存。

脱色液:取无水乙醇 50 mL,冰乙酸 20 mL,加蒸馏水至 200 mL。

保存液:取无水乙醇 25 mL,冰乙酸 10 mL,甘油 5 mL,加蒸馏水至 100 mL。

10％过硫酸铵,TEMED,40％两性电解质载体(pH 值为 3～10)。

（二）材料

待测已纯化的蛋白质样品(脱盐),质量浓度为 0.5 mg/mL。

（三）器材

等电聚焦电泳槽,移液管(1、5、10 mL),烧杯(25,50,100 mL),细长头的吸管,微量注射器(10 μL 或者 50 μL),漏斗,滤纸,镊子。

▶ **操作方法**

（一）准备工作

配制凝胶前,应把玻璃板准备好。即将 2 块干净的玻璃板叠放在一起,在之间夹上所需凝胶厚度的胶条进行密封。然后,用文具夹将玻璃板四周固定好。注意夹子作用力点在胶条正中,以防漏胶。

（二）配制凝胶

取 Acr-Bis 储备液 2.0 mL;两性电解质 0.5 mL;去离子水 5.5 mL;TEMED 8 μL 置于小烧杯中混匀,再加入 10％ 过硫酸铵 50 μL,用磁力搅拌器充分混匀 2 min。然后,用注射器吸净混合液,排除气泡,缓缓注入玻璃板的夹隙内。注意勿出现气泡。

（三）电泳

(1) 剥胶板:将胶板取出,揭去上层的玻璃板和胶条,然后用蒸馏水轻轻冲洗一下胶面。

(2) 点样:用小纸条(0.5 cm×0.5 cm)蘸样,均匀地点在胶板上,点样要求整齐、迅速。注意胶板两边要留出一定空间。通常把 pI 在酸性范围的样品放在偏碱性的位置(负极),pI 偏酸性的样品放在偏酸性的位置(正极),标准蛋白质混合样品放在中间。

(3) 进样:将浸入电极液的滤纸条取出,使其分别平直紧贴在胶面两端,然后放入电泳槽内,注意正负极相吻合。将电极板正极(电极条浸有 H_3PO_4 的一侧)与负极(电极条浸有 NaOH 的一侧)分别与电泳仪的正、负极连接。接通冷却水,在室温下电泳,把电泳仪调至电压 50 V,电流以每板胶不超过 17 mA 为准,然后开始电泳。进样时间一般在 1.5～2 h。

(4) 揭样纸:待电流降至每板胶 3 mA 以下时,切断电源,取出胶板,揭去加样纸后,将电压调至 220～320 V 继续电泳。

(5) 加压:当电流降至每板胶 3 mA 以下时,升高电压至 580 V,继续电泳 1.5 h 左右。

(6) 电流降至每板 3 mA 以下时,切断电源,停止电泳。

（四）固定、染色和脱色

将凝胶板放在培养皿中,加入固定液,浸泡数小时后,用脱色液清洗 2 次,每次 10 min,然后加入染色液,室温下放置 15～30 min,再用脱色液洗脱数次,直至谱带清晰,放入保存液中浸泡 10 min,可制干板。

（五）制作干胶板

(1) 取完全浸湿的平整玻璃纸一张,于玻璃板上铺平,纸与板之间不可有气泡。

(2) 将凝胶铺于上述玻璃纸上,对齐中心位置,使四边留出距离相等,随后将胶与纸之间的气泡轻轻赶跑。然后,把另一张玻璃纸折起盖在胶面上,并与下层玻璃纸对齐,胶与两层玻璃纸之间要绝对避免气泡,要求光滑平整。

（3）将凝胶四边上下两层玻璃纸贴紧,使胶边边缘上完全没有气泡。然后将各边的玻璃纸多余部分折向玻璃板反面。

（4）置于室温中自然干燥,完全干燥后的胶板,手感如触及玻璃板。这时,可将胶板揭下,裁去边角多余的纸,即可得一张图谱清晰的干胶板。

▶ **注意事项**

（1）支持介质:在 IEF－PAGE 中,丙烯酰胺纯度极为重要,Acr 及 Bis 中如有丙烯酸,则引起聚焦后 pH 梯度漂移,一般需用重结晶法进一步纯化 Acr 及 Bis。

（2）两性电解质载体:两性电解质载体是 IEF－PAGE 中最关键的试剂,直接影响 pH 梯度的形成,以及蛋白质的聚焦。因此,要选用优质的两性电解质载体,在凝胶中,其终浓度一般为 1%～2%。pH 梯度的线性依赖于两性电解质的性质,选择哪种 pH 梯度范围的两性电解质载体,则与被分离蛋白质的 pI 有关。

（3）样品预处理与加样方法:实验证实,盐离子可干扰 pH 梯度形成,并使区带扭曲。为了防止上述影响,进行 IEF－PAGE 时,样品应透析或用 Sephadex G－25 脱盐,也可将样品溶解于水或低盐缓冲液中,使其充分溶解,以免不溶小颗粒引起拖尾。但某些蛋白质在等电点附近,或水溶液及低盐溶液中,溶解度较低,则可在样品中加入两性电解质,如加入 1% 甘氨酸或对 1% 甘氨酸透析,虽然甘氨酸是两性电解质,但不影响 pH 梯度的形成,可利用其在溶液中的偶极距作用增强蛋白质的溶解性。此外,还可在样品及凝胶溶液中加入无离子去污剂(如 Tween 80、Triton X－100、Nonide P－40 等)或加入相同浓度的尿素(4 mol/L),以免氰酸盐引起蛋白质的胺甲酰化,含有尿素的样品及凝胶板只能当天使用。

加样量取决于样品中蛋白质的种类、数目及检测方法的灵敏度。如用银染色,加样量可减少到 1 μg。一般样品浓度以 0.5～3 mg/mL 为宜,最适加样体积为 10～30 μL。如样品很浓,可直接在凝胶表面加 2～5 μL;如样品很稀,可加样 300 μL。值得注意的是:对不稳定的样品可先将凝胶进行 15～30 min 预电泳,使 pH 梯度形成,然后将样品放在靠近 pI 的位置以缩短电泳的时间,但不要将样品正好加在 pI 处和紧靠阳、阴极的胶面上,以免引起蛋白质变性造成区带扭曲。一般加样电泳半小时后,取出加样滤纸以免引起拖尾现象。

（4）电功率、时间等因素:在 IEF 电泳中,随着样品的迁移越接近 pI 时,电流则越来越小。为使各成分能更好地分离,要保持一定的电功率,就应不断增加电压,电压增高可缩短 pH 梯度形成和蛋白质分离所需的时间,但过高的电压会使凝胶板局部范围过热,因此,在电泳过程中,应通冷却水,水温以 4～10 ℃ 为宜,体积流量 5～10 L/min。一般宽 pH 值范围电泳时间以 1.5～2 h 为宜。

思考题

（1）简述 IEF－PAGE 基本原理。

（2）总结 IEF－PAGE 实验成功的关键环节。

实验三十二　Western Blot 蛋白免疫印迹

▶ **目的要求**

了解并掌握 Western Blot 蛋白免疫印迹法的原理和方法。

▶ **实验原理**

Western blot 印迹法是利用抗原抗体的免疫反应,先将蛋白按相对分子质量大小通过 SDS‑PAGE 电泳分离开来,然后再利用电场力的作用将胶上的蛋白转移到固相载体硝酸纤维素膜(nitrocellulose filter membrane,NC 膜)或聚偏二氟乙烯膜(polyvinylidene fluoride membrane,PVDF 膜)上,蛋白质可以通过疏水作用固定到膜上,然后再加特异性抗体与膜上特定蛋白质形成特异性抗原抗体复合物,最后利用荧光或化学发光原理显示抗体特异性识别的蛋白质条带的方法。

▶ **试剂和器材**

(一)试剂

1. 缓冲液配方

1) 组织裂解液(全细胞蛋白提取)

Tris-HCL 50 mmoL/L pH 值为 7.4;NaCl 150 mmoL/L;去氧胆酸钠 0.25%;NP‑40 或 Triton‑X‑100 1%;EDTA 1 mmoL/L;PMSF 1 mmoL/L;Aprotinin 1 μg/mL;leupeptin 1 μg/mL;pepstain 1 μg/mL。

其中,后三者在使用前加入。

2) 细胞裂解液

(1) NP‑40 裂解体系:

150 mmoL/L NaCl;1.0% NP‑40 或 Triton‑X‑100 ;50 mmoL/L Tris(pH=8.0)。

(2) RIPA 裂解体系:

150 mmoL/L NaCl;1.0% NP‑40 或 Triton‑X‑100;0.5% 脱氧胆酸钠;0.1% SDS;50 mmoL/L Tris(pH 值为 8.0)。

注意:以上细胞裂解液均在使用前按浓度加入组织裂解液中的蛋白酶抑制剂。

3) 转膜缓冲液

10×储存液:30.3 g Tris 碱,144 g Glycine(甘氨酸),加去离子水溶解至 1 L。

1×使用液:100 mL 储存液,100～200 mL 甲醇,去离子水定容至 1 L。

4) 洗涤液

TBS:Tris 1.21 g+NaCl 5.84 g+800 mL H₂O 用 HCl 调节 pH 值至 7.5,去离子水定容至 1 L。

TBST:TBS 中加入 Tween‑20 至终浓度(体积分数)为 0.05% 或者 0.1%。

5) 封闭缓冲液

称取脱脂奶粉,溶解在 TBST,脱脂奶粉终浓度为 5%。

2. 其他实验材料

（1）预染色蛋白相对分子质量标准：根据待检测目标蛋白相对分子质量大小购买（Invitrogen，Bio-Rad，Pierce 公司）。

（2）抗体：一抗和耦联有 HRP 的二抗可根据需要从抗体公司购买，荧光二抗可从 Invitrogen，LI‑COR Bioscience 购得。

（3）化学发光试剂：可从 Bio-Rad、Pierce、GE-healthcare 购得。

（4）X 光片显影定影液：可从洗印公司购得。

（5）NC 膜、PVDF 膜可从 Bio-Rad、Millipore、GE-healthcare 购得。

（6）X 光片可从柯达公司购买。

（二）器材

电泳仪（含稳压电源、电泳槽、转膜三明治模块架）；荧光扫描仪；化学发光扫描仪；X 光片自动冲洗仪。

▶ **操作方法**

（一）蛋白质样品制备

（1）细胞裂解液：用 PBS 洗涤培养皿中的细胞，然后加入 RIPA 裂解缓冲液（含蛋白酶抑制剂）于冰上裂解 15 min，然后用枪头充分吹打，并转移至 1.5～2 mL Eppendorf 管中。之后用中等强度超声 3～5 s 共进行 3 次以断裂 DNA 降低黏度，之后 12 000g 离心 10 min，收集上清液进行蛋白浓度测定。

（2）组织裂解液：取新鲜或冰冻保存的组织 1～2 g，加入 RIPA 裂解缓冲液（含蛋白酶抑制剂）用电动匀浆机匀浆，并转移至 1.5～2 mL Eppendorf 管中。用中等强度超声 3～5 s 共进行 3 次以断裂 DNA 降低黏度，之后 12 000g 离心 10 min，收集上清液进行蛋白浓度测定。

（3）电泳前样品处理：加入适量 SDS‑PAGE 上样缓冲液，沸水浴锅中煮 10 min，冷却至室温，12 000g 离心 10 min，取上清液进行 SDS‑PAGE 电泳。

（二）转膜

（1）将胶浸于转移缓冲液中平衡 10 min。注意：如检测小分子蛋白，可省略此步，因小分子蛋白容易扩散出胶。

（2）膜和滤纸片的准备：选用适当大小孔径的支持膜（一般目标蛋白相对分子质量大于 20 kD 的用 0.45 μm；目标蛋白小于 20 kD 的用 0.22 μm）。依据胶的大小剪取膜和滤纸 6 片，放入转移缓冲液中平衡 10 min。如用 PVDF 膜需用纯甲醇浸泡 3～5 s。

（3）装配转移三明治：按如下顺序组装转移三明治，自下而上叠放，海绵→3M 滤纸→凝胶→支持膜→3M 滤纸→海绵，每层放好后，用玻璃棒赶去气泡。做好三明治后，转移到置夹槽中夹好。切记：胶放于负极面（黑色面）。

（4）电转移：将转移槽置于 4 ℃或冰浴中，放入三明治（黑色面对黑色面，即负极方向），加转移缓冲液，插上电极，100 V/1 h（电流约为 0.3 A）。注意：应再次检查三明治和电极是否装配正确，电源是否接通；转膜的时间可根据蛋白质的相对分子质量大小和理化性质进行优化调整。转膜结束后，切断电源，取出印迹膜，置 TBS 中，转膜的效果可以用相对分子质量与目的蛋白接近的预染相对分子质量标准进行估计。

（三）免疫印迹

（1）膜的封闭：将印迹膜置于封闭缓冲液中，于摇床上室温封闭 1 h。

（2）一抗孵育：将印迹膜至于含适当稀释度特异性第一抗体的封闭缓冲液中室温孵育 1～2 h 或 4 ℃过夜。

（3）洗涤：将印迹膜置于 TBST 缓冲液中室温洗涤 3 次，10 min/次。

（4）二抗孵育：将印迹膜至于含适当稀释度第二抗体（耦联有荧光染料或辣根过氧化物酶- HRP 的抗一抗抗体）的封闭缓冲液中室温孵育 0.5～1 h。

（5）洗涤：同步骤 3。

（6）如用荧光二抗，可在 TBS 缓冲液中洗涤 10 min，然后直接用荧光扫描仪检测记录。

（7）如用辣根过氧化物酶耦联的二抗，可以将印迹膜浸泡在 ECL 试剂中，显色 1～5 min（按厂家提供的说明书操作）。之后可以用化学发光扫描仪检测记录，也可以用塑料薄膜包裹后在暗室中压 X 光片（曝光时间 30 s 到 10 min，依信号强度而定），然后用自动 X 光片冲片机冲洗或暗室中手动进行显影定影。

▶ **注意事项**

（1）滤纸/凝胶/转印膜/滤纸夹层组合中不能存在气泡，可用玻璃棒在夹层组合上滚动将气泡赶出，以提高转膜效率；上下两层滤纸不能过大，避免导致直接接触而引起短路。

（2）如果出现非特异性的高背景，可观察仅用二抗单独处理转印膜所产生的背景强度，若高背景确由二抗产生，可适当降低二抗浓度或缩短二抗孵育时间；并考虑延长每一步的清洗时间。

（3）一抗与二抗的稀释度、作用时间和温度对检测不同的蛋白要求不同，须经预实验确定最佳条件。

（4）一般情况使用 0.45 μm 的 NC 膜，0.1～0.2 μm 的小孔径膜只适合于相对分子质量小于 20 kD 的蛋白质。

（5）PVDF 尼龙膜较 NC 膜柔软、结实、灵敏度高，易于操作且蛋白质结合能力强（PVDF 膜可结合蛋白质 480 μg/cm^2，而 NC 膜只能结合蛋白质 80 μg/cm^2）；缺点是 PVDF 尼龙膜背景也高，需要加强封闭；此外，PVDF 尼龙膜若在使用前先行甲醇处理 5～10 s，以活化膜表面的正电基团，使它更容易与带负电的蛋白质结合，可提高蛋白质在膜上的保留指数。

思考题

简述 Western 印迹技术的基本原理，常见问题及解决方案。

实验三十三　酶联免疫吸附测定

▶ **目的要求**

（1）学习酶联免疫吸附测定原理。

（2）掌握酶联免疫吸附测定技术，定量测定抗体或抗原。

▶ **实验原理**

1971 年 Engvall 和 Perlmann 发表了酶联免疫吸附剂测定（enzyme linked immunosorbent assay，ELISA）用于 IgG 定量测定的文章，使得 1966 年开始用于抗原定位的酶标抗体技术发展成液体标本中微量物质的测定方法。这一方法的基本原理是：使抗原或抗体结合到某种固相载体表面，并保持其免疫活性。再使抗原或抗体与某种酶连接成酶标抗原或抗体，这种酶标抗原或抗体既保留其免疫活性，又保留酶的活性。在测定时，将受检标本（测定其中的抗体或抗原）和酶标抗原或抗体按不同的步骤与固相载体表面的抗原或抗体起反应。用洗涤的方法使固相载体上形成的抗原抗体复合物与其他物质分开，最后结合在固相载体上的酶量与标本中受检物质的量成一定的比例。加入酶反应的底物后，底物被酶催化变为有色产物，产物的量与标本中受检物质的量直接相关，故可根据颜色反应的深浅定性或定量分析。由于酶的催化频率很高，故可极大地放大反应效果，从而使测定方法达到很高的敏感度。

根据检测目的的不同可将 ELISA 分为以下几种。

1. **直接法**

将抗原吸附在载体表面；加酶标抗体，形成抗原-抗体复合物；加底物。底物的降解量等于抗原量。

2. **间接法**

将特异性抗原与固相载体连接形成固相抗原。清洗除去未结合的抗原。加入受检标本使之与固相抗原结合（样品中特异性抗体与固相抗原结合，形成固相抗原-抗体复合物）。清洗除去其他未结合的物质。加入酶标记抗免疫球蛋白（抗抗体，二抗），它与固相复合物中的抗体结合。固相载体上的酶量就代表特异性抗体的含量。加入底物显色，在 20～60 min 内观察显色结果。酶催化底物变为有色产物，根据颜色反应的深度进行抗体的定性或定量检测。

ELISA 测定抗体的间接法原理如图 3-10 所示。

3. **双抗体夹心法**

将特异性抗体与固相载体连接（即包被），形成固相抗体。清洗除去未结合的抗体。加入受检标本使之与固相抗体结合（样品中特异性抗原与固相抗体结合，形成固相抗原-抗体复合物）。清洗除去其他未结合的物质。加入酶标记抗体。固相免疫复合物上的抗原就可以与酶标记抗体结合。加入底物显色，在 20～60 min 内观察显色结果。酶催化底物变为有色产物，根据颜色反应的深度进行抗原的定性或定量检测。本法只适用于二价或二价以上大分子抗原，而不适用于半抗原的检测。

4. **竞争抑制法**

将特异性抗原与固相载体连接形成固相抗原。清洗除去未结合的抗原，同时加入受检标本和抗原使之与固相抗原竞争结合（样品中特异性抗体与固相抗原和游离的抗原竞争结合，形成固相抗原-抗体和游离的抗原-抗体复合物）。清洗除去其他未结合的物质和游离的抗原——抗体复合物。加入酶标记抗免疫球蛋白（抗抗体，二抗），它与固相复合物中的抗体

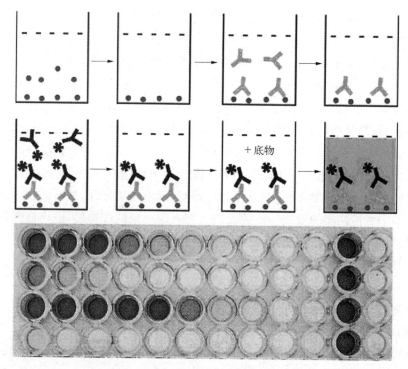

图 3－10　ELISA 测定抗体的间接法原理示意图

结合。固相载体上的酶量就代表特异性抗体的含量。加入底物显色，在 20～60 min 内观察显色结果。酶催化底物变为有色产物，根据颜色反应的深度进行抗体的定性或定量检测。

　　用 ELISA 双抗体夹心法检测 HbsAg，将纯化抗 HBs 吸附于固相载体表面，加入受检血清，如其中含有 HbsAg，则与载体上的抗 HBs 结合，形成抗 HBs-HbsAg 复合物，再加入酶标记 HBs，使之与上述复合物中的 HbsAg 结合，再与底物作用而显色。底物颜色的改变与 HbsAg 量成正比。

▶**试剂和器材**

（一）试剂

（1）包被缓冲液（0.05 mol/L pH 值为 9.6 的碳酸盐缓冲液）：

A 液，0.2 mol/L Na_2CO_3 10.6 g，加水至 500 mL，4 ℃保存。

B 液，0.2 mol/L $NaHCO_3$ 16.8 g，加水至 500 mL，4 ℃保存。

用时 A 液 160 mL＋B 液 340 mL，加水至 2 000 mL。如果需要的话，用 1 mol/L HCl 或 1 mol/L NaOH 调配 pH 值至 9.6。

　　（2）清洗液（pH 值为 7.4 的 PBS－Tween20 液）：NaCl 8 g，KH_2PO_4 0.2 g，$Na_2HPO_4 \cdot 12H_2O$ 2.9 g，KCl 0.2 g，加水至 1 000 mL，在 15 lbf/in² （1 034×10⁵ Pa）高压下蒸气灭菌 20 min。保存于室温，用时加入 Tween20 0.5 mL，酶标抗体稀释液（1%牛血清白蛋白 pH 值为 7.4 的 PBS－Tween20）。

　　（3）底物溶液（OPD）：

A 液,0.1 mol/L Na$_2$HPO$_4$。

B 液,0.1 mol/L 柠檬酸- OPD。

0.1 mol/L 柠檬酸(C$_6$H$_8$O$_7$ · H$_2$O) 2.1 g,加水至 100 mL;OPD 0.12 g 溶于 0.1 mol/L 柠檬酸 100 mL 中,分装冻存可用一年。

临用前 A 液 3 mL+B 液 1.5 mL,加 30% H$_2$O$_2$ 20 μL 即可。

终止液:2 mol/L H$_2$SO$_4$。

（二）材料

包被用抗 HBs;酶标抗 HBs;人血清。

（三）器材

聚苯乙烯微量反应板(40 孔或 96 孔),可调式微量吸液器(200 μL),封口膜,小烧杯,试管,37 ℃恒温箱,酶联免疫检测仪。

▶ 操作方法

（一）吸附包被抗体

(1) 配制包被抗体液,取 1 mL 包被缓冲液加一定量包被用抗 HBs,摇匀。吸取包被抗体液,加入 40 孔板中,每孔 100 μL,4 ℃冰箱过夜。

(2) 倒去板中溶液,用清洗液洗板 3 次,每孔加满,在吸水纸上拍打,去净各孔中残留的液体。

（二）加被检样品使之与板上抗 HBs 结合

(1) 将被检样品、HbsAg 阳性对照血清和 HbsAg 阴性对照血清分别加到各孔中,每孔 100 μL,空白对照加清洗液 100 μL。

(2) 置湿盒中 40 ℃ 30 min 或 37 ℃ 1 h 后取出,清洗液洗板 3 次,拍干。

（三）加酶标记抗 HBs 使之与 HbsAg 结合

加酶标抗体应用液每孔 100 μL,置湿盒中 40 ℃ 30 min 或 37 ℃ 1 h 后取出,清洗液洗板 3 次,拍干。

（四）加酶底物溶液使酶催化显色

每孔中加 100 μL 底物溶液(OPD),避光放室温 15～30 min 后,每孔中加 2 mol/L 硫酸 50 μL,使酶中止反应。

（五）结果判断

在白色背景上用肉眼判断结果:HbsAg 阳性对照孔应呈明显黄色乃至橘红色,阴性对照血清孔无色,空白对照空无色,如上述对照成立,凡待测样品中溶液的色泽深于阴性对照孔,可判断为 HbsAg 阳性。然后,用酶联免疫检测仪记录 492 nm 读数,进行半定量分析。

▶ 注意事项

(1) 所有试剂均避光储存于 2～8 ℃。

(2) 含有 Tween 20 的洗涤液,在 4 ℃保存不应超过 3 d。

(3) 待测样品(血清)无溶血、无污染。

(4) 加液应加在孔的底部,不要加在壁上,并不可溅出。

(5) 手工洗板时应避免孔内液体外溢,以防相邻孔互相污染造成假阳性。

(6) 实验终止后在 20 min 内结果有效。

(7) 在实验过程中操作人员需注意防护。实验废弃物应按传染性样品处理。

思考题

(1) 分析酶标抗体不纯对抗原检测结果的影响(双抗夹心法)。

(2) 比较免疫荧光法和 ELISA 的最适检测对象。

实验三十四　自由流电泳分离纯化细胞色素 C

▶ **目的要求**

(1) 通过细胞色素 C 的分离纯化,直观了解并掌握自由流电泳分离室中稳流的建立及分离纯化蛋白质的基本原理。

(2) 了解并掌握自由流电泳仪的操作方法,分离纯化后的细胞色素 C 的纯度检测。

▶ **实验原理**

自由流电泳(free-flow electrophoresis,FFE)是一种连续性的兼具样品制备和分析功能的纯液相电泳技术。它具有实验条件温和、处理样品量大、分离效率高等优点。一个典型的

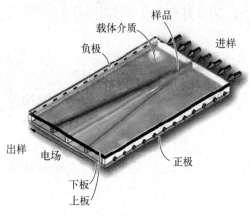

图 3-11　自由流区带电泳分离原理示意图

自由流电泳装置是由两块相隔非常近的平行板组成,从而形成一个极薄的分离腔。样品和背景缓冲液被恒流泵从分离腔的进样口端连续引入分离腔,当样品进入分离薄腔以后,样品被背景缓冲液流带动流向出口端;同时,在与液体流动方向垂直的方向上施加一电场,由于样品中各组分所带电荷量及分子质量不同,从而以不同速度横向移动,因此具有不同电泳迁移率的物质将在电场中迁移不同的距离,从而在分离腔出口端的不同出口处得到收集(图 3-11)。

细胞色素 C 的等电点为 9.6,在 Tris-HCl(pH 值为 8.5)的背景缓冲液中,细胞色素 C 带正电荷,在电场作用下偏向负极,细胞色素 C 粗品中其余蛋白质要么带负电迁向正极,要么向负极偏移的角度与细胞色素 C 偏移角度不同,从而与细胞色素 C 分开。

▶ **试剂和器材**

(一) 试剂

Tris(分析纯,上海国药集团化学试剂有限公司),盐酸(分析纯,上海国药集团化学试剂有限公司),商品化的甲基绿染料(含 85% 的甲基绿和 12% 的结晶紫,化学纯,上海国药集团

化学试剂有限公司),细胞色素 C 粗品(上海华通生物技术有限公司提供),精制细胞色素 C (上海华通生物技术有限公司提供)。

背景缓冲液:10 mmol/L pH 值为 8.5 的 Tris-HCl 溶液。样品溶液:细胞色素 C 粗品溶解于背景缓冲液中。电极缓冲液:40 mmol/L pH 值为 8.5 的 Tris-HCl 溶液。

(二)器材

小型自由流电泳仪(型号 HT-ffe-IIA,上海华通生物技术有限公司)包括 FFE 分离室(FFE 分离的关键设备)、多道恒流泵(用于输送背景电泳缓冲液)、恒流泵(用于输送电极缓冲液)、600 V 电泳电源(用于形成分离电场)和收集设备等(图 3 - 12)。

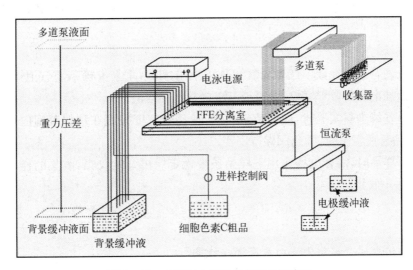

图 3 - 12 小型自由流电泳仪结构示意图

漩涡混匀仪(QL - 901,海门市其林贝尔仪器制造有限公司,江苏,中国);pH 计(Metter-Toledo,320pH meter,Metter-Toledo 仪器上海有限公司,上海,中国);离心机(Anke TGL - 16G,上海安亭科学仪器厂,上海,中国);分析天平(AB104 - N,梅特勒-托利多仪器上海有限公司,上海,中国)。

▶**操作方法**

(1) 打开恒流泵,将电极室注满电极缓冲液。

(2) 打开多道恒流泵,将超纯水泵入分离腔,当超纯水刚进入分离腔时,应将分离腔出口端微微抬起,调低流速,使超纯水缓慢并均匀进入分离腔,从而将气泡从分离腔排出。当气泡完全排出后,继续泵入超纯水冲洗 1 min,再更换 Tris-HCl 缓冲液。

(3) 选择从阳极端数第 6 根上样管进样,用多道恒流泵将缓冲液和样品输至分离室中,通过限速阀控制样品的流量,同时根据分离室的大小,选择合适的背景缓冲液流速。

(4) 开始进行甲基绿染料样品进样,观察分离室流形是否稳定,是否扭曲变形。如存在这些问题,检查气泡是否排除、分离室密封性是否完好,调整直到能够形成稳定的流形。用相机或手机拍照成像。

（5）在以上实验的基础上,将电极室中电极接通 600 V 电泳电源,调整电压至 200 V,开始进行细胞色素 C 粗品的分离。如分离室稳定,我们能够直接观察到稳定的细胞色素 C 的流形。用相机或手机拍照成像。

（6）通过出口管中溶液的颜色,判断分离情况,根据分离纯化情况进一步优化背景缓冲液的流速、电压及上样管的位置以获得最佳的分离效果。简要优化实验条件后,开始收集细胞色素 C 分离的样品。

（7）样品收集完后,应用超纯水冲洗分离腔 5 min,从而排出背景缓冲液和剩余样品。

（8）收集 16 个出口管中的样品溶液,进行 PAGE 电泳,对分离纯化产物进行纯度鉴定。

（9）通过紫外光分光光度计对纯化后的细胞色素 C 进行定量检测,同时计算样品的处理量、回收率。

▶ **注意事项**

（1）若发现背景缓冲液中产生大量气泡,应停止实验,重复步骤 2,将气泡排出。

（2）开始加电压后,严禁触碰电极或与电极接触的溶液。

（3）做甲基绿染料实验时,应调节限速阀,使条带宽度控制在理想范围内,随后进行细胞色素 C 粗品分离实验时,限速阀保持不变。

（4）收集样品时,需在电场作用下样品条带稳定后再开始收集,收集的样品量足够,后续检测即可停止收集。

思考题

（1）自由流电泳分离纯化蛋白质有哪些特点?

（2）如何压缩 FFE 分离细胞色素 C 的分离区带,提高分离效率?

（3）自由流电泳在生物样品的分离制备中有哪些应用?

实验三十五　蛋白滴定电泳

▶ **目的要求**

（1）学习蛋白滴定电泳的实验原理。

（2）了解并掌握蛋白滴定电泳的操作方法。

▶ **实验原理**

乳制品中总蛋白质含量的测定有很多种方法,例如,凯氏定氮法、染料结合法、光谱分析法等。在这些方法中,凯氏定氮法通常用于测定乳制品中的总蛋白质含量。然而,凯氏定氮法不能消除非蛋白氮(NPN)试剂对测定蛋白质含量的负面影响。非蛋白氮(NPN)试剂来源于有机小分子,如尿素和三聚氰胺,如果使用凯氏定氮法测量,则此类有机小分子会包含在总氮含量中。

在本实验室中,移动反应界面滴定(MRBT)方法是一种先进的蛋白质测定方法,可以快速、准确测定出总蛋白质含量,且受非蛋白氮(NPN)试剂的影响较小。移动反应界面滴定(MRBT)方法基于移动反应界面(MRB)的电泳原理。

图3-13所示为移动反应界面滴定方法模型。当施加电压后,氢氧根离子向阳极移动,但是乳蛋白分子因为通过高度交联聚丙烯酰胺凝胶固定,所以无法迁移。蛋白质分子带有酸性残基,包括Asp、Glu、Tyr、Cys的游离酸性残基和C端氨基酸的羧基。蛋白质的Asp(pK值为3.90)、Glu(pK值为4.07)、Tyr(pK值为10.46)和Cys(pK值为8.37)的酸性残基带负电荷,高于其pK值。因此,蛋白质的全部酸性残基在电泳过程中受到强碱(如20 mmol/L NaOH,pH值为12.30)的完全中和,形成移动反应界面(MRB)。由于氢氧根离子的高流量,观察到移动反应界面(MRB)向阳极移动。各种酸碱指示剂已用于检测质子和氢氧根离子的电迁移。在本研究中,使用酚酞来监测氢氧根离子与固定化蛋白质形成的界面位移。

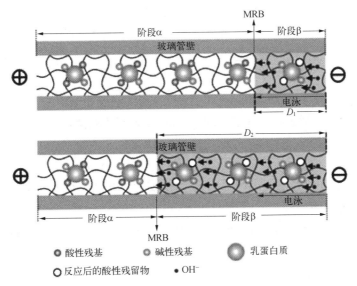

图3-13 移动反应界面滴定(MRBT)方法原理示意图

▶ **试剂和器材**

(一)试剂

蒸馏水;KCl(2 mol/L);酚酞;聚丙烯酰胺溶液[30% Acr-Bis(29∶1)溶液];AP(10%);TEMED;阴极缓冲液(250 mL),50 mL NaOH(0.1 mol/L)+10 mL KCl(2 mol/L);阳极缓冲液(250 mL),12.5 mL KCl(2 mol/L)。

(二)试样

婴儿奶粉。

(三)设备

注射器(1 mL);玻璃管(内径3 mm,外径5 mm,管长100 mm)移动反应界面滴定器械。

▶ **操作方法**

(一)制备聚丙烯酰胺凝胶

取一个10 mL EP管,按表3-17配制凝胶。

表 3 - 17 凝 胶 的 配 制

试　剂	用量/mL
牛奶样品	1
蒸馏水	1.157
2 mol/L KCl	0.27
0.25%酚酞	0.02
聚丙烯酰胺母液	2.5
10% AP	0.05
TEMED	0.003

全部加完后充分摇匀后准备注胶。

(二) 注射凝胶

(1) 使用 1 个带有 1 cm 软管的 1 mL 注射器,连接到玻璃管;

(2) 吸取 0.35 mL 凝胶和一些空气,使凝胶位于玻璃管中间;

(3) 垂直悬置玻璃管,等待 30 min,使凝胶凝固。

(三) 清洗凝胶

(1) 使用 1 mL 注射器吸取一些蒸馏水,清洗玻璃管两端未凝固的凝胶。一共重复洗涤 3 次,直至没有凝胶析出;

(2) 分别吸取阳极缓冲液和阴极缓冲液,注入玻璃管两端(确保无气泡)。

(四) 电泳

(1) 将充有凝胶的玻璃管放在两个腔室之间,并使用弹簧紧紧固定。

(2) 将阴极和阳极缓冲液分别泵入两个腔室,然后让液体快速流动,以消除腔室分室中的残留空气。

(3) 将电源电压设置为 80 V,额定电流 100 mA,以产生直流电场,泵转速 8 rpm(CW)。

(4) 使用一台数码相机来记录界面移动。

(五) 计算

运行移动反应界面滴定(MRBT)方法之后,界面的实际距离可以使用摄像机在运行时间内记录下来。移动反应界面的移动速度 V_{MRB} 可用下列公式计算:

$$V_{MRB} = \frac{D_2 - D_1}{t_2 - t_1}$$

式中: D_1 和 D_2 分别是在时间 t_1 和 t_2 时的移动反应界面(MRB)位置。

▶ 注意事项

(1) 安装玻璃管时注意正负极,阴极缓冲液端接阴极,阳极缓冲液端接阳极。

(2) 当清除腔室分室中的气泡时,反复推拉注射器,直到气泡完全清除。

实验三十六　转基因食品的 PCR 定性检测

▶ **目的要求**

（1）要求掌握 PCR 方法定性检测转基因食品的操作。

（2）要求学生学习课外查阅资料，自主选择待检测的转基因食品，并设计合成相关 PCR 引物，对转基因食品进行检测，并以科技论文的形式撰写实验报告。

▶ **实验原理**

对样品进行 DNA 提取和纯化，使之适用于 PCR 检测技术，通过普通 PCR 或实时荧光 PCR，检测其中是否含有各种外源基因，达到对食品中转基因植物成分定性 PCR 检测的目的。

▶ **试剂和器材**

（一）仪器

固体粉碎机、均质器或研钵；分析天平；台式离心机；PCR 仪或实时荧光定量 PCR 仪；DNA 电泳仪；凝胶成像仪；微量移液器（1～10 μL、20～200 μL、100～1 000 μL）及配套吸头；离心管（1.5 mL、2 mL、15 mL、50 mL）；PCR 反应管。

（二）主要试剂

（1）商品化植物基因组 DNA 提取纯化试剂盒。

（2）商品化转基因植物成分 PCR 检测试剂盒。

（3）50×TAE 电泳缓冲液或 5×TBE 电泳缓冲液。

（4）6×DNA 上样缓冲液。

（5）食品中转基因植物成分定性 PCR 检测所用引物（序列可通过查找相关文献获得，自行设计合成）。

（三）材料

转基因大豆样品、非转基因大豆样品。

▶ **操作方法**

（一）样品中 DNA 提取和纯化

（1）取适量样品放在研钵（灭菌）中，加液氮将样品磨成粉末，称取 50～100 mg，转入 1.5 mL 的 EP 管中。

（2）加入 700 μL Buffer A，涡旋混匀后，在 65 ℃水浴锅中保温 30 min（每隔 10 min 颠倒混匀）。

（3）在管中加入等体积 700 μL 的酚：氯仿（取下层），上下颠倒混匀后静置 2 min。

（4）12 000g 离心 5 min，吸取上清液（尽量不要触到沉淀）到一个新的 EP 管中。

（5）加入与上清液等体积的 Buffer B（500～600 μL），混匀，常温放置 10 min 后，12 000g 离心 5 min，去上清，保留沉淀。

(6) 在沉淀中加入 100 μL Buffer C,用枪头充分混匀后,37 ℃水浴 10 min 溶解沉淀(尽量溶解完全),然后加入 500 μL Buffer D,上下颠倒充分混匀 10 次后,将溶液加入离心柱中(离心柱套在套管上),放置 2～5 min。

(7) 将离心柱和套管一起离心(8 000g,30 s),之后弃去套管中的溶液,在离心柱中加入 200 μL 洗涤缓冲液 I(8 000g 离心,30 s),弃去溶液。

(8) 在离心柱中加入 200 μL 洗涤缓冲液 II(8 000g 离心,30 s),弃去溶液。

(9) 再以 12 000g 空管离心 60 s,以除去离心柱中痕量残余溶液。

(10) 将离心柱放置在一个新的 1.5 mL EP 管中(此时离心柱外壁应该无液滴),在离心柱底部中央小心加入 50 μL 洗脱缓冲溶液,在 37 ℃放置 2 min 后,12 000g 离心 30 s。

(11) 离心管中的溶液就是从样品中提取的 DNA,做好记号保存在 −20 ℃。可作为 PCR 反应的模板,一个 PCR 反应用 2 μL DNA。

（二）PCR

每组将前面实验提取的 DNA 作为模板,25 μL 体系做 PCR。

一组拿 2 个灭菌的 PCR 管,在冰盒中操作。

35S 体系(μL):

无菌水	16.75
10×缓冲溶液(Mg^{2+})	2.5
2.0 mmol/L dNTP	2.5
20 μmol/L 35S 引物 F	0.5
20 μmol/L 35S 引物 R	0.5
Taq 酶(5 U/μL)	0.25
DNA 模板	2
	25 μL

Lectin 体系(μL):

无菌水	16.75
10×缓冲溶液(Mg^{2+})	2.5
2.0 mmol/L dNTP	2.5
20 μmol/L Lectin 引物 F	0.5
20 μmol/L Lectin 引物 R	0.5
Taq 酶(5 U/μL)	0.25
DNA 模板	2
	25 μL

每个样品两个体系都要做:

(1) 从装有 35S 体系混合液的 EP 管中,取 23 μL 混合液,加入 PCR 管中,再吸取上次实验提取的 DNA 2 μL,作为模板,共有 25 μL。

(2) 取装有 Lectin 体系的混合液 23 μL,方法同 1。

(3) 用枪头混匀后,盖子上做好标记,再放到 cubee 迷你离心机上甩一下,放到 PCR 仪中。

(4) PCR 仪中程序——

$$
\begin{array}{lll}
94\ ℃ & 5\ \text{min} & \\
94\ ℃ & 30\ \text{s} & \\
58\ ℃ & 30\ \text{s} & \left.\right\}35\ 次循环 \\
72\ ℃ & 30\ \text{s} & \\
72\ ℃ & 7\ \text{min} & \\
4\ ℃ & 2\ \text{min} &
\end{array}
$$

时间约为 1 h 40 min。

(三) 电泳检测

配置 1.5% 琼脂糖凝胶:用 0.5XTBE 电泳缓冲液配制,加 4S Green Plus 染料 10 μL/100 mL。

上样:取 6X DNA 上样缓冲溶液 1.5 μL,于干净的一次性手套上,加入 7.5 μL 的 PCR 样品,混匀,加入琼脂糖凝胶加样孔。另取 5 μL DNA 相对分子质量标准品加入加样孔。恒压 120～150 V,电泳分离 PCR 产物,在凝胶成像仪下观察、拍照。

	DNA 模板	35S	Lectin	Marker	35S	Lectin	DNA 模板	

结果:

因为转基因样品含有 35S 启动子、Lectin 基因,所以在紫外光灯下观察有 195 bp 与 180 bp 条带。非转基因样品只有 Lectin 基因条带。

▶ **注意事项**

(1) 一定要有阴性对照(不加模板,以无菌水代替),最好有阳性对照。

(2) PCR 组分添加时应注意加样顺序,一般按照无菌水→缓冲溶液→dNTP→引物→DNA→Taq 酶的顺序添加。

(3) 在 PCR 反应中,一般 Taq 酶变性温度为 94 ℃ 1 min 即可。但现在不同商品化酶变性条件有所不同,有的高保真的酶变性时间需要 5～15 min,所以一定要严格按照酶的说明进行。

(4) 退火温度一般设定比引物的 T_m 值低 5 ℃,如结果不理想,可进行上下调整,或者选择 Touch down PCR。

第四章

综 合 实 验

综合实验涵盖了多种生物化学实验技术，旨在培养学生对所学知识的综合运用能力和创新实践能力。本章内容主要包括基因克隆、蛋白质表达纯化、多糖提取和纯化的综合性实验。

实验三十七　基因克隆技术
——pGEX‑XY1 重组质粒的构建和鉴定

基因克隆技术是分子生物学的核心技术，这项技术的主要目的是获得某一基因或 DNA 片段的大量拷贝，有了这些与亲本分子完全相同的分子克隆，就可以深入分析基因的结构和功能，并可达到人为改造细胞和物种个体的遗传性状的目的。

基因克隆又称 DNA 克隆，其中的一项关键技术是重组 DNA 技术，重组 DNA 是用酶学方法，将不同来源的 DNA 分子在体外进行特异切割、重组连接，组装成一个新的杂合 DNA 分子。在此基础上，这个杂合分子能够在一定的宿主细胞中进行扩增，形成大量的子代分子，此过程称基因克隆。有目的地通过基因克隆技术，人为操作改造基因，改变生物遗传性状的系列过程，总称为基因工程。

基因克隆的策略与技术路线

克隆原指一个亲本细胞产生成千上万个相同细胞组成的群体的过程。在分子水平，为了达到获取同一基因或 DNA 片段克隆这一目的，总策略上应该采取体外进行靶 DNA 分子与某一微生物载体杂合，导入生物宿主细胞后，通过自主复制产生大量分子克隆。这是目前基因克隆的主要策略。聚合酶链反应（polymerase chain reaction，PCR）技术产生后，可以通过特定的 DNA 引物，在体外完成对某一特定 DNA 序列进行大量扩增，可称为基因体外克隆，但该技术的前提是对于靶基因的一级结构有一定的了解。

基于以上基因克隆的总体策略，其技术路线大致包括以下几个部分：

（1）分离制备待克隆的 DNA 片段（PCR 扩增方法）。

（2）将靶 DNA 片段与载体在体外进行连接。

（3）重组 DNA 分子转化进入宿主细胞。

（4）筛选、鉴定阳性重组子。

（5）重组子的扩增。

第一部分 分离制备待克隆的 DNA 片段（PCR 扩增方法）

▶ **实验原理**

近年来,基因分析和基因工程技术有了革命性的突破,这主要归功于 PCR 技术的发展和应用。应用 PCR 技术可以使特定的基因或 DNA 片段在短短的 $2\sim3$ h 内体外扩增数十万至数百万倍。扩增的片段可以直接通过电泳观察,也可用于进一步的分析。这样,少量的单拷贝基因不需通过同位素提高其敏感性来观察,而通过扩增至百万倍后直接观察到,而且原先需要一二周才能做出的诊断可以缩短至数小时。PCR 反应的原理如图 4-1 所示。

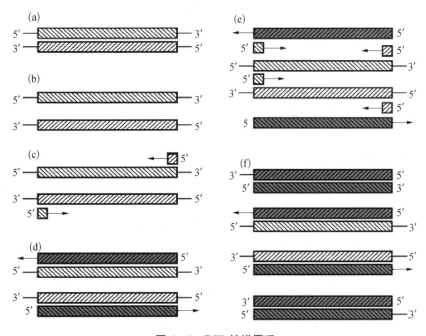

图 4-1 PCR 扩增原理

（a）第一个 PCR 循环中,原有模版双链 DNA;（b）变性:双链 DNA 变成单链 DNA;
（c）退火:引物与 DNA 模版杂交;（d）延伸:从 5'→3'方向合成新的 DNA 双链;
（e）开始第二个循环:变性—退火—延伸;（f）模版 DNA 双链倍增

影响 PCR 扩增的因素有如下几种:

（1）模板:核酸模板核酸的量与纯化程度是 PCR 成败与否的关键环节之一。传统的 DNA 纯化方法通常采用 SDS 和蛋白酶 K 来消化处理样品。SDS 的主要功能如下:溶解细胞膜上的脂类与蛋白质,破坏细胞膜,并解离细胞中的核蛋白,SDS 还能与蛋白质结合而沉淀;蛋白酶 K 能水解消化蛋白质,特别是与 DNA 结合的组蛋白。再用有机溶剂酚与氯仿抽提蛋白质和其他细胞组分,用乙醇或异丙醇沉淀核酸。提取的核酸即可作为模板用于 PCR 反应。

(2) 引物:引物是 PCR 特异性反应的关键,PCR 产物的特异性取决于引物与模板 DNA 互补的程度。理论上,只要知道任何一段模板 DNA 序列,就能按其设计互补的寡核苷酸链做引物,利用 PCR 就可将模板 DNA 在体外大量扩增。

设计引物应遵循以下原则。① 引物长度:15～30 bp,常用为 20 bp 左右;② 引物扩增跨度:以 200～500 bp 为宜,在特定条件下可扩增长至 10 kb 的片段;③ 引物碱基:G＋C 含量以 40%～60% 为宜,G＋C 太少扩增效果不佳,G＋C 过多易出现非特异条带。ATGC 最好随机分布,避免 5 个以上的嘌呤或嘧啶核苷酸的成串排列;④ 避免引物内部出现二级结构,避免两条引物间互补,特别是 3′端的互补,否则会形成引物二聚体,产生非特异的扩增条带;⑤ 引物 3′端的碱基,特别是最末及倒数第二个碱基,应严格要求配对,以避免因末端碱基不配对而导致 PCR 失败;⑥ 引物中有或能加上合适的酶切位点,被扩增的靶序列最好有适宜的酶切位点,这对酶切分析或分子克隆很有好处;⑦ 引物的特异性:引物应与核酸序列数据库的其他序列无明显同源性。每条引物的浓度为 0.1～1 μmol 或 10～100 pmol,以最低引物量产生所需要的结果为好,引物浓度偏高会引起错配和非特异性扩增,且可增加引物之间形成二聚体的机会;⑧ 引物与靶序列的解链温度(T_m)不能低于 55 ℃。

(3) 酶及其浓度:目前有两种 *Taq* DNA 聚合酶供应,一种是从栖热水生杆菌中提纯的天然酶,另一种为大肠菌合成的基因工程酶。催化典型的 PCR 反应约需酶量 2.5 U(指总反应体积为 100 μL 时),浓度过高可引起非特异性扩增,浓度过低则合成产物量减少。

(4) dNTP 的质量与浓度:dNTP 的质量与浓度和 PCR 扩增效率有密切关系。dNTP 溶液呈酸性,使用时应配成高浓度后,以 1 mol/L NaOH 将其 pH 值调节到 7.0～7.5,小量分装,-20 ℃冰冻保存。多次冻融会使 dNTP 降解。在 PCR 反应中,dNTP 浓度应为 50～200 μmol/L,尤其是注意 4 种 dNTP 的浓度要相等(等摩尔配制),如其中任何一种浓度不同于其他几种时(偏高或偏低),就会引起错配。

(5) Mg^{2+} 浓度:Mg^{2+} 对 PCR 扩增的特异性和产量有显著的影响,在一般的 PCR 反应中,各种 dNTP 浓度为 200 μmol/L 时,Mg^{2+} 浓度为 1.5～2.0 mmol/L 为宜。Mg^{2+} 浓度过高,反应特异性降低,出现非特异扩增,浓度过低会降低 *Taq* DNA 聚合酶的活性,使反应产物减少。

(6) PCR 反应的温度、时间和循环次数:PCR 设计变性、退火、延伸三个不同温度和时间。在一般情况下,93～94 ℃ 1 min 足以使模板 DNA 变性,若低于 93 ℃则需延长时间,但温度不能过高,因为高温环境对酶的活性有影响。退火温度与时间取决于引物的长度、碱基组成及其浓度,还有靶基序列的长度。对于 20 个核苷酸,G＋C 含量约 50% 的引物,选择 55 ℃为最适退火温度的起点较为理想。引物的退火温度可通过以下公式帮助选择合适的温度:$T_m = 4(G＋C) + 2(A＋T)$,退火温度＝T_m 值－(5～10 ℃)。在 T_m 允许范围内,选择较高的退火温度可大大减少引物和模板间的非特异性结合,提高 PCR 反应的特异性。退火时间一般为 30～60 s,足以使引物与模板之间完全结合。PCR 反应的延伸温度一般选择在 70～75 ℃,常用温度对 *Taq* 酶言为 72 ℃;对 *pfu* 或 KOD 酶则需 68 ℃,过高的延伸温度不利于引物和模板的结合。PCR 延伸反应的时间,可根据待扩增片段的长度而定,一般 1 kb 以内的 DNA 片段,延伸时间 1 min 足够。3～4 kb 的靶序列需 3～4 min;扩增 10 kb 需延伸至 15 min。延伸时间过长会导致非特异性扩增带的出现。对低浓度模板的扩增,延伸时间要稍长些。循环次数决定 PCR 扩增程度,PCR 循环次数主要取决于模板 DNA 的浓度。一般的循环次数选在 30～40,循环次数越多,非特异性产物的量亦随之增多。

▶ **试剂和器材**

(一)试剂

2×KOD 酶 PCR 预混液;T5 基因正向引物(Primer F)和反向引物(Primer R)(10 μmol/L);质粒载体正向引物(Primer F)和反向引物(Primer R)(10 μmol/L);T5 基因 DNA 模板;质粒载体 DNA 模板;DNA 相对分子质量标准品;6×DNA 上样缓冲液;1% 琼脂糖凝胶(agarose),制备时加入约 10% 的 4S Green Plus 荧光染料;0.5×TBE 缓冲液;无水乙醇;75% 乙醇。

(二)器材

PCR 仪,冰盒 1 个,0.2 mL PCR 管,凝胶成像仪,高速台式离心机。

▶ **操作方法**

(一)PCR 反应(冰上操作)

每组取 2 个 PCR 管,盖子上做好记号,扩增目的基因,扩增质粒载体,按顺序加样后在迷你离心机上甩一下,分别放入 PCR 仪。注意微量操作!

Primer F(10 μmol/L)	2 μL
Primer R(10 μmol/L)	2 μL
DNA 模板	1 μL
2×KOD 酶 PCR 预混液	25 μL
ddH$_2$O	20 μL
总量	50 μL

(二)在 PCR 仪上设程序

T5 基因

98 ℃	3′		
98 ℃	10″	⌉	解链
60 ℃	15″	⎱ 30 次循环	退火
72 ℃	30″	⌋	延伸
72 ℃	1′		
16 ℃	3′		

质粒载体

98 ℃	3′	
98 ℃	10″	解链
62 ℃	15″	30 次循环 退火
72 ℃	90″	延伸
72 ℃	5′	
16 ℃	3′	

将配制好的 PCR 反应管放入仪器中,开始。

(三)电泳

电泳槽中加入 300 mL 0.5×TBE 缓冲液,放入制备好的 1.0%的琼脂糖凝胶块,取 PCR 产物 10 μL,加 2 μL 6×DNA 上样缓冲液,振荡混匀,加入琼脂糖凝胶孔中,并在另一个胶孔中加入 DNA marker 5 μL。恒压 100~120 V,电泳大约 0.5 h,当溴酚蓝前沿走至凝胶中部时,关闭电源,取出琼脂糖凝胶块并置于凝胶成像系统上,观察是否得到 T5 基因、质粒载体条带。

(四)PCR 产物的纯化

取剩余 40 μL PCR 产物

↓

转移到 0.5 mL 的 Eppendorf 管中

↓

加入 2.5 倍体积无水乙醇(至少 100 μL)

↓

振荡混匀

↓

于−20 ℃静置 10 min

↓

室温 12 000 r/min 离心 5 min

↓

弃上清液

↓

用 200 μL 75%乙醇洗涤 DNA 沉淀

↓

室温 12 000 r/min 离心 5 min

↓

弃去上清液,风干

↓

加入 5 μL ddH$_2$O(或 TE 缓冲液)溶解

↓

得到纯化好的 DNA 片段,备用

第二部分 靶 DNA 片段与载体的体外连接

（一）载体

载体是基因克隆中外源 DNA 片段的重要运载工具，它们都是通过改造天然质粒、噬菌体和病毒等构建的。载体的选择与改造应具备以下几个条件：

（1）载体必须提供在适当宿主细胞中自主复制的信号，或者能被整合到宿主染色体上与基因组一同复制，或能自主包装分泌出宿主细胞。

（2）载体上有一些对于它们在宿主中增殖非必需的 DNA 区域，并包含单个限制性内切酶位点，以便外源 DNA 能通过共价连接插入或取代该区段，形成的重组子可在宿主细胞中复制和增殖。

（3）载体相对分子质量不宜过大，便于 DNA 体外操作，同时载体 DNA 与宿主核酸应容易分开，便于提纯。

（4）载体应具有筛选标记，以区别阳性重组分子和阴性重组分子。选择标记包括抗药性基因、酶基因、营养缺陷型和形成噬菌斑的能力等。

（5）对于表达型载体还应配备与宿主细胞相适应的启动子、前导序列、加尾信号、增强子等调控 DNA 元件。

大多数载体是能在染色体外进行无性繁殖的复制子，各类载体具有不同的生物学特征，适用于不同目的的基因克隆。

（二）重组质粒 pGEX‑XY1 的构建

构建的策略如图 4‑2 所示。

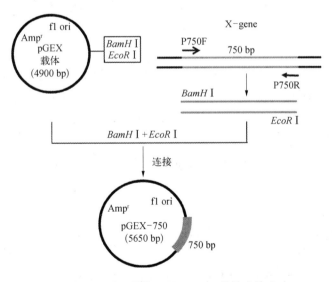

图 4‑2 重组质粒 pGEX‑XY1 的构建策略

（三）试剂和材料

pGEX 载体；第一部分实验中纯化好的 DNA 片段；T4 DNA 连接酶；10XT4 DNA 连接

酶缓冲液。

（四）连接反应

在加有 6 μL T 载体的 0.5 mL Eppendorf 管中,加入下列试剂,共得到 15 μL 体系:

pGEX 载体	1 μL
纯化好的 PCR 产物	11 μL
T4 DNA 连接酶 buffer	2 μL
T4 DNA 连接酶	1 μL

↓

室温,2~5 h 或 4 ℃过夜,用于转化宿主细胞。

第三部分 重组 DNA 分子电转化入宿主细胞

（一）宿主细胞

宿主细胞是基因克隆载体的增殖场所,对于一个适当的宿主细胞,具有以下几个要求:

(1) 对载体的复制和扩增没有严格的限制。

(2) 不存在特异的内切酶体系降解载体 DNA。

(3) 在载体增殖过程中,不对载体 DNA 进行修饰。

(4) 不会产生载体 DNA 的体内重组。

(5) 容易导入重组 DNA 分子。

(6) 符合"重组 DNA 操作规则"的安全标准。

本实验使用的宿主细胞是大肠杆菌 DH5α 菌株制备成电击细胞后,−70 ℃冰箱保存备用。

（二）试剂和材料

第二部分实验中连接好的重组 DNA;氨苄青霉素(Ap,100 mg/mL);LB＋Ap 抗性平板;DH5α 电击细胞或感受态细胞。

▶ 操作方法

（一）制备抗性用平板

LB 固体培养基 200 mL,加热熔化后,加 200 μL Ap。冷却后备用。

（二）电击转化

电击法依靠短暂的电击,促使 DNA 进入细菌。

−70 ℃冰箱取电击细胞 DH5α,冰上解冻

↓

取 2 μL 重组 DNA 或连接产物于 40 μL 电击细胞中,混匀

↓

在电击仪上电击,将重组 DNA 分子转入 DH5α 细胞

↓

恢复生长约半小时

↓

12 000 r/min,2～3 min

↓

去掉大部分上清液,剩 200～300 μL,用枪吹打混匀

↓

将转化样品涂布于 LB+Ap 抗性平板

↓

37 ℃,培养过夜

↓

观察有无菌落生长

第四部分　阳性重组子的鉴定

（一）限制性内切酶酶切原理

限制性内切酶是 DNA 操作过程中所使用的基本工具。其特异性地结合于一段特殊 DNA 序列之内或其附近的特异位点上,并在此切割双链 DNA。分子克隆中常用的为 Ⅱ 类限制酶,其识别位点长度为 4、5 或 6 个核苷酸的反向重复序列。限制酶的切割点因酶而异,有些产生带平端的 DNA 片段,而另一些产生带有黏性末端的 DNA。

（二）试剂和材料

液体 LB+Ap

Solution Ⅰ：50 mmol/L 葡萄糖；25 mmol/L Tris.Cl,pH 值为 8.0；10 mmol/L EDTA；Solution Ⅱ：0.2 mol/L NaOH；1% SDS；Solution Ⅲ：3 mol/L KCOOH；5 mol/L CH₃COOH；酚与氯仿（体积比为 1∶1）；无水乙醇；75% 乙醇；RNaseA；10× 双酶切缓冲液；*EcoR* Ⅰ(5 U/μL)；*BamH* Ⅰ(5 U/μL)；DNA marker；10XTBE buffer。

▶ 操作方法

（一）挑单克隆

每人挑取 4 个单克隆分别于装有 LB+Ap 的试管中,37 ℃,摇床培养过夜。

（二）抽提质粒

准备 3 排 Eppendorf 管

↓

将 1 mL 培养物倒入第 1 排 Eppendorf 管中,用高速离心机,12 000 r/min 离心 5 min

↓

吸去培养液,使细菌沉淀尽可能干燥

↓

将细菌沉淀重悬于 150 μL 用冰预冷的溶液 Ⅰ 中,在漩涡振荡器上剧烈振荡,重悬菌体

↓

189

沿管壁轻轻加 150 μL 新配制的溶液 Ⅱ,静置

↓

当溶液均一后,加入 150 μL 用冰预冷的溶液 Ⅲ,盖紧管口,将管倒置后温和地颠倒混
10 s,使溶液 Ⅲ 在黏稠的细菌裂解物中分散均匀

↓

以 12 000 r/min 离心 5 min

↓

将上清液转移到第 2 排 Eppendorf 管中

↓

加入 200 μL 苯酚/氯仿,振荡混匀

↓

以 12 000 r/min 离心 5 min

↓

将上清液转移至第 3 排 Eppendorf 管中

↓

用 800 μL 无水乙醇于室温沉淀双链 DNA,振荡混匀

↓

以 12 000 r/min 离心 5 min

↓

用 800 μL 75% 乙醇洗涤双链 DNA 沉淀

↓

以 12 000 r/min 离心 2 min

↓

弃上清液

↓

干燥并将核酸沉淀重悬于 10～15 μL 无菌水或 TE 缓冲液(pH 值为 8.0)中

↓

用于酶切反应或 4 ℃ 保存

(三) 酶切反应

质粒 DNA	10 μL
ddH$_2$O	5 μL
10×双酶切缓冲液	2 μL
0.5×RNase A	1 μL
EcoR Ⅰ	1 μL
BamH Ⅰ	1 μL
	共计 20 μL

在 37 ℃保温 1 h。

（四）电泳鉴定

挑取 4 个单克隆，若从质粒的酶切图谱中，看到切出 750 bp 的插入片段，即为阳性克隆；若只有 4 900 bp 片段，则为阴性克隆。如图 4-3 所示。

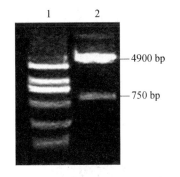

图 4-3 重组质粒 pGEX-XY1 的酶切电泳鉴定

实验三十八 重组蛋白质的诱导表达、分离纯化、鉴定及活性测定

第一部分 蛋白质的表达、分离纯化

▶ 目的要求

（1）了解重组蛋白表达的方法和意义。

（2）了解重组蛋白亲和层析分离纯化的方法。

▶ 实验原理

目的基因在宿主细胞中的高效表达及表达的重组蛋白的分离纯化对理论研究和实验应用都具有重要的意义。通过表达能探索和研究基因的功能，以及基因表达调控的机理，同时目的基因表达出所编码的蛋白质可作为结构与功能的研究基础。大肠杆菌是目前应用最广泛的蛋白质表达系统，其表达外源基因产物的水平远高于其他表达系统，表达的目的蛋白量甚至能超过细菌总蛋白量的 80%。在本实验中，携带有目标蛋白基因的质粒在大肠杆菌 BL21(DE3)中，在 37 ℃和 IPTG 诱导下，超量表达携带有 6 个连续组氨酸残基的 T5 核酸酶重组蛋白，该蛋白 N 端带有 6 个连续的组氨酸残基，可通过固相化的镍离子(Ni^{2+})亲和层析介质加以分离纯化，称为金属螯合亲和层析（MCAC）。蛋白质的纯化程度可通过聚丙烯酰胺凝胶电泳进行分析。

▶ 试剂和器材

（一）试剂

（1）LB 液体培养基：Trytone 10 g，yeast extract 5 g，NaCl 10 g，用蒸馏水配至 1 000 mL。

（2）硫酸卡那霉素 50 mg/mL。

（3）Sample Lysis buffer（细胞裂解缓冲液）：20 mmol/L Tris-HCl，0.3 mol/L NaCl，10%甘油，10 mmol/L imidazole 咪唑，5 mmol/L β-mercaptoethanol，pH 值为 8.0。

（4）洗涤缓冲液：20 mmol/L Tris-HCl，0.3 mol/L NaCl，10％甘油，20 mmol/L imidazole 咪唑，5 mmol/L β-mercaptoethanol，pH 值为8.0。

（5）洗脱缓冲液：20 mmol/L Tris-HCl，0.3 mol/L NaCl，10％甘油，250 mmol/L imidazole，5 mmol/L β-mercaptoethanol，pH 值为8.0。

（6）IPTG。

（二）器材

振荡摇床，高速低温冷冻离心机，10 cm 镍层析柱(1个)

▶ **操作方法**

（一）T5 核酸酶重组蛋白的诱导表达

（1）提前一天接种携带重组蛋白基因表达载体的大肠杆菌 BL21(DE3)菌株于 30 mL LB 液体培养基中(含 50 μg/mL 卡那霉素)37 ℃振荡培养过夜。

（2）将过夜培养的 30 mL 大肠杆菌 BL21(DE3)菌液全部倒入 170 mL LB 液体培养基中(含 50 μg/mL 卡那霉素)，37 ℃振荡培养至 $OD_{600}=0.6\sim0.8$。用分光光度计检测菌密度。

（3）先吸取 3 mL 菌液放到 12 mL 摇菌管中，在与诱导组相同的条件下培养，作为未加 IPTG 诱导的对照组。然后，往大培养瓶中加入 IPTG 至终浓度 0.5 mmol/L，37 ℃继续培养 3 h，诱导表达目标蛋白。

（4）诱导时间结束，每组取 1 个带盖的 50 mL 刻度离心管，用记号笔标记，离心收集菌体。以离心管上的刻度为准；两两平衡对称放置，4 ℃，8 000 r/min 离心 5 min，弃上清液，分三次收集约 150 mL 培养液的菌体；－20 ℃保存。

（5）对照菌液吸取 1～1.5 mL EP 管中，8 000 r/min 离心 5 min 收集菌体；－20 ℃保存(记号笔标记)。

（二）T5 核酸酶重组蛋白的超声裂解、分离、纯化

（1）Ni^{2+} 层析柱的准备：在层析柱中加入 1 mL Ni^{2+} 介质，并分别用 8 mL 去离子水，8 mL 细胞裂解液洗涤。浸泡平衡 30 min。

（2）重组蛋白的超声裂解：按体积比为 1∶10(如 150 mL 培养液收集的菌体加入 15 mL 细胞裂解液)加入细胞裂解液，抽吸重悬充分混匀；先用 500 mL 烧杯装冰，然后把装有裂解液重悬细胞的离心管插在冰中；超声杆伸至液面 2 cm，固定好，开始启动超声。超声波破碎 20 min(超声 3 s，间隙 3 s，功率 400 W 或 30％～40％输出)。破碎结束后，吸取 100 μL 保存在 EP 管中(标记：超声离心前)，两两平衡，4 ℃、12 000 r/min 离心 30 min 后；再吸取 100 μL 保存在 EP 管中(标记：超声离心后)，其余上清液保存在 EP 管中，共约 15 mL 上样样品准备完毕。

（3）上清液样品以 10～15 mL/h 流经 Ni^{2+} 层析柱，收集流出液，取 10 μL 样品用于 SDS-PAGE 分析。标为洗杂蛋白前。

（4）洗脱杂蛋白：用清洗缓冲液(UWB)50 mL 以 10～15 mL/h 洗涤层析柱，去除杂蛋白，取 10 μL 洗涤结束时的样品用于 SDS-PAGE 分析。标为洗杂蛋白后。

（5）洗脱目标蛋白：用洗脱液缓冲液 10 mL 洗柱，每管 1 mL 分部收集洗脱液，共收集

6～10 个管,分别取 10 μL 样品用于 SDS‑PAGE 分析。

(6) 清洗柱子:加 20 mL 纯水洗涤柱子,然后用 5 mL 纯水泡着,如果是最后使用的操作者则用 10 mL 20％乙醇洗涤、5 mL 20％乙醇浸泡柱子,并于 4 ℃保存柱子。

第二部分 蛋白质的鉴定

▶ **目的要求**

(1) 了解 SDS‑聚丙烯酰胺凝胶电泳实验原理。

(2) 掌握凝胶电泳实验操作规程。

▶ **实验原理**

电泳可用于分离复杂的蛋白质混合物,研究蛋白质的亚基组成等。在聚丙烯酰胺凝胶电泳中,凝胶的孔径,蛋白质的电荷、大小、性质等因素共同决定了蛋白质的电泳迁移率。

蛋白质在聚丙烯酰胺凝胶中电泳时,它的迁移率取决于它所带净电荷,以及分子的大小和形状等因素。但如果加入某种试剂使电荷因素消除,则电泳迁移率就取决于分子的大小,就可以用电泳技术测定蛋白的相对分子质量。十二烷基硫酸钠(SDS)就具有这种作用。在蛋白质溶液中加入足够量 SDS 和巯基乙醇,巯基乙醇可使蛋白质分子中的二硫键还原,蛋白质‑SDS 复合物带上相同密度的负电荷,并可引起蛋白质构象改变,使蛋白质在凝胶中的迁移率,不再受蛋白质原有电荷和形状的影响,而取决于相对分子质量的大小,因此聚丙烯酰胺凝胶电泳可以用于测定蛋白质的相对分子质量。

SDS 聚丙烯酰胺凝胶电泳大多在不连续系统中进行,其电泳槽缓冲液的 pH 值与离子强度不同于配胶缓冲液。该凝胶包括积层胶和分离胶两部分。当两电极间接通电流后,凝胶中形成移动界面,并带动加入凝胶的样品中的 SDS 多肽复合物向前推进。样品通过高度多孔性的积层胶后,复合物在分离胶表面聚集成一条很薄的区带(或称积层)。由于不连续缓冲系统具有把样品中的复合物全部浓缩于极小体积的能力,从而大大提高了 SDS 聚丙烯酰胺凝胶的分辨率,使蛋白依各自的大小得到分离。

▶ **试剂和器材**

(一)试剂

(1) 30％Acr‑Bis 储存液:30 g Acr,0.8 g Bis,用无离子水溶解后定容至 100 mL,不溶物过滤去除后置棕色瓶储于冰箱。

(2) Tris‑HCl/SDS,pH 值为 6.8:在 40 mL 水里加入 6.05 g Tris,0.4 g SDS,用 1 mol/L HCl 调 pH 值为 6.8,补水至 100 mL。

(3) Tris‑HCl/SDS,pH 值为 8.8:在 300 mL 水里加入 91 g Tris、2 g SDS,用 1 mol/L HCl 调 pH 值至 8.8,补水至 500 mL。

(4) 10％ 过硫酸铵(现用现配)。

(5) TEMED(商品试剂)。

(6) 2×上样缓冲液:在 40 mL 水里加入 1.52 g Tris、20 mL 甘油、2.0 g SDS、2.0 mL 2‑巯基乙醇、1 mg 溴酚蓝,用 1 mol/L HCl 调 pH 值至 6.8,加水至 100 mL。

（7）5×Tris-甘氨酸电泳缓冲液：15.1 g Tris 碱，94 g 甘氨酸（电泳级），50 mL 10% SDS，配至 1 000 mL。

（8）考马斯亮蓝染液：0.25 g 考马斯亮蓝 R250 溶于 90 mL 甲醇/水（体积比为 1∶1）和 10 mL 冰乙酸的混合液中。

（9）脱色液：水、乙酸、乙醇的体积比为 6.7∶0.8∶2.5。

（二）器材

VE180 微型垂直板电泳槽一套；EPS300 数显式稳压稳流电泳仪，移液枪（量程 100～1 000 μL），移液枪（量程 20～200 μL），移液枪（量程 1～10 μL），烧杯 100 mL（2 个）；细长头的吸管；塑料盒，微波炉。

▶ 操作方法

（一）SDS 聚丙烯酰胺凝胶的配置

（1）安装玻璃板，检查漏液情况。

（2）制备分离胶：按表 4-1 分离胶所示，依次在小烧杯中混合各成分，一旦加入 TEMED 后，凝胶马上开始聚合，故应立即混匀，迅速在两玻璃板的间隙中灌注丙烯酰胺溶液，注意流出浓缩胶所需空间，并在其上覆盖一层水或异丁醇溶液。将凝胶垂直放置于室温下。

分离胶聚合后（约 30 min），倒出覆盖层液体，用枪将残留液体吸净。

（3）制备浓缩胶：按表 4-1 浓缩胶所示，依次在小烧杯中混合各成分，一旦加入 TEMED 后，应立即混匀，迅速在分离胶上灌注浓缩胶溶液，并立即在浓缩胶溶液中插入干净的电泳梳，小心避免混入气泡。将凝胶垂直放置于室温下。

表 4-1　制备分离胶和浓缩胶

分　离　胶				
水	30%丙烯酰胺	Tris 缓冲液(pH＝8.8)	10%过硫酸铵	TEMED
2 mL	2.5 mL	1.5 mL	60 μL	10 μL
浓　缩　胶				
水	30%丙烯酰胺	Tris 缓冲液(pH＝6.8)	10%过硫酸铵	TEMED
1.8 mL	0.4 mL	0.75 mL	50 μL	10 μL

（二）上样样品的处理

分别吸取 15 μL 样品到干净的 EP 管中，再加入 5 μL 4×蛋白上样染料，混匀放到水漂上，100 ℃加热 5 min。8 000g 离心 1 min，上清上样。把未处理的样品留着，放在 −20 ℃ 冰箱中保存下次用。

对照菌体裂解：1 mL 培养液收集的菌体加入 50～100 μL 4×蛋白上样缓冲液，100 ℃ 加热 5～10 min，煮沸裂解，8 000g 离心 1 min，上清液上样。

（三）电泳

（1）浓缩胶聚合完全后（约 30 min），将凝胶固定于电泳装置上，并加入 Tris-甘氨酸电泳缓冲液，然后小心移出电泳梳。

（2）按预定顺序加样，小心缓慢加入样品，每样品加 12 μL。

（3）将电泳与电源相接，凝胶上所加电场强度为 8 V/cm，当染料前沿进入分离胶后，把电场强度提高到 15 V/cm，继续电泳直至溴酚蓝到达分离胶底部（约 1 h），然后关闭电源。

（4）将玻璃板从电泳装置上卸下，并将凝胶取出放到塑料盒里，在第一点样孔侧的凝胶上切去一角以标注凝胶的方位。

（四）考马斯亮蓝快速染色、脱色

先用蒸馏水漂洗 1 次，加蒸馏水没过凝胶，微波炉加热至微沸；把水倒掉，加考马斯亮蓝快速染色液，微波炉加热至微沸，染料回收，用水漂洗浮色，再加蒸馏水没过凝胶，微波炉加热至微沸脱色，直到蛋白区带清晰。

（五）拍照分析

将脱色条带清晰的凝胶放到凝胶成像仪里，拍照并分析蛋白质的诱导、表达、分离、纯化的情况，见图 4-4。

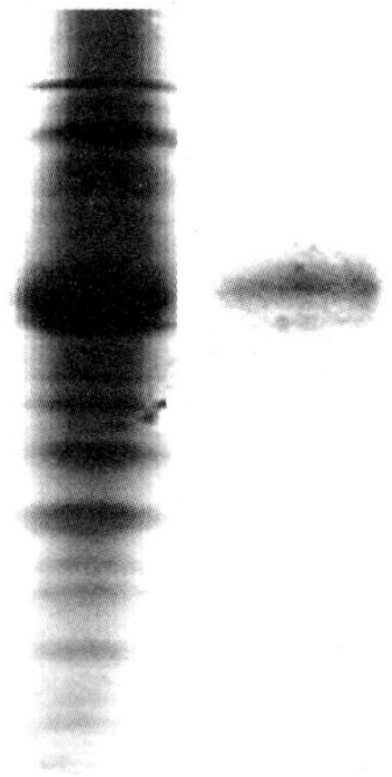

图 4-4 目标蛋白分离纯化图谱

第三部分 T5 核酸外切酶活性测定

▶ **目的要求**

（1）了解琼脂糖凝胶电泳实验原理。

（2）了解核酸外切酶的作用原理。

▶ **实验原理**

T5 外切酶沿着 5′ 到 3′ 的方向降解 DNA。T5 外切酶能够启动核苷酸从 5′ 端或在线性或圆形 dsDNA 的间隙和刻痕处移除。然而，这种酶不能降解超螺旋的 dsDNA。

T5 外切酶也具有 ssDNA 内切酶活性。

▶ **试剂和器材**

（一）试剂

（1）10×反应缓冲液商品试剂；

（2）底物双链 DNA（阳性克隆鉴定时菌液 PCR 产物）；

（3）5×反应终止液商品试剂；

（4）商品级 T5 核酸酶，自制 T5 核酸酶；

（5）4S Green PLUS 染料、0.5×TBE、DNA 相对分子质量标准品；

（6）琼脂糖。

（二）器材

EPS300 数显式稳压稳流电泳仪，水平电泳槽 HE-90，台式高速离心机，37 ℃金属浴，移液枪,微波炉,天能凝胶成像系统套。

▶ **操作方法**

(一)反应体系

在 PCR 管中配制 20 μL 反应体系(用 PCR 管,每组 6 个反应):

10×反应缓冲液:2 μL

底物:5 μL

自制 T5 核酸外切酶:0、0.2、0.5、1、2 μL;商品酶 1 μL。

加无菌水补足,使每个反应管总体积为 20 μL。

放到 37 ℃ 金属浴保温 10 min。保温时间结束,每个管中加入 5 μL 5×反应终止液,混匀终止反应。

(二)电泳鉴定、拍照分析

配制 1% 的琼脂糖凝胶含核酸染料,分别吸取 15 μL 上述反应管的溶液上样,接通电泳仪恒压 120 V,当溴酚蓝条带前沿走到胶面一半时停止电泳,用凝胶成像仪观察拍照。

实验三十九　天然产物中多糖的提取、纯化与鉴定

第一部分　多糖的提取、纯化

▶ **目的要求**

了解多糖提取和纯化的一般方法。

▶ **实验原理**

多糖类物质是除蛋白质和核酸之外的又一类重要的生物大分子。早在 20 世纪 60 年代,人们就发现多糖复杂的生物活性和功能。它可以调节免疫功能,促进蛋白质和核酸的生物合成,调节细胞的生长,提高生物体的免疫力,具有抗肿瘤、抗疡和抗艾滋病(AIDS)等功效。

由于高等真菌多糖主要是细胞壁多糖,多糖组分主要存在于其形成的小纤维网状结构交织的基质中,利用多糖溶于水而不溶于醇等有机溶剂的特点,通常采用热水浸提后用酒精沉淀的方法,对多糖进行提取。影响多糖提取率的因素很多,如浸提温度、时间、加水量,以及脱除杂质的方法。

多糖的纯化,就是将存在于粗多糖中的杂质去除而获得单一的多糖组分。一般是先脱除非多糖组分,再对多糖组分进行分级。常用的去除多糖中蛋白质的方法有 Sevag 法、三氟三氯乙烷法、三氯醋酸法,这些方法的原理是使多糖不沉淀而使蛋白质沉淀,其中 Sevag 方法脱蛋白效果较好,它是用氯仿与戊醇(或丁醇),以体积比为 4:1 混合,加到样品中振摇,使样品中的蛋白质变性成不溶状态,用离心法除去。

本实验采用谢瓦格抽提法(氯仿与正丁醇体积比为 4:1 混合摇匀)进行脱蛋白,用 DEAE 琼脂糖凝胶层析柱进行纯化,然后合并多糖高峰部分,浓缩后透析,冻干,得多糖级分。

▶ **试剂和器材**

（一）试剂

平衡缓冲溶液：0.01 mol/L Tris-HCL，pH 值为 7.2。

洗脱液：A，0.1 mol NaCl，0.01 mol Tris-HCl pH 值为 7.2；B，0.5 mol NaCl，0.01 mol Tris-HCl pH 值为 7.2。

氯仿、正丁醇、乙醇（95%）等，均为分析纯。

（二）材料

灰树花子实体。

（三）器材

快流速 DEAE 琼脂糖凝胶，旋转真空蒸发仪，摇床，离心机，层析柱内径 26 mm×长度 10 cm。

▶ **操作方法**

（一）粗多糖的提取

将多糖子实体切碎烘干后称量，采用热水浸提法，每次原料和水之比均为 1∶5(w/v)，浸提温度为 70～80 ℃，浸提时间 3～5 h，共提取 4 次，合并 4 次浸提液。真空旋转蒸发浓缩，浓缩体积至原来的一半。对多糖提取液需进行脱色处理，即以 1% 的比例加入活性炭，搅拌均匀 15 min 后过滤即可。在浓缩液中加入 3 倍体积的乙醇搅拌，沉淀为多糖和蛋白质的混合物，此为粗多糖。它只是一种多糖的混合物，其中可能存在中性多糖、酸性多糖、单糖、低聚糖、蛋白质和无机盐，必须进一步分离纯化。

（二）粗多糖的纯化

粗多糖溶液加入谢瓦格抽提试剂（氯仿与正丁醇体积比为 3∶1 混合摇匀）后，置恒温振荡器中振荡过夜，使蛋白质充分沉淀，离心（3 000 r/min）分离，去除蛋白质，然后浓缩、透析，加入 4 倍体积的乙醇沉淀多糖，将沉淀冻干。

取样品 0.1 g 溶于 10 mL 0.01 mol/L Tris-HCL，pH 值为 7.2 的平衡缓冲液中。上样，用 Buffer A（0.1 mol NaCl，0.01 mol Tris-HCl、pH 值为 7.2），以及 Buffer B（0.5 mol NaCl，0.01 mol Tris-HCl、pH 值为 7.2）进行线性洗脱，分部收集。各管用硫酸苯酚法检测多糖。合并多糖高峰部分，浓缩后透析、冻干，即得多糖级分。

第二部分　多糖的鉴定

▶ **目的要求**

（1）了解薄层层析法分析单糖组分的原理和方法。

（2）了解红外光光谱法鉴定多糖的原理和方法。

▶ **实验原理**

采用薄层层析法分析单糖组分。薄层层析显色后，比较多糖水解所得单糖斑点的颜色和 R_f 与不同单糖标样参考斑点的颜色和 R_f，确定样品多糖的单糖组分。

多糖的分析鉴定一般借助于气相色谱（GC）、高效液相色谱（HPLC）、红外光光谱（IR）和紫外光光谱(UV)等技术,气相(液相)色谱-质谱(GC/HPLC－MS)联用技术成为分析多糖更为有效的手段。

本实验利用红外光光谱对多糖进行鉴定。多糖类物质的官能团在红外光光谱图上表现为相应的特征吸收峰,可以根据其特征吸收来鉴定糖类物质。O—H 的吸收峰在 $3\,650\sim3\,590\ cm^{-1}$,C—H 的Ⅰ伸缩振动的吸收峰在 $2\,962\sim2\,853\ cm^{-1}$,C=O 的振动峰为 $1\,510\sim1\,670\ cm^{-1}$ 之间的吸收峰,C—H 的弯曲振动吸收峰为 $1\,485\sim1\,445\ cm^{-1}$,吡喃环结构的 C—O 的吸收峰为 $1\,090\ cm^{-1}$。

▶ **试剂和器材**

(一)试剂

浓硫酸,氢氧化钡。

展开剂、正丁醇、乙酸乙酯、异丙醇、醋酸、乙醇、水、吡啶的体积比为 7：20：12：7：6：6。

显色剂:1,3-二羟基萘硫酸溶液(0.2% 1,3-二羟基萘乙醇溶液)与浓硫酸的体积比为 1：0.04。

单糖标准品。

(二)器材

沸水浴锅,玻璃板,傅里叶变换红外光光谱。

▶ **操作方法**

(一)单糖组分分析

(1)薄层板制备:称取硅胶 5 g 于 50 mL 烧杯中,加入 12 mL 0.3 mol/L 磷酸二氢钠水溶,用玻璃棒慢慢搅拌至硅胶分散均匀,铺在玻璃板上(7.5 cm×10 cm),110 ℃活化 1 h。即置于有干燥剂的干燥箱中备用。

(2)点样:称取少许多糖(0.1 g)于 2.0 mL 离心管中,加入 1 mol/L 的硫酸 1 mL,沸水浴水解 2 h,然后加氢氧化钡中和至中性,过滤除去硫酸钡沉淀,得多糖水解澄清液。以此水解液和单糖标准品进行点样与薄层层析展开。用点样器点样于薄层板上,一般为圆点,点样基线距底边 2.0 cm,点样直径为 2～4 mm,点间距离为 1.5～2.0 cm,点间距离可视斑点扩散情况以不影响检出为宜。点样时必须注意勿损伤薄层表面。

(3)展开:展开室如需预先用展开剂饱和,将点好样品的薄层板放入展开室的展开剂中,浸入展开剂的深度为距薄层板底边 0.5～1.0 cm(切勿将样点浸入展开剂中),密封室盖,等展开至规定距离(一般为 10～15 cm),取出薄层板,晾干。

(4)显色:将展开晾干后的薄板再在 100 ℃烘箱内烘烤 30 min,将显色剂均匀地喷洒在薄板上,此板在 110 ℃下烘烤 10 min 即可显色。

薄层显色后,将样品图谱与标准样图谱进行比较,参考斑点颜色、相对位置及 R_f,确定样品中糖的种类。

(二)红外光谱在多糖分析上的应用

将冻干后的样品用 KBr 压片,在 $4\,000\sim400\ cm^{-1}$ 区间内进行红外光光谱扫描,有如下的多糖特征吸收峰: $3\,401\ cm^{-1}$(O—H), $2\,919\ cm^{-1}$(C—H), $1\,381\ cm^{-1}$ 及 $1\,076\ cm^{-1}$

（C—O）。在 900 cm^{-1} 处的吸收峰说明该多糖以 β - 糖苷键连接。在 N—H 变角振动区
1 650～1 550 cm^{-1} 处有明显的蛋白质吸收峰,表明该样品是多糖蛋白质复合物,如图 4 - 5
所示。

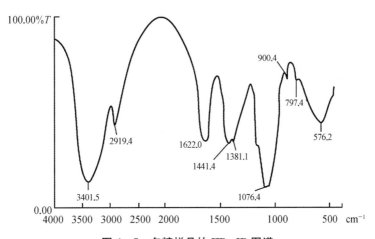

图 4 - 5　多糖样品的 FT - IR 图谱

附　　录

附录一　常用缓冲液的配制方法

1. 甘氨酸-盐酸缓冲液(0.05 mol/L)

X mL 0.2 mol/L 甘氨酸+Y mL 0.2 mol/L HCl,再加水稀释至 200 mL。

pH 值	X	Y	pH 值	X	Y
2.0	50	44.0	3.0	50	11.4
2.4	50	32.4	3.2	50	8.2
2.6	50	24.2	3.4	50	6.4
2.8	50	16.8	3.6	50	5.0

注：甘氨酸相对分子质量为 75.07；0.2 mol/L 甘氨酸溶液浓度为 15.01 g/L。

2. 邻苯二甲酸-盐酸缓冲液(0.05 mol/L)

X mL 0.2 mol/L 邻苯二甲酸氢钾+Y mL 0.2 mol/L HCl,再加水稀释到 20 mL。

pH 值(20 ℃)	X	Y	pH 值(20 ℃)	X	Y
2.2	5	4.070	3.2	5	1.470
2.4	5	3.960	3.4	5	0.990
2.6	5	3.295	3.6	5	0.597
2.8	5	2.642	3.8	5	0.263
3.0	5	2.022			

注：邻苯二甲酸氢钾相对分子质量为 204.23；0.2 mol/L 邻苯二甲酸氢溶液浓度为 40.85 g/L。

3. 磷酸氢二钠-柠檬酸缓冲液

pH 值	0.2 mol/L Na₂HPO₄ 体积/mL	0.1 mol/L 柠檬酸 体积/mL	pH 值	0.2 mol/L Na₂HPO₄ 体积/mL	0.1 mol/L 柠檬酸 体积/mL
2.2	0.40	10.60	5.2	10.72	9.28
2.4	1.24	18.76	5.4	11.15	8.85
2.6	2.18	17.82	5.6	11.60	8.40
2.8	3.17	16.83	5.8	12.09	7.91
3.0	4.11	15.89	6.0	12.63	7.37
3.2	4.94	15.06	6.2	13.22	6.78
3.4	5.70	14.30	6.4	13.85	6.15
3.6	6.44	13.56	6.6	14.55	5.45
3.8	7.10	12.90	6.8	15.45	4.55
4.0	7.71	12.29	7.0	16.47	3.53
4.2	8.28	11.72	7.2	17.39	2.61
4.4	8.82	11.18	7.4	18.17	1.83
4.6	9.35	10.65	7.6	18.73	1.27
4.8	9.86	10.14	7.8	19.15	0.85
5.0	10.30	9.70	8.0	19.45	0.55

注：Na_2HPO_4 相对分子质量为 14.98；0.2 mol/L 溶液浓度为 28.40 g/L。

　　$Na_2HPO_4 - 2H_2O$ 相对分子质量为 178.05；0.2 mol/L 溶液浓度为 35.61 g/L。

　　$C_4H_2O_7 \cdot H_2O$ 相对分子质量为 210.14；0.1 mol/L 溶液浓度为 21.01 g/L。

4. 柠檬酸-氢氧化钠-盐酸缓冲液

pH 值	钠离子浓度/ (mol/L)	柠檬酸/ ($C_6H_8O_7 \cdot H_2O$)质量/g	氢氧化钠 (NaOH 97%) 质量/g	盐酸 HCl(浓) 体积/mL	最终体积/L
2.2	0.20	210	84	160	10
3.1	0.20	210	83	116	10
3.3	0.20	210	83	106	10

(续表)

pH 值	钠离子浓度/(mol/L)	柠檬酸/($C_6H_8O_7 \cdot H_2O$)质量/g	氢氧化钠(NaOH 97%)质量/g	盐酸 HCl(浓)体积/mL	最终体积/L
4.3	0.20	210	83	45	10
5.3	0.35	245	144	68	10
5.8	0.45	285	186	105	10
6.5	0.38	266	156	126	10

注：使用时可以每升中加入 1 g 酚，若最后 pH 值有变化，再用少量 50% 氢氧化钠溶液或浓盐酸调节，冰箱保存。

5. 柠檬酸-柠檬酸钠缓冲液(0.1 mol/L)

pH 值	0.1 mol/L 柠檬酸体积/mL	0.1 mol/L 柠檬酸钠体积/mL	pH 值	0.1 mol/L 柠檬酸体积/mL	0.1 mol/L 柠檬酸钠体积/mL
3.0	18.6	1.4	5.0	8.2	11.8
3.2	17.2	2.8	5.2	7.3	12.7
3.4	16.0	4.0	5.4	6.4	13.6
3.6	14.9	5.1	5.6	5.5	14.5
3.8	14.0	6.0	5.8	4.7	15.3
4.0	13.1	6.9	6.0	3.8	16.2
4.2	12.3	7.7	6.2	2.8	17.2
4.4	11.4	8.6	6.4	2.0	18.0
4.6	10.3	9.7	6.6	1.4	18.6
4.8	9.2	10.8			

注：柠檬酸 $C_6H_8O_7 \cdot H_2O$,相对分子质量为 210.14,0.1 mol/L 溶液浓度为 21.01 g/L;柠檬酸钠 $Na_3C_6H_5O_7 \cdot 2H_2O$,相对分子质量为 294.12,0.1 mol/L 溶液浓度为 29.41 g/L。

6. 乙酸-乙酸钠缓冲液(0.2 mol/L)

pH 值(18 ℃)	0.2 mol/L NaAc 体积/mL	0.3 mol/L HAc 体积/mL	pH 值(18 ℃)	0.2 mol/L NaAc 体积/mL	0.3 mol/L HAc 体积/mL
2.6	0.75	9.25	4.0	1.80	8.20
3.8	1.20	8.80	4.2	2.65	7.35

pH 值 (18 ℃)	0.2 mol/L NaAc 体积/mL	0.3 mol/L HAc 体积/mL	pH 值 (18 ℃)	0.2 mol/L NaAc 体积/mL	0.3 mol/L HAc 体积/mL
4.4	3.70	6.30	5.2	7.90	2.10
4.6	4.90	5.10	5.4	8.60	1.40
4.8	5.90	4.10	5.6	9.10	0.90
5.0	7.00	3.00	5.8	9.40	0.60

注：$Na_2Ac \cdot 3H_2O$ 相对分子质量为 136.09；0.2 mol/L 溶液浓度为 27.22 g/L。

7. 磷酸盐缓冲液

（1）磷酸氢二钠-磷酸二氢钠缓冲液（0.2 mol/L）：

pH 值	0.2 mol/L Na_2HPO_4 体积/mL	0.3 mol/L NaH_2PO_4 体积/mL	pH 值	0.2 mol/L Na_2HPO_4 体积/mL	0.3 mol/L NaH_2PO_4 体积/mL
5.8	8.0	92.0	7.0	61.0	39.0
5.9	10.0	90.0	7.1	67.0	33.0
6.0	12.3	87.7	7.2	72.0	28.0
6.1	15.0	85.0	7.3	77.0	23.0
6.2	18.5	81.5	7.4	81.0	19.0
6.3	22.5	77.5	7.5	84.0	16.0
6.4	26.5	73.5	7.6	87.0	13.0
6.5	31.5	68.5	7.7	89.5	10.5
6.6	37.5	62.5	7.8	91.5	8.5
6.7	43.5	56.5	7.9	93.0	7.0
6.8	49.5	51.0	8.0	94.7	5.3
6.9	55.0	45.0			

注：$Na_2HPO_4 \cdot 2H_2O$ 相对分子质量为 178.05；0.2 mol/L 溶液浓度为 85.61 g/L。

　　$Na_2HPO_4 \cdot 2H_2O$ 相对分子质量为 358.22；0.2 mol/L 溶液浓度为 71.64 g/L。

　　$Na_2HPO_4 \cdot 2H_2O$ 相对分子质量为 156.03；0.2 mol/L 溶液浓度为 31.21 g/L。

（2）磷酸氢二钠-磷酸二氢钾缓冲液（1/15 mol/L）：

pH 值	1/15 mol/L Na$_2$HPO$_4$ 体积/mL	1/15 mol/L KH$_2$PO$_4$ 体积/mL	pH 值	1/15 mol/L Na$_2$HPO$_4$ 体积/mL	1/15 mol/L KH$_2$PO$_4$ 体积/mL
4.92	0.10	9.90	7.17	7.00	3.00
5.29	0.50	9.50	7.38	8.00	2.00
5.91	1.00	9.00	7.73	9.00	1.00
6.24	2.00	8.00	8.04	9.50	0.50
6.47	3.00	7.00	8.34	9.75	0.25
6.64	4.00	6.00	8.67	9.90	0.10
6.81	5.00	5.00	8.18	10.00	0
6.98	6.00	4.00			

注：Na$_2$HPO$_4$·2H$_2$O 相对分子质量为 178.05；1/15 mol/L 溶液浓度为 11.876 g/L。

　　KH$_2$PO$_4$ 相对分子质量为 136.09；1/15 mol/L 溶液浓度为 9.078 g/L。

8. 磷酸二氢钾-氢氧化钠缓冲液（0.05 mol/L）

X mL 0.2 mol/L K$_2$PO$_4$＋Y mL 0.2 mol/L NaOH 加水稀释至 20 mL。

pH 值 (20 ℃)	X	Y	pH 值 (20 ℃)	X	Y
5.8	5	0.372	7.0	5	2.963
6.0	5	0.570	7.2	5	3.500
6.2	5	0.860	7.4	5	3.950
6.4	5	1.260	7.6	5	4.280
6.6	5	1.780	7.8	5	4.520
6.8	5	2.365	8.0	5	4.680

9. 巴比妥钠-盐酸缓冲液(18℃)

pH 值	0.04 mol/L 巴比妥钠溶液体积/mL	0.2 mol/L 盐酸体积/mL	pH 值	0.04 mol/L 巴比妥钠溶液体积/mL	0.2 mol/L 盐酸体积/mL
6.8	100	18.4	8.4	100	5.21
7.0	100	17.8	8.6	100	3.82
7.2	100	16.7	8.8	100	2.52
7.4	100	15.3	9.0	100	1.65
7.6	100	13.4	9.2	100	1.13
7.8	100	11.47	9.4	100	0.70
8.0	100	9.39	9.6	100	0.35
8.2	100	7.21		100	

注：巴比妥钠盐相对分子质量为 206.18；0.04 mol/L 溶液浓度为 8.25 g/L。

10. Tris-盐酸缓冲液(0.05 mol/L,25℃)

50 mL 0.1 mol/L 三羟甲基氨基甲烷(Tris)溶液与 X mL 0.1 mol/L 盐酸混匀后,加水稀释至 100 mL。

pH 值	X	pH 值	X
7.10	45.7	8.10	26.2
7.20	44.7	8.20	22.9
7.30	43.4	8.30	19.9
7.40	42.0	8.40	17.2
7.50	40.3	8.50	14.7
7.60	38.5	8.60	12.4
7.70	36.6	8.70	10.3
7.80	34.5	8.80	8.5
7.90	32.0	8.90	7.0
8.00	29.2		

注：三羟甲基氨基甲烷(Tris)相对分子质量为 121.14；0.1 mol/L 溶液浓度为 12.114 g/L。Tris 溶液可从空气中吸收二氧化碳,使用时注意将瓶盖严。

11. 硼酸-硼砂缓冲液(0.2 mol/L 硼酸根)

pH 值	0.05 mol/L 硼砂体积/mL	0.2 mol/L 硼砂体积/mL	pH 值	0.05 mol/L 硼砂体积/mL	0.2 mol/L 硼砂体积/mL
7.4	1.0	9.0	8.2	3.5	6.5
7.6	1.5	8.5	8.4	4.5	5.5
7.8	2.0	8.0	8.7	6.0	4.0
8.0	3.0	7.0	9.0	8.0	2.0

注：硼砂 $Na_2B_4O_7 \cdot H_2O$,相对分子质量为 381.43;0.05 mol/L 溶液(即含 0.2 mol/L 硼酸根)浓度为 19.07 g/L。
硼酸 H_2BO_3,相对分子质量为 61.84;0.2 mol/L 溶液浓度为 12.37 g/L。
硼砂易失去结晶水,必须在带塞的瓶中保存。

12. 甘氨酸-氢氧化钠缓冲液(0.05 mol/L)

X mL 0.2 mol/L 甘氨酸+Y mL 0.2 mol/L 氢氧化钠加水稀释至 200 mL。

pH 值	X	Y	pH 值	X	Y
8.6	50	4.0	9.6	50	22.4
8.8	50	6.0	9.8	50	27.2
9.0	50	8.8	10.0	50	32.0
9.2	50	12.0	10.4	50	38.6
9.4	50	16.8	10.6	50	45.5

注：甘氨酸相对分子质量为 75.07;0.2 mol/L 溶液浓度为 15.01 g/L。

13. 硼砂-氢氧化钠缓冲液(0.05 mol/L 硼酸根)

X mL 0.05 mol/L 硼砂+Y mL 0.2 mol/L NaOH 加水稀释至 200 mL。

pH 值	X	Y	pH 值	X	Y
9.3	50	6.0	9.8	50	34.0
9.4	50	11.0	10.0	50	43.0
9.6	50	23.0	10.1	50	46.0

注：硼砂 $Na_2B_4O_7 \cdot 10H_2O$ 相对分子质量为 381.43;0.05 mol/L 溶液浓度为 19.07 g/L。

14. 碳酸钠-碳酸氢钠缓冲液(0.1 mol/L)

Ca^{2+}、Mg^{2+}存在时不得使用。

pH 值		0.1 mol/L Na_2CO_3 体积/mL	0.1 mol/L N_2HCO_3 体积/mL
20 ℃	37 ℃		
9.16	8.77	1	9
9.40	9.12	2	8
9.51	9.40	3	7
9.78	9.50	4	6
9.90	9.72	5	5
10.14	9.90	6	4
10.28	10.08	7	3
10.53	10.28	8	2
10.83	10.57	9	1

注：$Na_2CO_2 \cdot 10H_2O$ 相对分子质量为 286.2；0.1 mol/L 溶液浓度为 28.62 g/L。

N_2HCO_3 相对分子质量为 84.0；0.1 mol/L 溶液浓度为 8.40 g/L。

附录二　酸、碱、盐及有机溶剂的基本数据

1. 常用酸及碱的性质

名　称	分子式	相对分子质量	密度(20 ℃)/ $(g \cdot cm^{-3})$	质量分数/%	配制 1 mol/L 溶液的加入体积/质量 (mL 或 g/L)
冰乙酸	CH_3COOH	60.05	1.05	99.5	57.5
乙酸			1.045	36	159.5
甲酸	HCOOH	46.03	1.22	90	42.4
				98	38.5
盐酸	HCl	36.46	1.18	36	85.9
硝酸	HNO_3	63.02	1.42	71	62.5
			1.40	67	67.1

(续表)

名　称	分子式	相对分子质量	密度(20 ℃)/ (g·cm⁻³)	质量分数/%	配制 1 mol/L 溶液的 加入体积/质量 (mL 或 g/L)
			1.37	61	75.2
正磷酸	H_3PO_4	98.00	1.7	85	67.8
硫酸	H_2SO_4	98.07	1.84	96	54.5
高氯酸	$HClO_4$	100.5	1.67	70	85.8
			1.54	60	108.7
氨水	NH_4OH	17.03	0.91	25	75.1
			0.88	35	55.2
氢氧化钠	NaOH	56.10	固体		56.10
氢氧化钾	KOH	40.00	固体		40.00

2. 常用盐的性质

名　称	分　子　式	相对分子质量	溶解度/(g·(100 mL)⁻¹水)	
			冷	热
醋酸铵	CH_3COONH_4	77.08	148(4 ℃)	分　解
氯化铵	NH_4Cl	53.49	29.7(0 ℃)	75.8(100 ℃)
硝酸铵	NH_4NO_3	80.04	118.3(0 ℃)	871(100 ℃)
硫酸铵	$(NH_4)_2SO_4$	132.13	70.6(0 ℃)	103.8(100 ℃)
氯化钙	$CaCl_2 \cdot 2H_2O$	147.02	97.7(0 ℃)	326(60 ℃)
	$CaCl_2 \cdot 6H_2O$	219.08	279(0 ℃)	536(20 ℃)
次氯化钙	$Ca(HOCl)_2$	142.99	溶	溶
氯化锂	LiCl	42.39	63.7(0 ℃)	130(95 ℃)
醋酸镁	$(CH_3COO)_2Mg \cdot 4H_2O$	214.4	120(15 ℃)	极易溶
氯化镁	$MgCl_2 \cdot 6H_2O$	203.3	167(0 ℃)	367(100 ℃)
硝酸镁	$Mg(NO_3)_2 \cdot 6H_2O$	256.41	125(0 ℃)	极易溶
硫酸镁	$MgSO_4 \cdot 7H_2O$	246.47	71(20 ℃)	91(40 ℃)

（续表）

名　称	分　子　式	相对分子质量	溶解度/(g·(100 mL)$^{-1}$水)	
			冷	热
氯化锰	$MnCl \cdot 4H_2O$	197.9	151(8 ℃)	656(100 ℃)
硫酸锰	$MnSO_4 \cdot 7H_2O$	223.06	172	—
醋酸钾	CH_3COOK	98.14	253(20 ℃)	492(62 ℃)
氯化钾	KCl	74.55	34.7(20 ℃)	56.7(100 ℃)
碘化钾	KI	166.00	127.5(0 ℃)	208(100 ℃)
硝酸钾	KNO_3	101.1	13.3(0 ℃)	247(100 ℃)
高锰酸钾	$KMnO_4$	158.03	6.4(20 ℃)	25(65 ℃)
硫酸钾	K_2SO_4	174.52	12(25 ℃)	24.1(100 ℃)
氯化钠	$NaCl$	58.44	35.7(0 ℃)	39.1(100 ℃)
焦亚硫酸钠	$Na_2S_2O_5$	190.1	54(20 ℃)	81.7(100 ℃)
硝酸钠	$NaNO_3$	84.99	92.1(25 ℃)	180(100 ℃)
亚硝酸钠	$NaNO_2$	69.0	81.5(15 ℃)	163(100 ℃)
水杨酸钠	$C_6H_4(OH) \cdot COONa$	160.1	111(15 ℃)	125(25 ℃)
琥珀酸钠	$(CH_3COONa)_2 \cdot 6H_2O$	270.14	21.5(0 ℃)	86.6(75 ℃)
硫酸钠	Na_2SO_4	142.04	4.7(0 ℃)	42.7(100 ℃)
	$Na_2SO_4 \cdot 10H_2O$	322.19	11(0 ℃)	92.7(30 ℃)
氯化锌	$ZnCl_2$	136.29	423(25 ℃)	615(100 ℃)
硫酸锌	$ZnSO_4 \cdot 7H_2O$	287.54	96.5(20 ℃)	663.6(100 ℃)

3. 常用有机溶剂的性质

名　　称	相对分子质量	熔点/℃	沸点/℃	闪点/℃	密度/(g·cm^{-3})	溶　解　性
丙酮(acetone)	58.08	—94	56.5	—18	0.788	与水、醇、醚等混溶
苯(benzene)	78.11	5.5	80.1	—11	0.878	微溶于水,与醚、丙酮、苯、氯仿等混溶

（续表）

名　　称	相对分子质量	熔点/℃	沸点/℃	闪点/℃	密度/(g·cm⁻³)	溶　解　性
正丁醇(n-butanol)	74.1	−89	118	29	0.81	溶于水,与醇、醚等混溶
氯仿(chloroform)	119.4	−63	61	—	1.48	微溶于水,与醇、醚及有机溶剂混溶
二甲基亚砜(dimethyl sulfoxide，DMSO)	78.1	18	190	95	1.10	易溶于水、醚、丙酮及氯仿等
乙醇(ethanol)	46.1	−117	78	13	0.8	易溶于水及多种有机溶剂
乙醚(ether)	74.12		34.6	−40	0.714	微溶于水,易溶于多种有机溶剂
甲醛(formaldehyde)	30.0	—	96	49	1.08	溶于水及醇
甲酰胺(formamide)	45.1	2.5	210	154	1.13	溶于水及醇
甘油(glycerol)	92.1	18	290	160	1.26	溶于水及醇,不溶于醚、氯仿及酚
异戊醇(isoamyl alcohol)	88.2	−117	130	45	0.81	微溶于水,能溶于醇、醚、苯、氯仿、冰醋酸和油
异丙醇(isopropanol)	60.1	−89.5	82.4	22	0.79	与水、醇、氯仿混溶
甲醇(methanol)	32.04	−97.8	64	12	0.81	能溶于水、醇、醚等
酚(phenol)	94.1	41	182	80	1.07	溶于水、酒精、醚、氯仿、甘油及石油
甲苯(toluene)	92.13	−95	110.6	4.4	0.866	微溶于水,能与醇、醚及氯仿等混合
二甲苯(xylene)	106.16		137～140	29	0.86	不溶于水,溶于醇及醚
吡啶(pyridine)	79.10		115～116	23	0.98	溶于水、醚、醇、苯、石油及脂肪酸

注：除苯与异戊醇为15℃时的密度外,其他均为20℃的密度。

附录三　硫酸铵饱和度的常用表

1. 调整硫酸铵溶液饱和度计算表(25 ℃)

硫酸铵初浓度/%饱和度	调整硫酸铵终浓度/%饱和度																
	10	20	25	30	33	35	40	45	50	55	60	65	70	75	80	90	100
	1 L 溶液加固体硫酸铵的质量/g①																
0	56	114	144	176	196	209	243	277	313	351	390	430	472	516	561	662	767
10		57	86	118	137	150	183	216	251	288	326	365	406	449	494	592	694
20			29	59	78	91	123	155	190	225	262	300	340	382	424	520	619
25				30	49	61	93	125	158	193	230	267	307	348	390	485	583
30					19	30	62	94	127	162	198	235	273	314	356	449	546
33						12	43	74	107	142	177	214	252	292	333	426	522
35							31	63	94	129	164	200	238	178	319	411	506
40								31	63	97	132	168	205	245	285	375	469
45									32	65	99	134	171	210	250	339	431
50										33	66	101	137	176	214	302	392
55											33	67	103	141	179	264	353
60												34	69	105	143	227	314
65													34	70	107	190	275
70														35	72	153	237
75															36	115	198
80																77	157
90																	79

注：① 在 25 ℃下,硫酸铵溶液由初浓度调到终浓度时,1 L 溶液所加固体硫酸铵的质量(g)。

2. 调整硫酸铵溶液饱和度计算表(0 ℃)

	在 0 ℃硫酸铵终浓度/%饱和度																
	20	25	30	35	40	45	50	55	60	65	70	75	80	85	90	95	100

(续表)

硫酸铵初浓度/%饱和度

100 mL溶液加固体硫酸铵的质量/g①																	
0	10.6	13.4	16.4	19.4	22.6	25.8	29.1	32.6	36.1	39.8	43.6	47.6	51.6	55.9	60.3	65.0	69.7
5	7.9	10.8	13.7	16.6	19.7	22.9	26.2	29.6	33.1	36.8	40.5	44.4	48.4	52.6	57.0	61.5	66.2
10	5.3	8.1	10.9	13.9	16.9	20.0	23.3	26.6	30.1	33.7	37.4	41.2	45.2	49.3	53.6	58.1	62.7
15	2.6	5.4	8.2	11.1	14.1	17.2	20.4	23.7	27.1	30.6	34.3	38.1	42.0	45.0	50.3	54.7	59.2
20	0	2.7	5.5	8.3	11.3	14.3	17.5	20.7	24.1	27.6	31.2	34.9	38.7	42.7	46.9	51.2	55.7
25		0	2.7	5.6	8.4	11.5	14.6	17.9	21.1	24.5	28.0	31.7	35.5	39.5	43.6	47.8	52.2
30			0	2.8	5.6	8.6	11.7	14.8	18.1	21.4	24.9	28.5	32.3	36.2	40.2	44.5	48.8
35				0	2.8	5.7	8.7	11.8	15.1	18.4	21.8	25.4	29.1	32.9	36.9	41.0	45.3
40					0	2.9	5.8	8.9	12.0	15.3	18.7	22.2	25.8	29.6	33.5	37.6	41.8
45						0	2.9	5.9	9.0	12.3	15.5	19.0	22.6	26.3	30.2	34.2	38.3
50							0	3.0	6.0	9.2	12.5	15.9	19.4	23.0	26.8	30.8	34.8
55								0	3.1	6.2	9.5	12.9	16.4	19.7	23.5	27.3	31.3
60									0	3.1	6.3	9.7	13.2	16.8	20.1	23.1	27.9
65										0	3.1	6.3	9.7	132	16.8	20.5	24.4
70											0	3.2	6.5	9.9	13.4	17.1	20.9
75												0	3.2	6.6	10.1	13.7	17.4
80													0	3.3	6.7	10.3	13.9
85														0	3.4	6.8	10.5
90															0	3.4	7.0
95																0	3.5
100																	0

注：① 在 0 ℃下,硫酸铵溶液由初浓度调到终浓度时,100 mL溶液所加固体硫酸铵的质量。

附录四　常见蛋白质相对分子质量参考表

单位：D

蛋　　　白　　　质	相对分子质量
肌球蛋白［myosin］	220 000
甲状腺球蛋白［thyroglobulin］	165 000
β-半乳糖苷酶［β-galactosidase］	130 000
副肌球蛋白［paramyosin］	100 000
磷酸化酶 a［phosphorylase a］	94 000
血清白蛋白［serum albumin］	68 000
L-氨基酸氧化酶［L-amino acid oxidase］	63 000
地氧化氢酶［catalase］	60 000
丙酮酸激活酶［pyruvate kinase］	57 000
谷氨酸脱氢酶［glutamate dehydrogenase］	53 000
亮氨酸氨肽酶［glutamae dehydrogenase］	53 000
γ-球蛋白，H 链［γ-globulin，H chain］	50 000
延胡索酸酶（反丁烯二酸酶）［fumarase］	49 000
卵白蛋白［ovalbumin］	43 000
醇脱氢酶（肝）［alcohol dehydrogenase (liver)］	41 000
烯醇酶［enolase］	41 000
醛缩酶［aldolase］	40 000
肌酸激酶［creatine kinase］	40 000
胃蛋白酶原［pepsinogen］	40 000
D-氨基酸氧化酶［D-amino acid oxidase］	37 000
醇脱氢酶（酵母）［alcohol dehydrogenase (yeast)］	37 000
甘油醛磷酸脱氢酶［dlyceraldehyde phosphate dehydrogenase］	36 000

（续表）

蛋　白　质	相对分子质量
原肌球蛋白［tropomyosin］	36 000
乳酸脱氢酶［lactate dehydrgenase］	36 000
胃蛋白酶［pepsin］	35 000
转磷酸核糖基酶［phosphoribosyl transferase］	35 000
天冬氨酸氨甲酰转移酶，C 链［aspertate transcarbamylase，C chain］	34 000
羧肽酶 A［carboxypeptidase A］	34 000
碳酸酐酶［carbonic anhydrase］	29 000
枯草杆菌蛋白酶［subtilisin］	27 600
γ-球蛋白，L 链［γ-blobulin，L chain］	23 500
糜蛋白酶原（胰凝乳蛋白酶原）［chymotrypsinogen］	25 700
胰蛋白酶［trypsin］	23 300
木瓜蛋白酶（羧甲基）［papain（carboxymethyl）］	23 000
β-乳球蛋白［β- lactoglobulin］	18 400
烟草花叶病毒外壳蛋白（TWV 外壳蛋白）［TWV coat protein］	17 500
肌红蛋白［myoglobin］	17 200
天门冬氨酸氨甲酰转移酶，R 链［aspartate transcarbamylase，R chain］	17 000
血红蛋白［h(a)emoglobin］	15 500
Qβ 外壳蛋白［Qβ coat protein］	15 000
溶菌酶［lysozyme］	14 300
R_{17} 外壳蛋白［R_{17} coat protein］	13 750
核糖核酸酶［ribonuclease 或 RNase］	13 700
细胞色素 C［cytochrome C］	11 700
糜蛋白酶（胰凝乳蛋白酶）［chymotrypsin］	11 000 或 13 000

附录五　凝胶染料的种类及特点

名　称	灵敏度	特　点
氨基黑 10B (amino black 10B)	1～10 μg/band	适于一般凝胶染色,也适用尿素胶和硝酸纤维素膜
考马斯亮蓝 R-250 (coomassic brilliant blue R-250)	0.1～1 μg/band	一般染色,简单,快速,牢固
银染(silver stain)	2～10 ng/band	高度敏感
铜染(coorpers stain)	20～100 ng/band	简单,快速(5 min 染色),可逆,回收后可继续其他测定,只适用 SDS-PAGE,凝胶背景呈暗蓝绿色
锌染(zinc stain)	10～100 ng/band	简单,快捷,可逆,回收后可继续其他测定,只适用 SDS-PAGE
橙染(sypro orange)	1～10 ng/band	高度敏感的荧光显色,回收后可继续其他测定

附录六　层析法常用数据表及性质

1. 聚丙烯酰胺凝胶的技术数据

型　号	排阻的下限 (M_r)	分级分离的范围 (M_r)	膨胀后的床体积 (mL/g 干凝胶)	膨胀(室温) 所需最少时间/h
Bio-gel-P-2	1 600	200～2 000	3.8	2～4
Bio-gel-P-4	3 600	500～4 000	5.8	2～4
Bio-gel-P-6	4 600	1 000～5 000	8.8	2～4
Bio-gel-P-10	10 000	5 000～17 000	12.4	2～4
Bio-gel-P-30	30 000	20 000～50 000	14.9	10～12
Bio-gel-P-60	60 000	30 000～70 000	19.0	10～12
Bio-gel-P-100	100 000	40 000～100 000	19.0	24
Bio-gel-P-150	150 000	50 000～150 000	24.0	24
Bio-gel-P-200	200 000	80 000～300 000	34.0	48
Bio-gel-P-300	300 000	100 000～400 000	40.0	48

注:上述各种型号的凝胶都是亲水性的多孔颗粒,在水和缓冲溶液中很容易膨胀,生产厂为 Bio-Rad Laboratories, Richmond, California, U. S. A.。

2. 琼脂糖凝胶的技术数据

琼脂糖是琼脂内非离子型的组分,它在 0～4 ℃时,pH 值为 4～9 范围内是稳定的。

名称、型号	凝胶内琼脂糖质量分数/%	排阻的下限 (M_r)	分级分离的范围(M_r)	生 产 厂 商
Sagavac 10	10	2.5×10^5	$1\times10^4\sim2.5\times10^5$	Seravac Laboratories, Maidenhead，England
Sagavac 8	8	7×10^5	$2.5\times10^4\sim7\times10^5$	
Sagavac 6	6	2×10^6	$5\times10^4\sim2\times10^6$	
Sagavac 4	4	15×10^6	$2\times10^5\sim15\times10^6$	
Sagavac 2	2	150×10^6	$5\times10^5\sim15\times10^7$	
Bio-GelA-0.5M	10	0.5×10^5	$<1\times10^4\sim2.5\times10^6$	Bio-Rad Laboratories, California，U.S.A.
Bio-GelA-1.5M	8	1.5×10^6	$<1\times10^4\sim1.5\times10^6$	
Bio-GelA-5M	6	5×10^6	$1\times10^4\sim5\times10^6$	
Bio-GelA-15M	4	15×10^5	$4\times10^4\sim15\times10^6$	
Bio-GelA-50M	2	50×10^6	$1\times10^5\sim50\times10^6$	
Bio-GelA-150M	1	150×10^6	$1\times10^6\sim150\times10^6$	

3. 凝胶过滤层析介质的技术数据

凝胶过滤介质名称	分离范围 (M_r)	颗粒直径/μm	特性/应用	稳定性工作 pH 值	耐压/MPa	最快流速/（cm/h）
Superdex 30	$<10\ 000$	24～44	肽类、寡糖、小蛋白等	3～12	0.3	100
Superdex 75	$3\ 000\sim70\ 000$	24～44	重组蛋白、细胞色素	3～12	0.3	100
Superdex 200	$10\ 000\sim600\ 000$	24～44	单抗、大蛋白	3～12	0.3	100
Superose 6	$5\ 000\sim5\times10^6$	20～40	蛋白、肽类、多糖、核酸	3～12	0.4	30
Superose 12	$1\ 000\sim300\ 000$	20～40	蛋白、肽类、寡糖、多糖	3～12	0.7	30
Sephacryl S-100 HR	$1\ 000\sim100\ 000$ $5\ 000\sim250\ 000$	25～75	肽类、小蛋白 蛋白,如清蛋白	3～11	0.2	20～39
Sephacryl S-200 HR	$10\ 000\sim1.5\times10^6$ $20\ 000\sim8\times10^6$	25～75	蛋白、抗体 多糖,具延伸结构的大分	3～11	0.2	20～39
Sephacryl S-300 HR	$10\ 000\sim4\times10^6$ $60\ 000\sim20\times10^6$	平均90	子如蛋白多糖、脂质体 巨大分子	2～12	0.1	300 250

凝胶过滤 介质名称	分离范围 （M_r）	颗粒 直径/μm	特性/应用	稳定性工 作 pH 值	耐压 /MPa	最快流速/ （cm/h）
Sephacryl	$70\,000\sim40\times10^6$	$60\sim200$	巨大分子如重组乙型肝	$4\sim9$	0.004	10
S-400 HR	$60\,000\sim20\times10^6$	$45\sim165$	炎表面抗原	$4\sim9$	0.008	11.5
Sepharose 6	$10\,000\sim4\times10^6$	$45\sim165$	蛋白、大分子复合物、病	$4\sim9$	0.02	14
Fast Flow	$70\,000\sim40\times10^6$	$60\sim200$	毒、不对称分子如核酸	$3\sim13$	0.005	15
Sepharose 4	$60\,000\sim20\times10^5$	$45\sim165$	和多糖(蛋白多糖)	$3\sim13$	0.012	26
Fast Flow	$10\,000\sim4\times10^6$	$45\sim165$	蛋白、多糖	$3\sim13$	0.02	30
Sepharose 2B			蛋白、多糖			
Sepharose 4B			蛋白、大分子复合物、病			
Sepharose 6B			毒、不对称分子如核酸			
Sepharose CL-2B			和多糖(蛋白多糖)			
Sepharose CL-4B			蛋白、多糖			
Sepharose CL-6B			蛋白、多糖			

4. 离子交换层析介质的技术数据

离子交换 介质名称	最 高 载 量	颗粒直径 /μm	特性/应用	稳定性工 作 pH 值	耐压 /MPa	最快流速/ （cm/h）
SOURCE 15 Q	25 mg 蛋白	15		$2\sim12$	4	1800
SOURCE 15 S	25 mg 蛋白	15		$2\sim12$	4	1800
Q Sepharose H.P.	70 mg BSA	$24\sim44$		$2\sim12$	0.3	150
SP Sepharose H.P.	55 mg 核糖核酸酶	$24\sim44$		$3\sim12$	0.3	150
Q Sepharose F.F.	120 mg HSA	$45\sim165$		$2\sim12$	0.2	400
SP Sepharose F.F.	75 mg BSA	$45\sim165$		$4\sim13$	0.2	400

（续表）

离子交换 介质名称	最 高 载 量	颗粒直径 /μm	特性/应用	稳定性工 作 pH 值	耐压 /MPa	最快流速/ (cm/h)
DEAE Sepharose F.F.	110 mg HSA	45～165		2～9	0.2	300
CM Sepharose F.F.	50 mg 核糖核酸酶	100～300		6～13	0.2	300
Q Sepharose Big Beads		100～300		2～12	0.3	1 200～1 800
SP Sepharose Big Beads	60 mg BSA	干粉 40～120		4～12	0.3	1 200～1 800
QAE Sephadex A-25	1.2 mg 甲状腺球蛋白，80 mg HSA	干粉 40～120	纯化低相对分子质量蛋白、多肽、核苷以及巨大分子($M_r>200\,000$)，在工业传统应用上具有重要作用	2～10	0.11	475
QAE Sephadex A-50	1.2 mg 甲状腺球蛋白，80 mg HSA	干粉 40～120	批量生产和预处理，分离中等大小的生物分子(M_r 为 30～200 000)	2～11	0.01	45
SP Sephadex C-25	1.1 mg IgG，70 mg 牛羧合血红蛋白，230 mg 核糖核酸酶	干粉 40～120	纯化低相对分子质量蛋白、多肽、核苷以及巨大分子($M_r>200\,000$)，在工业传统应用上具有重要作用	2～10	0.13	475
SP Sephadex C-50	8 mg IgG，110 mg 牛羧合血红蛋白	干粉 40～120	批量生产和预处理，分离中等大小的生物分子(M_r 为 30～200 000)	2～10	0.01	45
DEAE Sephadex A-25	1 mg 甲状腺球蛋白，30 mg HAS，140 mg a-乳清蛋白	干粉 40～120	纯化低相对分子质量蛋白、多肽、核苷以及巨大分子($M_r>200\,000$)，在工业传统应用上具有重要作用	2～9	0.11	475
DEAE Sephadex A-50	2 mg 甲状腺球蛋白，110 mg HSA	干粉 40～120	批量生产和预处理，分离中等大小的生物分子($M_r>200\,000$)，在工作传统应用上具有重要作用	2～9	0.11	45

（续表）

离子交换 介质名称	最高载量	颗粒直径 /μm	特性/应用	稳定性工 作 pH 值	耐压 /MPa	最快流速/ (cm/h)
CM Sephadex C-25	1.6 mg IgG,70 mg 牛羰合血红蛋白, 190 mg 核糖核酸 酶	干粉 40~120	纯化低相对分子质量蛋 白、多肽、核苷以及巨大 分子($M_r > 200\ 000$), 在工业传统应用上具有 重要作用	6~13	0.13	475
CM Sephadex C-50	7 mg IgG,140 mg 牛羰合血红蛋白, 120 mg 核糖核 酸酶	干粉 40~120	批量生产和预处理,分 离中等大小的生物分子 (M_r 为 30~200 000)	6~10	0.01	45